高等院校小学教育专业新形态系列规划教材 / 李戬　总主编

当代小学生
发展心理学

主　编　王素月　王礼军

副主编　王　维

厦门大学出版社
XIAMEN UNIVERSITY PRESS
国家一级出版社
全国百佳图书出版单位

图书在版编目（CIP）数据

当代小学生发展心理学 / 王素月，王礼军主编.
厦门 ：厦门大学出版社，2025. 1. --（高等院校小学
教育专业新形态系列规划教材 / 李戬主编）. -- ISBN
978-7-5615-9617-3

Ⅰ. B844.1
中国国家版本馆 CIP 数据核字第 202496GD40 号

责任编辑 　林　鸣
美术编辑 　李夏凌
技术编辑 　许克华

出版发行 　厦门大学出版社
社　　址 　厦门市软件园二期望海路 39 号
邮政编码 　361008
总　　机 　0592-2181111 　0592-2181406(传真)
营销中心 　0592-2184458 　0592-2181365
网　　址 　http://www.xmupress.com
邮　　箱 　xmup@xmupress.com
印　　刷 　广东虎彩云印刷有限公司

开　本 　787 mm×1 092 mm 　1/16
印　张 　19.75
字　数 　360 千字
版　次 　2025 年 1 月第 1 版
印　次 　2025 年 1 月第 1 次印刷
定　价 　56.00 元

本书如有印装质量问题请直接寄承印厂调换

厦门大学出版社
微信二维码

厦门大学出版社
微博二维码

前　言

　　"当代小学生发展心理学"是高等院校小学教育专业学生的必修课程，是师范类其他专业学生的选修课程，是小学教师提高自身专业素养的学习课程，也是小学家长更好实施家庭教育的自学课程。为了满足小学教育专业及其他师范类专业师生教学需要，并为家庭教育的有效展开提供借鉴，我们组织编写了本教材。

　　本教材主要介绍当代小学生的身心发展与活动特质，以及学校教育、家庭教育在遵循小学生发展特质规律基础上的教育实施要点，尤其关注当代小学生在信息化、数字化成长环境下遭遇的发展挑战与应对策略。全书包括七个章节的内容：小学生发展心理学概述、小学生的认知发展、小学生的情绪情感与意志发展、小学生的个性发展、小学生的社会性发展、小学生道德品质的发展、小学生的心理健康。部分章节着重探讨当前小学生身心发展过程中可能出现的问题以及相应的教育预防措施。

　　本教材在编写过程中力图凸显以下三个特点：第一，基础性。本教材涵盖了当前儿童发展心理学的相关研究成果，并有机融入了小学生学习活动的相关研究成果，注重学科基础知识的全面覆盖。第二，前沿性。本教材不仅集合当前发展心理学、教育心理学、学习科学的前沿研究内容，还特别观照当前小学生的信息化、数字化发展背景，由此针对小学生身心发展特质的探究更有利于促进当前小学生的全面健康发展。第三，应用性。本教材不仅关注小学生的身心发展特质，更关注一线教师与家长如何基于小学生身心发展特征开展有效的教育引导，因此本教材具有较强的实践应用价值。

　　本教材的编写凝聚了多位参与者的辛勤劳动，各章负责人如下：第一章为杜诗语、王素月；第二章为徐冰阳、王素月；第三章为董秀云、王素月；第四章为王祥凤、王维；第五章为刘嘉熙、王茜、王维；第六章为詹思琪、王维；第七章为王维。王素月、王礼军负责策划与统稿工作。

　　本教材是在借鉴、参考并引用国内外大量相关文献资料的基础上完成的，限于篇幅，我们只罗列出了部分重要参考文献，在此谨向所有作者表达由衷的感谢！由于水平有限，本教材难免存在不足，敬请同行专家和广大读者批评、指正。

王素月

2024 年 5 月

目　录

第一章
小学生发展心理学概述

本章重点

1. 小学生发展心理学的研究对象、研究内容、研究历程。
2. 小学生发展心理学的研究方法。
3. 小学生心理发展的实质及影响因素。
4. 小学生身体发展及教育应用。
5. 小学生运动能力发展及教育应用。
6. 小学生的身体健康及教育应用。

本章课件

思维导图

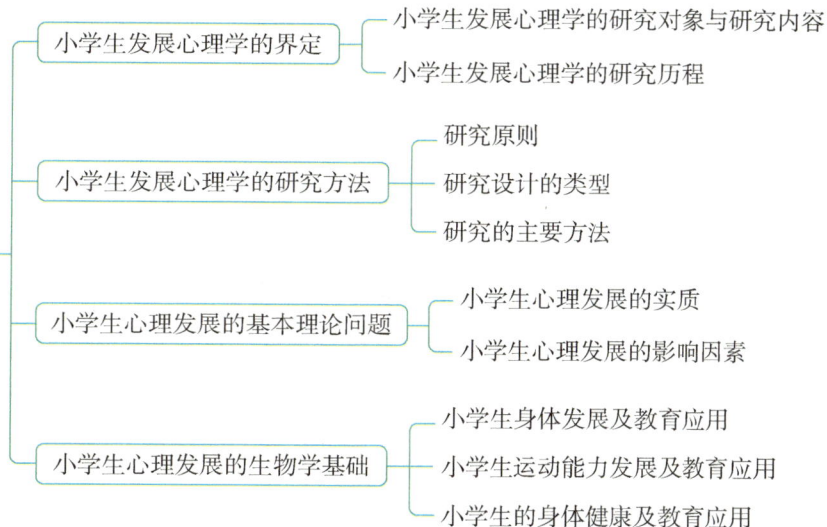

第一节　小学生发展心理学的界定

一、小学生发展心理学的研究对象与研究内容

（一）小学生发展心理学的研究对象

小学生是指年龄在 6～12 岁的儿童，他们正在接受小学教育，探索和学习各种基本知识和基本技能。从发展的角度来看，儿童是指从出生到成熟这一时期所有的人类个体。从生理发育上看，个体在 18 岁时生殖系统器官及其功能基本发育成熟；从心理发展上看，个体认知能力和个性发展在 18 岁时基本定型。虽然不同个体的成熟期存在差异，但绝大多数在 18 岁时达到成熟。因此，狭义的儿童是指小学生，即处于童年期的儿童。广义的儿童是指从出生到十七八岁的人类个体。个体发展的这一时期则称为"儿童期"。为了更加准确和详细地探讨儿童不同时期的发展特点，儿童发展心理学将儿童期划分成不同的年龄分期，比较具有代表性的是我国学者朱智贤对儿童期的划分：①乳儿期，从出生到满 1岁；②婴儿期，1～3 岁；③学龄前期，3 岁至 6、7 岁；④学龄初期，6、7 岁至 11、12 岁；⑤少年期或学龄中期，11、12 岁至 14、15 岁；⑥青年初期或学龄晚期，14、15 岁至 17、18 岁。[①]

儿童发展心理学研究个体从出生到成熟这一时期心理和行为的发生发展规律，以及儿童各年龄阶段的心理发展特征。作为儿童发展心理学的一个重要分支，小学生发展心理学是一门研究小学生心理发展规律和特点的科学。

（二）小学生发展心理学的研究内容

1.测量和描述小学生的心理发展水平与普遍模式

研究小学生的情绪情感发展、个性形成、语言发展以及认知变化等方面构成了小学生发展心理学的主要研究框架。描述普遍的心理发展模式可以反映生活在不同社会文化背景下的小学生共同经历的发展过程。例如，普遍的动作发展模式揭示了小学生动作发展遵循

---

① 朱智贤.儿童心理学［M］.4 版.北京：人民教育出版社，2003：96.

从上到下、由近及远、由粗到细的规律。因此，测量和描述小学生在小学阶段如何逐步发展，能够揭示不同年龄阶段小学生总体心理发展的特点和水平，并揭示特定年龄段小学生某种心理发展处于什么水平，从而为我们认识小学生提供有意义的参考。

2. 解释和说明小学生心理发展的个体差异

虽然小学生的心理发展具有可遵循的普遍模式，但个体发展的差异是巨大的。在具体的发展过程中，小学生的心理发展速度和最终达到的水平各不相同，各种心理过程和个性心理特征也存在差异。例如，在智力发展方面，有些小学生擅长言语表达，而有些小学生则擅长动手操作；在性格发展方面，有些小学生外向、大方、热情，而有些小学生则内向、冷漠、敏感。因此，我们需要探讨不同小学生之间存在何种差异，如何测量和评估这些差异，如何科学地解释和说明这些差异。这些都属于小学生发展心理学的研究范畴。只有将小学生心理发展的个别差异与小学生发展的普遍模式结合起来，我们才能更全面地探讨小学生心理发展的特点。

3. 研究和揭示影响小学生心理发展的原因与机制

小学生发展心理学研究的重要内容是对研究者描述的小学生发展的普遍模式和个别差异进行验证，解释普遍性和差异性背后小学生心理发展的原因与机制。在研究和揭示影响小学生心理发展的原因与机制的过程中，我们能构建出关于小学生心理发展的理论体系。例如，小学生是如何获得第二语言的，为什么不同文化背景下的小学生在个性发展方面具有共同性？围绕这些问题，研究者提出了不同的语言获得机制。在实践中，我们可以根据小学生心理发展规律为他们的发展提供科学合理的建议和干预策略。

4. 探讨和提出指导小学生心理健全发展的教育策略

无论是测量和描述小学生的心理发展水平与普遍模式，还是解释和说明小学生心理发展的个体差异，抑或是研究和揭示影响小学生心理发展的原因与机制，最终目的都是帮助小学生顺利地度过每个发展阶段，帮助他们解决在心理发展过程中遇到的问题，促进小学生心理健全发展。例如，通过对小学生情绪情感和意志发展特点的探讨，帮助小学生提高挫折承受能力，从而使小学生能够在面临学业困难时保持积极健康的心理状态。

通过以上对小学生发展心理学研究内容的阐释，我们将小学生发展心理学定义为一门基础研究与应用研究相交叉的学科。其研究结果不仅能帮助我们认识小学生心理发展的相关问题，还能在科学认识的基础上提供有效的策略应对小学生心理发展过程中出现的实际问题。

二、小学生发展心理学的研究历程

（一）科学儿童心理学的诞生

科学儿童心理学的诞生与西方哲学思想，以及当时教育发展的要求息息相关。在人文主义教育思想和进化论思想影响下，科学儿童心理学应运而生。一些西方教育家如夸美纽斯（Johann Amos Comenius，1592—1670）、裴斯泰洛齐（Johann Heinrich Pestalozzi，1746—1827）、福禄培尔（Friedrich Wilhelm August Froebel，1782—1852）、卢梭（Jean-Jacques Rousseau，1712—1778）、洛克（John Locke，1632—1704）和达尔文（Charles Robert Darwin，1809—1882）等投身于教育研究，为科学儿童心理学的诞生奠定了思想基础。

夸美纽斯继承了文艺复兴以来人文主义教育思想的成果，其代表作《大教学论》是近代最早的教育学著作。他提出，要根据人的自然本性和年龄特征，即身心发展规律进行教育。夸美纽斯认为，人是自然界的一部分，人的发展也要遵循一定的自然规律。在认识儿童身心发展规律的基础上，他提出教学要遵循直观性、巩固性、量力性、系统性和循序渐进性等原则。虽然夸美纽斯通过引证自然界的普遍规律论述教育规律有些片面和刻板，但他引导人们遵循教育规律办教育，将教育理论研究引向了科学的道路。

裴斯泰洛齐提出了"教育心理学化"的论点。他认为，教育心理学化就是要找到人的基本心理规律，将教育科学建立在人的心理活动规律基础上。"幼儿教育之父"福禄培尔也提出了教育要顺应大自然的规律和儿童的天性，并在此基础上引入了"恩物"，通过"恩物"帮助儿童由易到难、由简到繁，循序渐进地认识自然及其内在规律。

卢梭高度重视儿童的天性，倡导自然教育和儿童本位的教育观。卢梭在关注儿童心理发展规律的前提下，通过教育影响儿童。卢梭对儿童心理的研究和关注已成为教育研究永恒的主题。洛克则提出"白板说"。他认为，人出生后，心灵如同一块"白板"，一切知识和观念都建立在后天经验基础上，儿童心理发展的原因在于教育。达尔文的进化论思想直接促进了儿童心理研究的发展。达尔文很早就对儿童心理发展做了专题研究，他通过观察和记录自己孩子的心理发展，著成《一个婴儿的传略》一书，推动了儿童心理发展的传记法研究。

德国生理学家和实验心理学家普莱尔（William Thierry Preyer，1842—1897）于1882年出版的《儿童心理》标志着科学儿童心理学的正式诞生。《儿童心理》是普莱尔运用比较研究的方法，对自己的孩子进行追踪研究的成果，这本书也被誉为"第一本科学的、系统的儿童心理学著作"。普莱尔肯定了儿童心理研究的可能性，并系统地研究了儿童的心理发展；他比较正确地阐述了遗传、环境与教育在儿童心理发展上的作用，为科学儿童心理学的诞生做出了不可磨灭的贡献。因此，他被尊为"科学儿童心理学的奠基人"。

（二）西方儿童心理学的发展

西方儿童心理学的发展可大致划分为三个时期。

1. 20 世纪早期

19 世纪末，科学心理学的出现推动了西方心理学家积极投身于儿童心理研究，从而促进了儿童心理学的发展。美国心理研究运动的创始人霍尔（Granville Stanley Hall，1844—1924）被誉为"美国儿童心理学之父"。他在西方社会掀起了一场"儿童研究运动"，提出了个体心理发展的"复演说"，并首次运用问卷法对儿童进行了研究。格塞尔（Arnold Lucius Gesell，1880—1961) 主张发展是成熟的结果，编制了格塞尔婴幼儿发展量表；斯腾（William Stem，1871—1938）则将智商作为测试个体智力发展水平的一种指标；推孟（Lewis Madison Terman，1877—1956）进一步将"智商"这一概念引入斯坦福 - 比奈量表。总的来说，20 世纪早期，儿童心理学家试图通过构建儿童发展的常模描述儿童的发展情况。

2. 20 世纪初期到中期

从 20 世纪初期到中期，儿童心理学经历了一个不断分化和蓬勃发展的时期。精神分析学派的奠基人弗洛伊德（Sigmund Freud，1856—1939）认为，儿童的发展要经过一系列"性心理"发展阶段。在发展过程中，儿童会遭遇一些特殊情绪冲突，只有在冲突被解决后，儿童才能获得健康发展。弗洛伊德十分重视儿童的早期经验，认为儿童早期是儿童个性发展的关键期。

华生（John Broadus Watson，1878—1958）是行为主义的创始人，主张把心理学变成纯粹客观的自然科学，反对意识的研究，将心理学研究的焦点引入对人外显行为的研究。他提出，一切行为都是刺激—反应的联结，并将实验法引入儿童心理学研究领域，通过实验对儿童的情绪和情绪行为进行了研究。

3. 20 世纪中期以后

20 世纪中期以后，心理学科内部结构不断分化和调整。新精神分析理论、新行为主义理论和社会学习理论应运而生。皮亚杰（Jean Piaget，1896—1980）是 20 世纪最著名的儿童心理学家，提出了发生认识论。早在 20 世纪初期，皮亚杰就创造性地运用弗洛伊德

的 "临床法" 研究儿童的认知发展, 并提出了儿童认知发展的四个阶段和道德认知发展理论。皮亚杰关注儿童发展的普遍特点, 认为儿童的发展是成熟和经验相互作用的结果; 儿童应该被视为具有能动性、积极主动的有机体, 而不是环境的产物或成年人的 "傀儡"。这些观点的提出改变了人们对儿童的固有看法。维果茨基 (Lev Vygotsky, 1896—1934) 创造性地提出了社会文化历史理论。他认为, 儿童都是生活在一定社会文化背景下的社会人, 儿童的整个认知过程是社会化的过程。相较于皮亚杰, 维果茨基更关注儿童发展的差异性。他认为, 在不同的社会文化中, 儿童习得的内容是不同的, 最终将形成不同的思维模式。因此, 维果茨基对皮亚杰提出的认知发展阶段的普遍性提出了质疑。

(三) 中国儿童心理学的发展

以 1949 年为分界线, 可以将我国儿童心理学的发展分为两个阶段。

1. 1949 年前我国儿童心理学的发展

在我国古代, 一些思想家和教育家的著作中有大量有关儿童心理学问题的论述, 这些思想不但对中国后来的儿童心理学思想发展有一定的奠基作用, 而且可以为当今儿童心理学的研究提供有益的启示。孔子的 "性相近"、孟子的 "性善论"、荀子的 "性恶论" 以及韩愈的 "性三品" 说构成了中国古代最早的人性观。孔子强调环境和教育对个体发展的重要作用, 在处理先天与后天关系时, 他提出 "性相近也, 习相远也"。宋代朱熹在其教育专著《小学》中, 将 "胎孕之教" 作为教育的第一阶段。明代王守仁在《训蒙大意示教读刘伯颂等》一文中强调, 游戏是幼儿阶段的主要活动方式, 并且对儿童早期发展具有重要意义。中国古代有关儿童心理发展的思想为科学儿童心理学的建立奠定了思想基础, 但尚未形成完整的理论体系。

20 世纪 20 年代, 科学的儿童心理学传入中国。从 20 年代到 1949 年前, 我国儿童心理学的研究以翻译、介绍西方儿童心理学著作为主, 如艾华编译的《儿童心理学纲要》和陈大齐翻译的《儿童心理学》等。这一时期, 我国心理学家也开展了一些本土化的研究。陈鹤琴是最早在中国研究和讲授儿童心理学的学者。他运用日记法记录了他儿子从出生到三岁的追踪调查成果, 这些成果记载于《儿童心理之研究》一书中。该书是我国较早的儿童心理学教科书。此后, 浙江大学黄翼在 30—40 年代对儿童心理进行了语言、绘画、性格评定等方面的研究; 肖孝嵘出版了《实验儿童心理学》《儿童心理学》, 对当时儿童心理学的教学和研究产生了重要影响。

2. 1949 年后我国儿童心理学的发展

从 1949 年到 50 年代，我国儿童心理学的教材主要以苏联儿童心理学的教材为蓝本，当时的儿童心理学教材多译自苏联，巴甫洛夫高级神经活动的学说在儿童心理学中产生了较大影响。

20 世纪 60 年代初是新中国成立以来儿童心理学发展的第一个繁荣时期。我国儿童心理学家结合实践需要开展了一系列实验研究。从年龄阶段来看，研究涉及儿童早期、学龄期和青少年时期；从范围来看，研究涉及儿童心理发展的多个方面，如围绕幼儿的时间知觉、方位知觉、图画认知能力等形成的研究；从成果来看，1962 年，朱智贤主编的《儿童心理学》是我国以马克思主义为指导，批判、吸收国内外研究成果，密切联系我国儿童教育实际编写教科书的最初尝试。

1966—1976 年，我国儿童心理学的研究处于停顿甚至倒退的状态。1976 年以后，我国儿童心理学迎来了第二个空前繁荣的时期。我国儿童心理学家在吸收、借鉴西方儿童心理学发展成果的基础上，结合我国的实际情况开展了一系列研究，在儿童心理学的基础研究和应用研究方面取得了令人瞩目的成就。其主要表现是，儿童心理学研究范围得到了扩展，涉及的内容主要有早期教育与发展的问题、婴幼儿动作与言语发展的研究、超常和低常儿童的心理发展研究、道德发展研究、幼儿数概念的发展研究及皮亚杰的实验验证性研究等。除此之外，涉及儿童心理发展理论和儿童心理测量等的研究也越来越多。此时，我国的儿童心理学基本跟上了国际儿童心理学发展的步伐，并呈现出与国际儿童心理学并驾齐驱的发展态势。

第二节　小学生发展心理学的研究方法

一、研究原则

小学生发展心理学是儿童发展心理学的一个重要分支，也是在小学阶段对儿童发展心理学的具体应用。因此，在进行研究时，小学生发展心理学需要遵循心理学研究的客观性、发展性、教育性等一般原则。

（一）客观性原则

任何科学研究都应遵循最基本的客观性原则。客观性原则是指在研究过程中必须尊重客观事实，以事物的本来面目为依据；任何结论都要以充分的事实材料为依据，反对主观臆测和妄自论断。小学生正处于心理和生理迅速发展变化时期，在对小学生的心理发展进行研究时，研究者要保持实事求是的客观态度，不能按照成年人的心理先入为主地揣测小学生的心理；要全面细致地收集资料，一切以客观、真实的事实为依据，并对收集得来的资料进行客观分析，切不可因想要得到自己的预想结论而任意篡改和取舍资料；在整个研究过程中，研究对象的选择、研究的设计、实验仪器的使用、结果的记录、数据的统计分析、结论的得出等，都要遵循客观性原则。

（二）发展性原则

发展性原则，是指研究者应将小学生的心理活动看作一个变化和发展的过程。这不仅要求阐明小学生已经形成的心理品质，还要求阐明那些刚刚产生或处于形成状态的新的心理品质。小学生心理发展是由其内部矛盾运动的结果驱动的。在发展过程中，儿童积极主动地接受外界条件的影响。因此，在研究小学生心理发展时，需要关注小学生的主观能动性，并重视小学生已有经验对心理发展的影响。小学生是动态发展的个体，其发展历程是连续的。因此，在研究小学生心理发展过程时，需要注意各种心理品质之间的内在连续性。

（三）教育性原则

教育性原则，是指在研究小学生心理发展时，采用的研究方法和手段应以促进小学生心理健康发展为目标，并符合教育要求。小学生心理研究对象是具有生命力的小学生，其目的不仅在于得到研究结果，更重要的是揭示小学生心理发展规律，为小学生的身心健康发展提供帮助和指导。教育性原则要求在整个研究过程中不能违背小学生身心发展规律，不能侵犯小学生个人权利或人格。在研究时，研究者可以采用一些方法获得真实数据，但要始终谨记不能对小学生心理发展产生不良影响。

（四）理论联系实际原则

理论联系实际原则，是指小学生心理发展的研究问题应源自教育实践，研究成果也应服务小学教育实践。在研究中，理论需要同实践相结合。我们需要从小学生的实践活动和小学教育实践中发现问题，并结合理性认识进行探讨和研究；同时，用理论知识指导实践，将通过科学抽象概括出来的理性认识应用于小学生的实际生活，并在实践中验证小学生心理发展的规律。

（五）系统性原则

系统性原则，是指用系统的观点考察小学生的心理现象和规律，把小学生的心理规律放在一个动态的、开放的、整体的系统中进行考察，并且运用系统的方法，从系统的不同层次、不同侧面进行分析。首先，小学生的心理现象是在其生理、环境刺激和行为变化的相互作用下形成的。尽管这些心理现象具有各自的本质特征，但它们之间相互影响和制约。因此，我们不能孤立地研究小学生的心理现象，也不能将其视为静态不变的现象。其次，小学生的心理是一种有序且有组织的系统。在研究中，我们应该区分各种心理现象的结构层次及其相互关系，找到支配小学生心理发展的各种规律。

（六）伦理性原则

伦理性原则，是指在对小学生进行研究时，必须遵循一定的伦理操作标准保护小学生的权利。例如，为了探究小学生个性形成的原因，研究者可能需要追究小学生过去的生活史和家长对他们的养育史。因此，研究时，需要考虑提问是否侵犯儿童或父母的隐私，是否会对他们后续心理发展产生不良影响。近年来，随着我国法治建设的加强，伦理问题引起了全社会的关注。美国心理学会和儿童发展研究学会制定了一些特别用于研究儿童的准则和原则，可供我们参考。例如，研究者应尊重儿童参加研究的意愿及中断参与的自由，研究者必须对所有来自被试的数据保密。小学生有权要求在正式的或非正式的数据收集及结果报告中，隐瞒他们的身份。

二、研究设计的类型

（一）横向研究设计

横向研究，又称"横断研究"，是指在同一时间内，对不同年龄组被试进行观察、实验或测量，以探究其心理发展的规律和特点。例如，运用父母填写的阿肯巴克儿童行为量表（Achenbach child behavior checklist，CBCL），在同一时间对某个区域几千名 4 ~ 11 岁儿童的行为问题进行检测，可以得出儿童问题行为发生率。

横向研究的优点：①能在同一时间对较大的样本量进行研究，在短时间内收集到大量关于不同年龄研究对象的资料，从中分析出各阶段研究对象心理发展的特点和规律；②成本低，省时省力；③研究时间相对较短，研究结果受社会发展变迁的影响较小。

横向研究的缺点：①研究对象是来自不同年龄的不同个体，故只能探讨研究对象某一阶段的心理发展规律，无法获得个体发展趋势或发展变化的数据资料；②横向研究的研究对象来自不同的族群，因此，可能会将时代变迁的结果和年龄变化的结果混合起来，从而无法排除这一因素，结果不具有可推论性。

（二）纵向研究设计

纵向研究，又称"追踪研究"，是指对同一个研究对象或同一群研究对象在较长时间内进行追踪，通过定期的观察、实验或测量，探究心理发展规律的研究。例如，要研究小学生记忆力发展过程，可以从一年级开始，对其进行长期、系统的观察，直到小学阶段结束，通过观察研究总结出小学生记忆力发展的特点和规律，提出提高小学生记忆力的有效措施。

纵向研究的优点：①能系统、详尽地考察研究对象的某一心理发展的连续过程以及量变、质变的规律；②揭示出研究对象心理发展变化过程中与家庭、社会等因素之间的关系；③适用于那些在短期内不能很好获得研究对象发展结果的问题。

纵向研究的缺点：①研究的时间较长，研究对象容易流失，研究结果的代表性低；②在研究过程中反复测查可能影响研究对象的发展，研究对象在多次测量中对测量逐渐熟悉，从而影响收集到的数据的可靠性；③研究持续时间长，社会变迁和环境变化等无关因素也可能对研究对象的心理产生影响。

（三）聚合交叉式研究设计

聚合交叉式研究，是指在研究中先选择年龄不同的儿童作为研究对象，然后在短时间内重复观察这些对象。聚合交叉式研究设计的典型案例就是林崇德在 1987 年对儿童和青少年语文能力发展的研究。[①] 在对 6～15 岁儿童和青少年语文能力发展的研究中，研究者通过对四个年级三年的纵向研究，完成了对研究对象九年义务教育过程中语文能力发展的研究，考察了语文能力发展的年龄特征及发展过程。这种设计的优点在于，能够在实验结果中区分年龄、群体和时间的变量，确定哪些年龄趋势是真正的发展趋势。它的不足在于，设计起来比较复杂且花费很高。

① 林崇德.发展心理学［M］.3 版.北京：人民教育出版社，2018：68.

（四）跨文化研究设计

跨文化研究，又称"交叉文化研究"，是指在同一个课题中，通过对不同社会背景的儿童进行研究，探讨儿童心理发展的共同规律，探究不同的社会生活对儿童心理发展的影响，如中美儿童阅读能力比较研究、中日儿童自我服务能力研究等。跨文化研究的优点在于，可以对不同文化背景下的儿童心理发展进行比较，探讨遗传和环境对儿童心理发展的影响，得出有利于个体心理发展的教育条件；验证教育理论或教育规律的普遍性，找出不同文化背景下儿童发展的差异性。

三、研究的主要方法

（一）观察法

观察法，是指研究者在自然生活状态下，通过感官或借助一定的仪器设备，有目的、有计划地观察儿童的心理和行为表现的一种方法。相较于成年人，小学生的心理活动具有明显的外显性和非随意性，并且在自然生活状态下表现的心理特点更具真实性。因此，观察法是研究小学生心理发展特点最基本的方法。目前，观察法已经发展得比较成熟，可以按照不同的标准分为不同的类型。例如，根据观察的情境条件，可以分为自然情境中的观察和实验室中的观察；根据观察的方式，可以分为直接观察和间接观察；根据预先是否有严密的计划和实施程序，可以分为结构式观察和非结构式观察；根据研究者是否直接参与被试活动，可以分为参与式观察和非参与式观察。

使用观察法时要注意以下两个方面：第一，观察者必须明确观察目的，并制订观察计划。在观察前，研究者要对观察的问题有一定的了解。观察者必须明确观察目的，根据观察目的制订具体的观察计划。制订观察计划时，要坚持理论与实践相结合的原则，即要根据一定的理论和研究问题确定观察的任务、记录的方式、观察记录表等。第二，在观察过程中，保证观察的客观性。观察者和被观察者并不是冷冰冰的机器，而是具有主观意识的人类。为了避免被观察者受到干扰，从而有意识地做出或是回避某种行为，在观察中，一般使用单盲法使被观察者处于自然状态下。一般的做法是，研究者在实验室设置单向玻璃观察墙，观察者在玻璃墙的一侧，借助单向玻璃可以观察到另一侧被观察者的活动，而被观察者并不知道有人在观察自己。观察者在观察时，应保持客观的态度，不应受儿童其他心理特征的影响，确保观察记录的客观真实。

观察法的优点：操作起来简便易行，无论是专业研究者，还是一线教师，都可以进行；

被观察者处于自然状态，其行为反应真实自然，研究者能够通过观察获得真实可靠的资料。

观察法的缺点：要保证被观察者处于自然状态下，必须对其他变量进行控制，但生活中的条件控制比较困难，观察者只能等待心理行为的发生；观察资料的质量容易受观察者素质的影响，只能帮助研究者了解事实现象，不能解释背后的原因。

（二）实验法

实验法，是指研究者通过操纵和控制一定的条件，使儿童某种心理现象出现或发生某种变化，从而考察儿童心理特征与活动规律的方法。实验法根据不同标准可以分为以下几类。

1. 实验室实验法和自然实验法

按照实验进行的场所，实验法可以分为实验室实验法和自然实验法。实验室实验法是在专门设立的实验室里，利用仪器和设备对儿童的行为活动进行观测。实验室实验法的优点是：可以严格控制无关变量；对自变量和因变量做了精确测定，精确度高。但是，这种研究脱离儿童的实际生活，研究结果有时会不真实，尤其是儿童易于在陌生情境中表现出非常态的行为，使这种研究的结果具有局限性。自然实验法是研究者在儿童的自然生活中引起或改变一些条件，研究个体心理特征变化，又称为"现场实验法"。自然实验法兼顾实验法和自然观察法的优点，贴近儿童的现实生活，所得结果比较符合实际。因此，在当前小学生心理研究中被广泛使用。

在自然实验法中有一种重要的研究形式，即教育心理实验，是把儿童心理与一定的教育教学过程相结合，探讨教育教学过程中儿童心理特点和发展规律的实验。例如，要研究混合式教学对小学六年级学生英语成绩的影响，实验者可以在一个班进行混合式教学，在对照班进行平常教学，对两个班的英语成绩进行比较分析就可以找到教学法与学习效果之间的因果关系。开展这一实验要有效控制教育现场的无关因素的干扰，否则实验的效果会受到影响。教育心理实验被广泛地运用于儿童心理和儿童教育心理的研究，通过开展实验可以获得影响儿童心理发展的因素作用的结果，为教育更有效地促进儿童的发展提供依据。

2. 探索性实验法和验证性实验法

根据研究的性质和目的，实验法可分为探索性实验法和验证性实验法。探索性实验法包括有预测作用的超前实验，以探索某种现象以及被试个性发展的规律为目标，通过探索研究对象的因果关系及问题解决，尝试构建某种理论体系，具有较强的创新性。验证性实验法以验证已取得的实验成果为目标，用再实践的经验对已取得的认识成果进行检验、修订和完善，具有可重复性。

3.单因素实验法和多因素实验法

按自变量因素的多少，实验法可分为单因素实验法和多因素实验法。单因素实验法又称"单一变量实验法"，是指同一个实验中研究者只操纵一个自变量的实验方法。单因素实验法的自变量单一，操作相对容易，实验难度相对较小。多因素实验法又称"组合变量实验法"，这种实验方法同时操纵自变量中的几个因素。多因素实验法操纵的实验因素较多，实验过程比较复杂，因变量的观测内容随之增多，整体上难度较大。

（三）问卷调查法

问卷调查法也称"问卷法"，是指研究人员用统一的、严格设计的问卷，收集小学生心理发展数据资料的一种方法。使用问卷调查法时必须注意以下几个方面。

①在发放问卷前，应保证调查的科学性。首先，应对调查者进行培训，以确保整个调查过程由专业研究人员组织进行。其次，应对问卷进行信效度检验。一般的做法是，先通过预发放的形式，收集小部分样本检验问卷的信效度，然后将调整好的问卷大面积发放。

②问题的设置应简明易懂，数量不宜过多，便于小学生回答。

③对于小学低年级的学生，问卷主要采取封闭的形式；对于中高年级的学生，问卷主要采取封闭和开放相结合的形式。

④在对问卷结果进行统计分析前，应剔除无效问卷。

问卷调查法的突出优点在于简便易行，可以在短时间内低成本收集大量资料。调查结果能够进行量化处理，具有代表性和高度可推广性。问卷调查法的缺点是：研究结果容易受到主观条件和客观条件的干扰；研究者自身的能力和素质会影响该方法的科学性。另外，被调查者的素质也限制了调查方法的应用，如小学生的回答可能无法真实反映他们的心理活动。

（四）访谈法

访谈法，是指由访问者对被访者进行面对面的提问，然后随时记录被访者的回答或反应。为了确保访谈成功，访问者要注意以下访谈要求。

1.在访谈前，制订访谈计划

根据对访谈内容和过程的控制程度，访谈法可以分为结构性访谈法和非结构性访谈法。结构性访谈法要求所有的研究对象按照一定的次序回答相同的问题，而非结构性访谈法则事先不制定标准程序或问题，由访问者与被访者就某些问题进行自由交谈，被访者可以随时提出意见。无论采用哪种访谈方法，在访谈开始之前，访问者都需要制订访谈计划。访谈计划应包括确定具有代表性和典型性的访谈对象、拟订大致的访谈提纲、确定访谈的时间和地点，以及确定访谈记录的方式等。

2. 在访谈过程中，营造良好的访谈氛围

为了保证访谈有效、顺利进行，访问者应营造良好的访谈氛围，使被访者在和谐的气氛下敞开心扉，以便访问者获取真实的资料。在访谈过程中，访问者要循序渐进地取得被访者的信任，避免一开始就问及敏感问题。提问时，访问者应保持中立的态度，不要随意打断或中止被访者的话；提问应该明确具体并符合被访者的身份，避免无效提问。在被访者回答问题时，访问者应保持倾听，并运用言语或非言语的方式予以回应。

3. 在访谈结束后，及时整理和分析访谈资料

在访谈结束后，应及时整理访谈资料，对其进行分类和编码，以便后续分析。在分析资料时，需要摒除访问者的主观价值判断和假设，以保证资料的客观性；同时，要做好保密工作，以保护被访者的隐私。

访谈法的优点是：访问者可以根据具体情况灵活控制问题，深入了解一些复杂问题，并且不受书面语言文字的限制，直接获得可靠的信息和资料；被访者能够运用尽可能接近他们日常生活思维的方式展现自己的想法，并在相当短的时间内提供大量信息。访谈法的主要缺点是：主观性较强，人们对自身想法、情感和经历的叙述可能不准确，带有主观情感；易受访问者的影响，为了获得积极评价可能会编造答案以取悦访问者；访谈以言语交流为主要互动方式，因此，可能难以反映言语能力较差的被访者的能力。

（五）个案法

个案法，是指运用各种方法对某一个体、群体或某一个组织在较长时间里连续进行调查研究，揭示研究对象形成、变化的特点和规律，并从典型的个案中推导出普遍规律的方法。一般来说，教育个案研究法可以根据研究目的、对象、内容的不同，采用追踪法、追因法、临床法、作品分析法等具体的个案研究方法。

在运用个案法研究小学生的心理发展时应注意以下几点：①选择若干有代表性的典型人物和事件作为研究对象，通过对他（它）们的系统观察和访谈分析确定考核的要素。②确保资料的完整性。个案研究必须较全面地记录与研究对象有关的资料信息。在进行个案研究时，研究者要收集被试的各种信息，通过整合这些信息分析个案的心理特点。③对收集到的各种个案资料，要进行细致的整理和分析，做出合理判断，揭示个案发展变化的特征和规律。

个案法的优点是能够深入了解每个个体的复杂性，比较适用于问题的探索性阶段，解决小学生当前发展遇到的现实问题。个案法的缺点是没有变量操纵和实验控制，资料整理时难以量化，最后结论的呈现依赖调查者对资料的处理水平。

（六）作品分析法

作品分析法，又称"活动产品分析法"，是一种通过分析小学生的活动产品（如日记）来评价他们发展水平的研究方法。该方法可以帮助我们了解小学生的能力、倾向、技能、熟练程度、情感状态和知识范围。例如，通过分析小学生的绘画作品，我们可以了解他们的想象力、创造力和问题理解能力等的发展水平，并了解他们的兴趣和心理倾向。

作品分析法的优点在于操作过程简便易行；缺点在于受主观因素干扰较大，如使用不同的分析标准分析同一作品可能会导致不同的结果，而标准的制定本身就具有主观性。

第三节　小学生心理发展的基本理论问题

在对小学生心理发展进行研究的过程中，研究者会遇到一些基本理论问题，这些问题在讨论心理发展时也是无法避免的。其中，一些理论问题仍然存在争议，而另一些理论问题已经得到了较为满意的结果。

一、小学生心理发展的实质

（一）发展的概念

广义的发展，是指人的身心发展，即个体从出生到生命终止时，在生理和心理两个方面有规律地进行的量变和质变的过程。生理的发展，是指机体的正常生长发育和体质的增强；心理的发展，是指个体认识能力和个性心理的发展，包括感觉、知觉、注意、记忆、思维、想象、情感、意志、性格等方面的发展。生理的发展与心理的发展既相互影响又相互制约。

（二）小学生心理发展概念

小学生的发展，是指小学生在成长过程中，伴随着生理和心理的逐渐成熟与社会生活经验增长的相互影响，心理和生理能力不断提高的变化过程。小学生的心理发展包括以下内涵。

第一，小学生的心理发展不是简单的"变化"，我们论述的发展是有方向、有价值选择成分的概念，即当小学生的心理发展是沿着由简单到复杂、由初级到高级的顺序变化时，我们才称这种变化为"发展"。而"变化"既可以表现为从初级到高级的进步，也可以表现为从高级到初级的退步。

第二，小学生的心理发展不等同于小学生学习和接受教育的过程，学习和接受教育是帮助小学生获得发展的主要手段，但这些手段究竟能不能促进小学生心理发展，还要看它们能否满足小学生发展的需要，能否顺应小学生发展的规律。小学生的发展是一个量变与质变不断转化、互为基础的复杂过程。

第三，小学生的心理发展应当是一个生理成熟与生活的社会环境条件相互作用的连续过程，正常的生理素质和成熟过程为小学生的发展及其连续性提供了必要条件，而小学生生活的社会条件则使他们的发展具有现实性。

（三）小学生心理发展的主要特点

1. 连续性与阶段性

小学生的心理发展既体现出量的积累，又表现出质的飞跃，即具有连续性和阶段性的双重特点。连续发展模型是发展连续性的典型代表，在连续发展模型中，发展被视为感知运动、认知技能与操作上的平稳的、连续的量的增加（见图1-1）。小学生心理发展的连续性，是指小学生心理的发展在持续不断的量变到质变过程中，后一阶段的发展总是依赖于前一阶段的基础，并且后一阶段包含了前一阶段的因素，又为下一阶段做准备。例如，小学生内部言语的发展大体可以分为三个阶段。刚入学的小学生在运算时主要借助出声思维；随着学习活动的不断丰富与深入，新问题、新挑战的出现促使低年级小学生在运算中能够短时间地运用无声思维，但仍需要借助出声思维；虽然高年级小学生在运算时以无声思维为主，但在遇到难题时仍会借助出声思维。这种小学生内部言语发展的连续性，使小学生的内部言语思维发展实现了从量变到质变的转变。

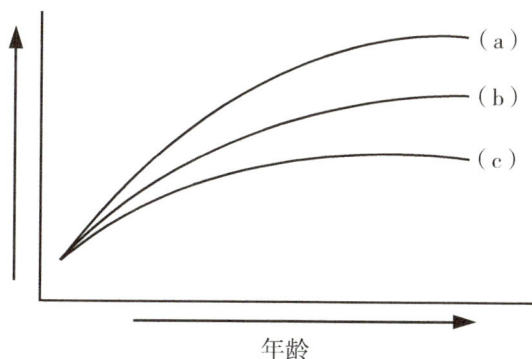

图 1-1　连续发展模型

发展的阶段模型是阶段性观点的典型代表（见图 1-2）。发展的阶段模型将发展看成非连续的，在前后不同的阶段，发展具有质的差异。阶段性，是指小学生心理发展每一时期具有相对共同的、一般的、典型的心理特征。例如，一年级至三年级的小学生从入学开始参与集体活动和学习活动，自我意识发展迅速；三年级至五年级的小学生自我意识处于平稳发展阶段；五年级至六年级的小学生独立性意识发展促使其自我意识又处于快速发展阶段。

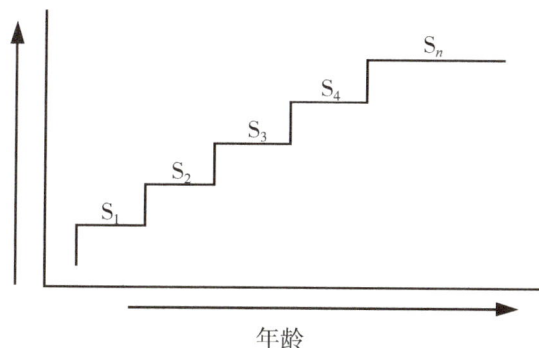

图 1-2　发展的阶段模型

2. 方向性与顺序性

心理发展具有一定的方向性和顺序性，既不能逾越，也不会逆向发展。例如，个体身体和动作的发展，遵循自上而下、由躯体中心向外围、从粗动作到细动作的发展规律，这些规律可以概括为头尾律、近远律和大小律。头尾律，是指儿童身体和动作的发展次序是头部、颈部、躯干和下肢。具体而言，儿童首先学会抬头和转头；其次学会翻身和坐；再次学会使用手和臂；最后学会腿和脚的运动，能直立行走和跑跳。近远律，是指儿童身体和动作发展是从身体的中部开始，然后延伸到边缘部分，越接近躯干部分，动作发展越早，而远离身体中心的肢端动作发展较迟，所以，头部和躯干比四肢先发育，手臂和腿比手指和脚趾先发育。大小律，是指儿童首先学会运用大肌肉、大幅度的粗动作，其次逐渐学会运用小肌肉的精细动作。此外，儿童体内各大系统成熟的顺序是神经系统、运动系统、生殖系统，大脑各区成熟的顺序是枕叶、颞叶、顶叶、额叶，脑细胞发育的顺序是轴突、树突、轴突的髓鞘化。儿童心理机能的发展一般遵循感知、运动、情绪、动机、社会能力、抽象思维的顺序。

3. 不平衡性与关键期

人的发展并不总是匀速直线前进的，不同系统的发展速度、起始时间、达到的成熟水平是不同的，而同一系统在不同时期（年龄阶段）也有不同的发展速率。例如，青少年的身高、体重有两个生长的高峰，第一个高峰出现在出生后的第一年，第二个高峰出现在青春发展期。在这两个高峰期，身高、体重的发展比平时要迅速得多。又如，在生理方面，神经系统、淋巴系统成熟在先，生殖系统成熟在后；在心理方面，感知成熟在先，思维成熟次之，情感成熟在后。人的发展的不平衡性要求教育掌握和利用人的发展的成熟机制，抓住发展的关键期，不失时机地采取有效措施，卓有成效地促进学生健康发展。

关键期，是指一个系统在迅速形成阶段，对外界刺激特别敏感的时期。最早探索关键期概念的是动物心理学家劳伦兹。他通过对动物印刻行为的研究将关键期发展为"最佳学习期"，即在这个特定时期有机体最容易学习某种行为反应。后来，心理学家发现，人类心理也存在关键期。例如，对于小学生来说，一年级前后是掌握数的概念的关键期；三年级前后是行动由注重后果过渡到注重动机的关键期；小学一、二年级是学习习惯培养的关键期；小学三、四年级是逻辑思维发展的关键期。

拓展阅读 1-1

三个数学学习的关键期——关键期在教学领域的应用

研究者在梳理数学学习困难过程中，通过反复筛选，发现数学学习困难高频期为一年级、三年级、六年级，再根据样本数据和实践分析，特别是，对学生学习前的认知水平及潜能指标（起点知识量、信息获得水平、单位时间的认知流量、知识储存与保持、认知加工方式以及学习情感体验）做深入分析与反复筛选比对，发现学生小学六年数学学习困难的形成不是匀速的，而是存在关键期。

适应期（一年级）：研究者通过对其所在区域42所学校一年级学生的调查，发现有20%以上的学生出现一定程度的疲劳、厌倦、害怕等不适应症状。这种不适应，导致学生在数学学习上有明显差异，并且一年级学生的困难密集度较高，仅次于三年级学生。研究者还发现，目前，幼儿园与小学之间存在着脱节现象，一年级的数学学习要着力解决如何"让坡度更舒适、让梯度更合理、让速度更适宜"等问题，才能实现幼小科学衔接。调查发现，儿童从幼儿园过渡到小学易出现入学适应不良现象，在数学学习上，主要表现为对数学学习存在恐惧感。

马鞍期（三年级）：三年级是小学生学习生涯中的"一道坎"，即三年级学生的发展呈马鞍形，是学习的重要转折期。调查发现，有15%～25%的学生有数学学习适应性差、成绩起伏大等问题，并且这些学生有80%集中在三年级下半学期出现这一现象。如果学生某个分化点出现困难没有及时得到解决，第二、第三个分化点相继出现的可能性更大。这些分化点不断累积，逐渐使学生成为"学困生"。小学生如果不能顺利度过马鞍期，就容易出现焦虑、消极、成绩两极分化等状况。三年级是小学低年级向中年级过渡的开端，这使三年级分化点与其他年级相比有着鲜明的特征。

衔接期（六年级）：六年级学生正处于小学与初中衔接阶段。初中数学课程目标、单元容量、教学内容的综合性、思维要求、学习自组织要求等有大幅提高，再加上外部教学环境的"跃进式"变化，都会导致学生个体差异明显变大。小学和初中的数学教育虽在课程标准上有整体性和一致性，但在具体实施过程中缺少有效衔接，尤其是在课程内容、教学方式、思维方式等方面还未能融会贯通，导致数学学习出现了"断层"。六年级学生处于小学与初中衔接期，数学学习困难主要表现为出现断层状态。

（资料来源：庄惠芬，马伟中.小学数学学习关键期及其困难破解的实践探索［J］.中国基础教育，2023（3）：36-40）

4.个体差异性

尽管小学生的发展要经历一些共同的基本阶段，但个体差异仍然非常明显。不同人的发展优势、发展速度与高度是千差万别的。例如，有的人观察能力强，有的人记忆能力好；有的人爱动，有的人喜静；有的人善于理性思维，有的人善于形象思维；有的人早慧，有的人大器晚成。正是由于这些差别，才构成了每一个具象的人。人的发展的个体差异性要求我们深入了解小学生，针对小学生不同的发展水平以及不同的兴趣、爱好和特长因材施教，引导小学生扬长避短、发展个性，促进小学生自由地发展。

📑 **拓展阅读 1-2**

正常范围、变异和违常

发展是存在个体差异的，我们可以用正常范围、变异和违常概括这种个体差异。

由于个体的本质与发展速度不同，反映在每个个体上的成长情形也不一样，但大多属于统计上的正常范围。如大多数幼儿在周岁前后就能学会自己走路；三岁的幼儿大多能辨认三四种颜色等。有时，因内外各种因素，一个人的成长情况与大部分人有明显差距，但仍在正常范围的边缘，就被称为"变异"。如到周岁半才开始自己走路；不到六岁，就已认得上百个字等。若个体表现明显超出正常范围，或有病态性质，则称为"违常"。例如：两岁幼儿总把自己的头不停地往墙上撞；五岁儿童还不会讲话；不到六岁的女孩就受孕；等等。总之，要考虑各种因素、性格与程度，才能分辨区别。判断儿童的某种行为反应是否属于发展"正常"，要依儿童的发展年龄而定。在儿童的发展中，同样的现象与行为发生在不同的成长阶段，可能正常，也可能不正常。如未满周岁的婴儿晚上尿床是正常事，到了五岁还经常尿床则属于非正常现象；一个十三四岁的学生仍不清楚男女有别的道理，并且反映在行为中仍作"两小无猜"状，则属于非正常现象。可见，对儿童发展的判断，要依其发展的进度衡量是否正常。

（资料来源：曾文星. 儿童的心理与辅导［M］. 北京：北京大学出版社，2001：4）

二、小学生心理发展的影响因素

（一）遗传与成熟

1. 遗传

遗传素质是与生俱来的解剖生理特征。遗传是一种生物现象，低级心理机能如机体的构造、形态，以及感官和神经系统的特征等都受遗传影响，高级心理机能如智慧、道德水平、能力等受遗传的影响较小。遗传为小学生心理发展提供了生物前提和自然条件，主要表现在以下三个方面：第一，遗传为小学生心理发展提供了物质基础，奠定了个体心理发展差异的先天基础，规定了发展的高低限度。例如，一个生来就耳聋的孩子，他无法听到声音，更无法成为歌手。第二，遗传的解剖生理特征，特别是中枢神经系统的特征，对小学生心理发展有一定的影响。例如，有的婴儿从出生就比较活泼好动难以安抚，而有的婴儿则比较安静易于安抚。尽管这些个性特征在环境和教育的塑造下会改变，但在遗传因素的影响下，个体个性的发展确实存在差异。第三，遗传并不决定小学生的发展。虽然遗传为小学生的发展提供了基本的生物前提和自然条件，但人的发展是多种因素交互作用下的结果。例如，一个儿童生来就有敏锐的色觉感知，具有一定的绘画天赋，但如果没有相应的绘画环境或接受相应的绘画教育，就不可能在绘画上有极高的造诣。

2. 成熟

成熟是个体身心发展的自然结果，是指机体及其各组成系统、器官在形态与机能上达到完善的程度。遗传为我们提供了初具形态的身心发展状态，这种初级发展状态会随着年龄的增长不断地完善，走向成熟。成熟对个体发展的影响表现在以下两个方面：第一，成熟影响着个体身心发展的阶段和规律，为一定年龄阶段身心特点的出现提供了可能性和限制。例如，周岁幼儿学走路、骨骼构造的转变、性的成熟等。如果让三个月的婴儿学走路，让两岁的幼儿学高数，不仅是徒劳的，也是无益的。第二，成熟对个体发展不起决定作用，因为成熟只是一个自然的过程，人的发展还是一个自觉自为的过程。教育作为对个体发展积极干预的过程，不应被动地依靠成熟，而应在遵循身心发展规律的基础上引导和加速个体的发展。

📝 拓展阅读 1-3

同卵双生子爬梯试验

美国儿科医生、儿童心理学家格塞尔的双生子爬梯试验，为成熟在个体发展中的重要作用提供了经典性的论据。格塞尔选择双生子 T 和 C 作为被试。在 T 出生后第48 周接受爬楼梯训练，每天练习 10 分钟，连续 6 周。C 则从出生后第 53 周开始训练 2 周，却很快达到了 T 爬楼梯的水平。这个试验表明，儿童的发展依赖成熟的水平。在未达到生理成熟之前，训练的效果是有限的；而达到生理成熟后，训练儿童掌握某种技能就会产生良好的效果。生理成熟为学习提供了必要的准备状态。图 1-3是格塞尔双生子爬梯试验的结果。

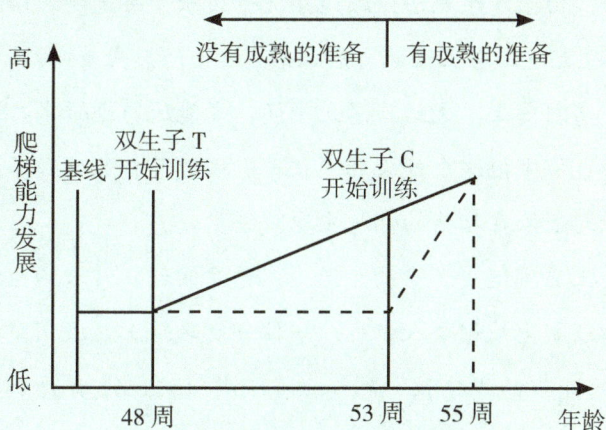

图 1-3　同卵双生子爬梯试验

（资料来源：李宁萍. 小学心理学 [M]. 银川：宁夏人民教育出版社，2015：181）

（二）环境与教育

1. 环境

环境为小学生的心理发展提供了现实条件。从性质上说，环境分为自然环境和社会环境。自然环境是人和其他生物共同的生存环境，是人和其他生物生存的物质基础。自然环境为小学生的生存和发展提供了必要的物质条件，如水分、空气、阳光、养料等。自然环境的好坏直接影响着人的生存质量，甚至威胁人的生存。除此之外，自然环境影响着不同群体的发展，如南北方人民的个性差异，内陆地区和沿海地区居民的差异等，都有自然环境影响的烙印。社会环境主要是指小学生所处的社会地位、家庭情况、人际关系、周围的社会风气等社会生活条件。人是社会的产物，小学生要适应社会发展的要求，就必须掌握文化知识和技能、道德规范和价值观念，按照社会的要求行事，做一个合格的公民。例如，我国传统文化提倡的勤奋、节俭、求同、自抑、忍让、保守知礼、循规蹈矩、淡泊谦逊，对小学生的生活方式与性格形成和发展都有一定的影响。又如，在现代社会，大众传播媒介如广播、影视、报纸、书籍、网络，在人们的社会生活中的地位愈加重要，它们无所不在，对小学生的个性塑造、社会认知、情感培养等方面都起着潜移默化的重要作用。

📝 **拓展阅读 1-4**

"猪孩"王显凤

"猪孩"王显凤，于 1974 年 12 月 23 日出生在辽宁省台安县高力房镇锅柽子村一个特殊的家庭中。她的母亲因早年患大脑炎而痴呆，属中度残疾；她的父亲是聋哑人。王显凤出生后，由于母亲无法照顾她，父亲又忙于每天的农活，她整天饥一顿饱一顿，经常饿得哇哇大哭。当王显凤会爬以后，便开始摸索着四处找东西吃。有一天，她不知不觉爬进一窝刚出生不久的猪崽儿中间，本能地与小猪崽儿一起拱在母猪肚皮下吃起奶来。母猪也似乎把这个外来的"孩子"当成了自己的孩子。小显凤吃饱喝足后，和小猪崽儿一起偎依在母猪的怀抱中取暖睡觉。

不知不觉中，王显凤适应了猪的生活，不愿意回到正常人的生活。当时，对她进行的科学检验和心理测量结论令人沮丧。一位一直跟踪王显凤从事研究工作的人员回忆说，当时，这个 11 岁的"猪孩"感知世界一片混沌，没有大小、上下、颜色、数等的概念，几乎没有记忆力、注意力、想象力、意志力和思维能力，甚至表现的情绪也极为原始简单，只有怨、惧、乐，却没有悲伤。测量表明，她的智商为 39，而作为正常的生活基本自理人的智商最低应该是 70。中国医科大学组织了 9 人的"猪孩"考察组，鞍山市社会福利部门、鞍山市心理研究所决定免费为其进行治疗和教育。工作人员把"猪孩"从肮脏的猪圈带到美丽的大海、巍峨的高山、喧闹的街道开眼界、长见识，让她一步步熟悉新的社会环境，培养她衣食住行的生存能力，但是由于"猪孩"王显凤与猪接触时间太长，每当她面对新鲜事物时总是茫然无知地表示惊讶、兴奋，或是惬意地发出猪的哼哼声。

（资料来源：辽宁鞍山女"猪孩"与猪为伍 11 载，如今喜为人母［EB/OL］.（2020-05-29）［2023-08-09］. https：//news.sohu.com/57/51/news201165157.shtml）

2. 家庭教育

广义的家庭教育是指家庭生活中以血亲关系为核心的家庭成员（主要是父母与子女）间的双向沟通和影响。狭义的家庭教育强调家庭中年长者（主要是父母）对其子女等晚辈的单向作用。家庭是儿童接受教育的第一个场所，家庭教育对儿童的发展具有基础性作用。例如，不同家庭的教养方式培养出的儿童表现出不同特点：采取溺爱型教养方式的父母培养出的孩子表现出任性、懦弱、依赖、被动、为所欲为、骄横、自私自利等性格特征；采取放任型教养方式的父母培养出的孩子表现出冷漠、自我控制力差、易冲动、不遵守社会规范、具有攻击性、情绪不稳定等人格特征。除此之外，父母的文化资本占有情况、父母关系状况以及家庭氛围等都影响着小学生心理的发展。2022 年 1 月 1 日，《中华人民共和国家庭教育促进法》正式实施，为家庭教育保驾护航。

3. 学校教育

学校教育在小学生心理发展过程中起主导作用。学校是由专职人员承担的有目的、有系统、有组织，以影响学生身心发展为直接目标的社会机构。相比家庭教育，学校教育更严谨、规范，有着比较系统的教育思想、教育体系和科学的教育方法。学校是小学生学习和生活的主要场所，小学生知识经验的获得、道德品质的培养、个性的形成等都是由学校的教育质量决定的。学校教育在小学生的心理发展中起着举足轻重的作用，其影响主要表现在两个方面：一是开发小学生的智能。小学生智能的发展虽然以脑的机能、遗传、成熟为自然的条件，但主要是在教育条件下实现的。二是塑造小学生的个性品质。学校教育对小学生自我意识的完善、良好性格的形成、道德规范的内化等都有着重要的影响。

（三）个体主观能动性

主观能动性，是指小学生的主观意识对客观世界的反映和能动作用。小学生的主观能动性是其身心发展的动力，对小学生的发展起决定作用。正如皮亚杰所说，儿童认知发展的根本动力在于儿童自身，儿童不是被动地等待环境的刺激，而是主动地寻求刺激，因此，在很大程度上，是儿童自己决定自己的发展方向和水平。小学生的主观能动性通过各种各样的活动表现出来。小学生通过参与活动，将遗传素质、环境和教育赋予的一切发展条件变为现实。在活动中，外在客观要求提出的新需要与小学生已有心理发展水平产生矛盾，只有将外部环境的客观要求转化为个体自身的需要，小学生才能发挥环境和教育的作用，从而解决矛盾，获得发展。例如，"出淤泥而不染，濯清涟而不妖""逆境出人才""众人皆醉我独醒"等，都强调个体主观能动性在个体发展过程中的决定性作用。因此，我们需要将小学生看作有主动性的个体。在实践中，我们应充分发掘小学生的积极性和主动性，实施人性化和个性化的教育，真正地让儿童处于发展的主体地位，积极推动自身的发展。

第四节　小学生心理发展的生物学基础

一、小学生身体发展及教育应用

小学生的身体在不断发育和成熟，主要表现为躯体、骨骼、肌肉系统的生长以及中枢神经系统的持续发育和完善。处于小学阶段的儿童，身体处于平稳发展状态。然而，他们也会表现出以下一般特点。

（一）新陈代谢旺盛

新陈代谢包括同化作用和异化作用两个方面。同化作用，是指人体从外界摄取营养物质变成自己身体的一部分，并且储存了能量。异化作用，是指构成身体的一部分物质不断氧化分解，释放出能量，并将分解的产物排出体外。小学生正处于身体发育的重要阶段，同化作用大于异化作用。所以，他们需要从外界摄取更多的营养物质，以保证正常生长的需要。营养是维持生命和保证机体同化过程超过异化过程的基础。

　　为此，学校和家庭应该帮助小学生养成爱喝水的良好习惯。充足的水分摄入可以促进血液循环，增加排泄，从而促进新陈代谢。在饮食方面，应确保小学生摄入足够的优质蛋白质。蛋白质有助于促进机体肌肉的生成，推动新陈代谢。饮食中应适量增加富含蛋白质的食物，如鱼类、瘦肉和牛奶等。此外，还应鼓励小学生多参与运动。跑步、游泳、骑车等有氧运动有助于增强心肺功能，加速能量消耗，促进新陈代谢。最后，必须确保小学生有足够的睡眠时间。睡眠是人体修复和恢复精力的重要过程，如果睡眠不足，身体就会感到疲倦，各项机能下降，新陈代谢也会受到影响。

拓展阅读 1-5

游泳运动对小学生体质健康的影响

　　由于人体系统是一个协同的系统，某一系统功能的提高对其他系统也会有一定的促进作用。在游泳运动中，运动系统得到锻炼的同时，呼吸系统也能得到锻炼。在游泳运动过程中，很强调呼吸的协调，势必对呼吸系统有一定的锻炼作用。呼吸系统的主要作用是与外界进行气体交换，将身体中不需要的二氧化碳排出体外，吸收需要的氧气。吸收的氧气提供给身体的循环系统进行新陈代谢，转化成葡萄糖，给身体提供能量。心脏在人体中主导着人体的血液循环，推动血液在人体中的循环流动，保证人体的各个器官都有充足的血液供应。血液之所以如此重要，是因为血液承载着氧气和新陈代谢产生的能量与废物，使细胞有正常的代谢和功能。解剖图例和各种针对游泳运动员的研究表明，长期的游泳训练有助于提高心脏的起搏能力，增粗心肌纤维，扩大心脏的空腔，加大心脏的跳动力度。对小学生而言，呼吸道和肺部还处于发展阶段，需要通过不断锻炼促进其发展。而游泳运动，可以通过对身体施加压力，在施压的条件下进行呼气和吸气，增强与呼吸相关的肌肉力量，增加肺活量，提高肺呼吸效率。研究表明，人的肺活量越大，人的健康程度越高。在实际学习中，良好的呼吸系统有利于注意力的提高。当肺活量低的人遇到需要进行大量思考的活动时，经常会感到头晕眼花，这是由于大脑的供氧能力跟不上需求。在现实中，很多学习者在进行关键考试之前，会进行吸氧，这个举动的目的就是提高身体的氧含量。在小学生的体育教学中重视游泳运动，不仅可以帮助小学生提高身体素质，还可以帮助小学生提高学习成绩。

（资料来源：贾喻.游泳运动对小学生体质健康的影响［J］.运动，2018（8）：115-116）

（二）体格发育在儿童期平稳发育的基础上出现快速增长

小学生处于两个生长突增期（婴儿期和青春期）之间，因此，他们的体格发育既具有儿童期的特点，又呈现出青春期早期的特征。体格发育表现出从匀速增长逐渐过渡到快速增长的特点。以小学生身高、体重的增长为例，在童年期，体格发育基本上是平稳的，身高一般每年增长 4～5 厘米，体重一般每年增长 2～3.5 千克。10 岁以后，随着青春期早期的到来，体格发育进入快速增长阶段：男孩身高一般每年可以增长 7～9 厘米，个别可以增长 10～12 厘米；女孩一般每年可以增长 5～7 厘米，个别可以增长 9～10 厘米。这时，小学生的体重每年可以增长 4～5 千克，有的可以增长 8～10 千克。女孩青春期身高生长突增比男孩大约早两年，所以在 10 岁左右，女孩身高由以前略低于男孩开始赶上并超过男孩；12 岁左右，男孩青春期身高生长突增开始，而此时女孩生长速度开始减慢，到 13～14 岁，男孩身高生长水平又赶上并超过女孩。因为男孩突增期间增长幅度较大，生长时间持续较长，所以到成年时绝大多数身体形态指标比女孩高。

为了促进小学生良好的体格发育，家长应该营造良好的家庭体育运动氛围，并与孩子一起参加户外活动和体育锻炼。此外，家长还应鼓励并支持孩子参加校外各种形式的体育活动，引导他们养成终身锻炼的习惯。在膳食方面，家长应根据孩子的身体发育情况提供均衡的饮食，避免高糖、高盐和高油的食物。学校在确保学生安全的前提下，应尝试更多种类的体育运动项目，以提高学生对户外活动的兴趣。学校膳食和校内食品店应实施营养标准管理，限制学校食堂、超市和自动贩卖机销售高脂肪、高盐和高糖的食物，增加蔬菜和水果的供应，同时，对学校周边的不健康食品流动摊位进行清理。

（三）骨骼逐渐骨化，肌肉力量尚弱

小学生的骨骼正处于骨化过程中，但尚未完全骨化。他们的骨骼含有较多的有机物和水分，而无机成分如钙、磷等相对较少，因此，骨骼具有较大的弹性和较低的硬度，相对不容易发生骨折，但容易发生变形。不正确的坐姿、站姿和行走姿势可能导致小学生脊柱侧弯（一肩高、一肩低）或后凸（驼背）等变形。此时，小学生的肌肉虽然在逐渐发育，但主要是纵向生长，肌肉纤维较细，力量和耐力都比成年人弱，容易疲劳。

因此，在日常生活和学习中，教师和家长应该帮助小学生纠正不利于骨骼发育的不良姿势，培养良好的生活和学习习惯。在进行劳动或体育活动时，应根据小学生的体格发展设置适当的强度，以避免肌肉或骨骼损伤。另外，写字和画画的时间也不宜过长，应该注意劳逸结合。

拓展阅读 1-6

福建省儿童少年脊柱侧弯的现状与原因分析

一项对福建省儿童少年脊柱侧弯的现状与原因分析调查显示，在10～14岁阶段，随着年龄的上升，脊柱侧弯风险的发生率也在增加。从研究数据可以看出，10岁后脊柱侧弯风险逐渐上升，这与青春期的发育不无关系。处在这个年龄段的学生生长发育迅猛，一年身高可增长十几厘米，但神经、骨骼、肌肉的发育并不是同步进行的。Rot认为，骨骼与神经系统不成比例地生长，是引发脊柱侧弯的原因之一，青春期脊柱前端长得快而长，牵拉生长慢而短的脊髓和马尾神经，在骨骼对脊髓牵拉的过程中，身体为适应不同步发育的需要，引发脊柱侧弯。另外，青春期的到来也会引起身体激素代谢变化。Kulis等发现，月经前脊柱侧弯患者的促卵泡激素、黄体生成激素等激素水平低于正常女孩。在另一组研究中，脊柱侧弯患者组中的孕酮、雌酮、雌三醇也有别于正常组，其结果证实了激素水平的异常是脊柱侧弯的风险因素。青春期随着学龄的上升，课业压力不断增加，长期保持静坐的状态，加上不正确的坐姿习惯，进一步增加脊柱侧弯的风险。所以，脊柱侧弯可能是神经、骨骼、肌肉发育不协调，脊髓失调，课业时间长，坐姿不正确导致，因此在青春期阶段，社会、学校、家庭务必加强对脊柱侧弯的重视和正确引导。

（资料来源：李希海，陈海春.福建省儿童少年脊柱侧弯的现状与原因分析［J］.福建体育科技，2023，42（5）：38-44）

（四）乳牙脱落、恒牙萌出

儿童一般在6岁左右开始有恒牙萌出。最先萌出的恒牙是第一恒牙——磨牙，俗称"六龄齿"。接着乳牙按一定的顺序脱落，逐一由恒牙继替。到12～13岁时，乳牙即可全部被恒牙替代，进入恒牙期。替牙期是龋齿病的高发期，尤其是乳磨牙和六龄齿很容易患龋，应该注意口腔卫生。

对此，家长应该教导儿童正确的刷牙方法，以保持口腔健康。同时，还应严格控制儿童的糖分摄入量。如果发现儿童有龋齿问题，则应及时带他们去医院治疗，以避免进一步恶化。学校应关注小学生的口腔健康，并通过各种形式的活动向小学生普及口腔健康知识，引导小学生关注口腔卫生和口腔健康。

拓展阅读 1-7

口腔健康教育在小学生龋齿预防中的分析与作用

通过对重庆市涪陵区实验小学四年级部分学生进行问卷调查，了解他们对龋齿发生原因的认识情况。第一次调查结果显示，了解龋齿产生原因的学生不到20%，并且78%的学生不了解专门的口腔卫生护理知识，认为口腔卫生不重要。同时，患有龋齿的学生占85.3%，患病率较高，男女生总患龋率没有显著差别，男生患龋率略低于女生。小学生在日常接受教育的过程中，缺少对自身卫生健康的防控知识，也未重视自身的患龋现象，是小学阶段为患龋高峰期的主要原因。在口腔清洁方面，因未能接受正确的牙齿护理知识，很多小学生存在不爱刷牙、刷牙方式不对、刷牙时间过短等问题。大多数小学生平时爱吃零食，因此，除正常一日三餐的饮食之外，还摄入了大量的碳水化合物。一方面，家长对龋齿产生的原因和龋齿产生后对身体发育的副作用认识不够。另一方面，小学生很少跟父母交流关于龋齿方面的问题，父母不能及时了解小学生患龋的问题。

利用一节课的时间向学生讲解龋齿发生的原因、如何预防，学生对相关知识的知晓率有所提高。大多数学生了解到导致龋齿发生的因素主要有：食物中的碳水化合物被细菌利用产生酸性物质，唾液分泌不足，牙齿磨损，需要一定的时间等。有62.3%的学生未能完整地将龋齿产生的原因选择出来。相比女生，男生未能完整选出龋齿产生原因的更多。总体未选的选项集中在唾液过少和时间。在口腔卫生知识了解方面，94.7%的学生已经了解刷牙应该上下刷，100%的学生了解应该早晚各刷一次牙，并且每次刷牙时间需要持续3分钟。76.4%的学生认为应该使用温水刷牙，89.2%的学生认为应该两个月更换一次牙刷，69.4%的学生在听完龋齿讲解课程之后严格按照教师讲解的内容改正自己的刷牙习惯。

（资料来源：冉飞.口腔健康教育在小学生龋齿预防中的分析与作用[J].全科口腔医学杂志（电子版），2019，6（35）：135，146）

（五）心率减慢，呼吸力量增强

小学生的心率为80～85次/分，明显低于新生儿（约140次/分）和学龄前儿童（90次/分左右）。小学生的肺活量明显增加，对各种呼吸道传染病的抵抗力也有所增强。但仍需要关注各类呼吸道传染疾病的预防，培养勤洗手、爱运动的良好习惯，以增强抵抗力，避免各类疾病的发生。

（六）大脑和神经系统发展

7 岁儿童大脑的平均重量为 1280 克，9 岁为 1395 克，12 岁的时候达到了 1400 克，这已接近成年人水平。随着大脑重量的增加，大脑的形态和神经细胞也在发生变化，脑叶增长突出，脑回更加明显，神经细胞之间的联系更加复杂。小学生的大脑和神经系统的发育表现在大脑髓鞘化和偏侧化。脑神经和脊神经的髓质在最初 3 个月形成，而神经末梢的发育需要 3 年，和儿童的植物性神经、中枢神经同时发育，并且较早成熟。6 岁左右的儿童大脑半球的神经传导通路几乎都完成髓鞘化，使他们反射能力增强，条件反射的形成比较稳固。

充足的睡眠、适量的运动和均衡的营养可以促进神经细胞的发育与连接，从而支持大脑的正常功能和学习能力的提升。同时，学校和家长应为小学生提供与其年龄相适应的刺激和资源，以激发小学生的学习兴趣，培养他们的认知能力，促进其情感发展，从而全面促进大脑的健康发展。

（七）部分小学生的青春期提前

随着男、女生先后进入青春期，小学生在生理和心理方面都开始发生巨大变化，主要表现为身体形态的急剧发育，女孩出现月经初潮，男孩出现首次遗精，这标志着他们进入了青春期。在此之前的两年左右，女孩最早会出现乳房发育，骨盆开始变宽，臀部变圆；男孩则是睾丸和阴茎开始发育。根据中华儿科学会于 2015 年发布的中国儿童成长发育专项调查结果，中国女孩的青春期发育开始年龄平均为 9.2 岁，比 30 年前提前了 3.3 岁。自 1979 年以来，中国城区男孩初遗年龄也呈现出提前的趋势。[①] 根据 2022 年公布的《中枢性性早熟诊断与治疗专家共识（2022）》，全球多个国家的青春期发育启动年龄都有所提前。

面对部分小学生青春期发育提前的现象，学校和家长应该积极关注并适时进行干预。学校应开设生理课程，向小学生传授关于这一时期生理变化的知识，引导他们积极应对身体上的变化，并帮助他们处理与生理变化相关的各种心理问题；同时，应以适合小学生年龄的方式进行性教育。家长应该积极关注孩子在生理上的变化，抓住关键时机进行生理教

---

① 专家：性早熟患者需长期治疗，依从关键是对医生的信任［EB/OL］.（2024-05-31）［2024-12-08］. http://m.chinanews.com/wap/detail/zw/life/2024/05-31/10226719.shtml.

育；尊重孩子的隐私；引导孩子文明、健康地使用互联网。

📝 拓展阅读 1-8

青少年青春期发育较过去提前约 2 年

现在，随着生活环境和营养改善，青少年青春期发育较过去提前了约 2 年。"未来性早熟评判标准有望更改。"在首都儿科研究所 60 周年学术大会上，儿童生长发育研究室主任李辉透露，目前，青少年青春期发育提前已成为普遍现象，也由此导致不少家长因认识误区带孩子过度医疗。家长非常关注孩子的身高等发育问题，尤其是一到寒暑假，各医院的生长发育门诊人满为患。李辉称，调研发现，目前，我国青少年儿童展现出的生长发育长期趋势为：儿童期生长水平提高、青春期发育提前和成年期身高增长。这与国外发达国家人体发育的长期趋势基本一致。"我国青少年青春期明显发育提前了，相比 40 年前的青少年，大约提前了 2 年。"李辉直言，最明显的表现之一是，现在 13 岁孩子的身高相当于过去 15 岁孩子的身高。孩子的发育启动时间逐渐提前，也包括女生月经初潮年龄和乳房发育年龄的提前。因此，越来越多的孩子被贴上了"性早熟"的标签，家长更是草木皆兵，动辄带孩子上医院检查。这无疑给医生提出了一个严峻的问题，是不是真有那么多孩子面临性早熟问题呢？

李辉称，性早熟多发生在女孩子身上。现在的标准认为，女生 8 岁以前乳房发育或 10 岁以前月经初潮，就是性早熟的表现。但事实上，一项在北京、上海进行的青少年生长发育调查显示，如果按照现行标准判定，大约有 19% 的孩子已在这个年龄段提前发育，并符合性早熟的诊断标准。这说明青春期发育提前已成为普遍现象。她提醒家长，如果发现孩子在这个年龄段出现乳房发育，不要过于紧张，有的孩子很可能是一过性（指某一临床症状或体征在短时间内出现一次）的，过一段时间就消退了；也有的孩子发育进展并不快且持续时间很长；还有的孩子虽然年龄是 8 岁，骨龄却相当于 10 岁，身高也比同龄人高出了一大截……这些情况都不一定是孩子生长发育有问题。相反，有的孩子个子很矮，却发育很早，这种往往可能存在一定问题。李辉建议家长可以认真观察一段时间，再带孩子到医疗机构找专业医生进行评估，看孩子的状况是否符合正常的生长发育水平。"生长发育是一个动态的过程，需要连续地观察，并非所有孩子都需要寻求医学帮助。"李辉透露，鉴于现在有太多孩子被诊断为性早熟，并且出现了许多过度医疗检查现象，未来需要对该问题进行深入纵向研究，以期发现普通人生长发育规律的时代特征。"尽管现在还没有更多人群的数据，但我们的确需要进一步探索研究。未来很有可能改变现有的性早熟判定标准。"

（资料来源：刘欢.青少年青春期发育较过去提前约2年［N］.北京日报，2018-07-02（06））

二、小学生运动能力发展及教育应用

（一）小学生运动技能的发展

小学生身体处于快速发展的阶段，身体的发育、肌肉力量的增强和大脑与神经系统的发育成熟，促使他们的运动协调能力有了提高。与此同时，思维的发展和社会技能的发展使他们能掌握并运用比较复杂的运动技能。小学生精力旺盛，在校内外积极参加各类体育活动，在活动中发展了大运动能力和精细运动能力。

1.大运动能力的发展

小学生大运动能力的发展主要表现在跑、跳、掷、踢等控制身体各种动作活动的进一步完善上。这一时期，小学生表现出完美、协调的运动技能，他们的动作灵活、有力量、敏捷性高。小学生大运动能力的发展存在性别差异。女生的动作活动在平衡性和敏捷性上优于男生。男生的动作活动则在力量和速度方面优于女生。从生理上看，男性的肌肉组织比女性更加丰厚，但仅从生物遗传因素不足以说明大运动发展的性别差异。学校和家长在引导小学生发展运动能力时，需要打破性别图式带来的刻板印象，如认为男生的运动能力优于女生，并帮助小学生建立对运动能力的自信。

2.精细运动能力的发展

在整个小学阶段，小学生精细运动能力稳定改善，双手协调能力不断提高。主要表现在，他们能准确、灵巧地完成各种复杂的动作活动，制造出各种越来越精美的手工产品。小学生精细运动能力的发展也明显地表现在书写技能和绘画技能的发展上。

学校应该重视体育锻炼，将体育锻炼融入学校的常规工作，并开展多样化的体育和文艺活动，为小学生提供运动机会。教师应当善于引导小学生安全地参与各类体育活动，鼓励他们参与各类艺术活动，并在适当的时机给予指导。通过这些活动，可以培养小学生的大运动能力和精细运动能力，增强他们的体质，陶冶他们的性情，促进他们的身心和谐发展。在校外，家长应积极引导小学生参与各类运动。

（二）规则游戏活动的开展

基于小学生群体的身心发展特点，游戏也是小学生日常生活中重要的一部分。小学生的游戏已不再是幼儿时期的无规则玩耍，而是各种具有规则的游戏。在游戏中，小学生学习各种游戏规则，并能够根据具体情境独立制定一些游戏规则。例如，一类规则游戏是由成年人组织的体育活动，如各种球类活动，它们有明确的正式比赛规则，在这个过程中，小学生能够学会各类规则。另一类规则游戏是由小学生组织的体育活动，如"跳皮筋""跳房子""捉人"等，其规则完全是小学生创造的，并随情境改变。对此，学校和家长应提供相应的支持和指导，促进小学生规则游戏的发展。首先，成年人应尊重小学生，允许他们自由选择喜欢的游戏活动，让他们建立持续稳定的活动兴趣，并培养健康的活动方式。其次，成年人应在小学生参与活动时提供帮助，培养其基本技能，例如，如何打乒乓球（击球和接球等），如何踢足球（控球和传球等）。最后，成年人应多设置合作型游戏，使每个小学生都能在规则游戏中体验到胜任感和乐趣，并通过合作促进小学生身心协调发展。

📝 拓展阅读 1-9

以游戏培养小学生规则意识

基于游戏与规则的关系，以及规则意识的结构和小学生的特点，我们认为，在小学生规则意识培养中要注意以下三个方面。

1. 要培养对于规则的敬畏之心

人类个体对规则的觉察，且觉察到规则是一种异己的客观存在，因此生出敬畏之心，是规则意识的最初阶段。对规则的敬畏之心有时源于无知和与无知相伴的恐惧，但更多源于规则本身。规则是组织不断解决问题和应对压力留下来的累积剩余物，因为规则曾经成功地解决问题或者应对压力，所以它的存在获得了合法性，并具有了权威性。尽管随着时间的推移，问题和压力或许不再存在，它的合法性也可能受到质疑和挑战，但是规则的变化往往有滞后性，规则的权威往往具有延续性。规则的权威性和对规则的敬畏之心，对于保持社会的秩序来说是必要的。可以说，敬畏之心，是规则意识的开始。

现实社会中大量表现出来的小学生缺乏规则意识，其实是缺乏对规则的敬畏之心。在规则教育中，我们往往重视知识的教育，却忽视了态度的教育。

2. 参与体验比灌输规则知识更重要

培养规则意识要让小学生参与游戏规则的制定，而不是一味地灌输规则的知识。人一出生，就被抛入所在的社会，无论社会上的法律、法规、规章等规则，还是自然和社会的客观规律，都是先在的。对于小学生来说，很多规则是解决问题的累积剩余物，他们虽接触到剩余物，但产生剩余物的问题情境要么消失了，要么依然存在，他们却从来没有经历过。比如，火焰会烫伤手指，我们告诫小学生，不能把手指放火焰上以防烫伤。但是，有些小学生依然会伸手感受火焰。有的小学生没有这样做，并不是因为规则的本身，而是因为害怕教师的惩罚。

因此，在规则意识的培养过程中，不能脱离产生规则的情境灌输规则的内容，并要求小学生无条件地服从。应让小学生参与游戏规则的制定，让其积累产生规则的情境或者问题的经验，并且根据问题和压力的变化修正规则。在没有办法为小学生提供参与机会的情况下，规则知识的教学也要重视方法。讲故事或者分享教师、同学的经验比简单地灌输规则知识，更有利于规则意识的培养。

3. 培养小学生独立思考的能力

在小学生道德发展的自律阶段，小学生之所以能够自觉自愿地遵守规则，是因为主体对于规则的理性思考。从规则意识的结构上看，规则的元认知，恰恰是在多种多样具有规则的理性思考基础上，更高层次的抽象概括的认识。因此，理性精神和小学生的独立思考能力，对于培养小学生的规则意识具有至关重要的作用。

总之，规则意识的培养并非短时期内可以完成的，而小学阶段学生的自我意识和他者意识在不断增强，是培养学生规则意识的关键期。把握小学生的身心发展特点，以参与游戏作为主要形式，通过对游戏规则的认识、理解和内化，能使小学生对规则有更加深刻的认识。

（资料来源：李伟，喻松. 以游戏培养小学生规则意识［J］. 中国德育，2015（18）：35-39）

三、小学生的身体健康及教育应用

（一）小学生身体健康的标准

健康，是指人体各器官系统发育良好且功能正常、体质健壮、精力充沛并有良好的劳动效能状态，与生活环境之间保持良好的协调与均衡，对自然环境和社会环境有较强的适应能力。健康是一个抽象的概念，衡量个体是否处于健康状态，需要一个与健康概念相对应的标准。小学生的身体健康应从以下几个方面衡量。

第一，身体形态发育水平，即体形、姿势、营养状况、体格以及身体成分等。

第二，生理功能水平，即机体新陈代谢水平以及各个器官、系统的工作能力。

第三，身体素质和运动能力发展水平，即心肺耐力、柔韧性、肌肉力量和耐力、速度、爆发力、平衡、灵敏、协调、反应等素质，以及走、跑、跳、投、攀爬等身体活动能力。

第四，适应能力，即对内外环境条件的适应能力、应急能力和对疾病的抵抗力。

小学生身体健康评价标准包括：形态指标，如身高、体重、胸围、坐高、骨盆宽、肩宽等；机能指标，如脉搏、肺活量、血压等；素质指标，如 50 米跑、立定跳远、引体向上（男）、仰卧起坐（女）、"50 米 ×8" 往返跑、立位体前屈等；体格检查的项目，如眼科检查、内科常规检查、外科检查等。

在判断小学生身体健康状态时，除了要关注以上指标外，还应关注小学生的性征指标，如睾丸、乳房、体毛、声音、喉结等，以及对月经初潮和首次遗精年龄的了解。

（二）小学生常见的身体疾病及预防

小学生常见的疾病为近视眼、弱视、沙眼、龋齿、寄生虫感染、营养不良、脊柱弯曲异常等。小学生常见的眼部疾病是近视眼。据新华社报道，为全面评估近视率情况，2020年 9—12 月，国家开展近视专项调查，覆盖全国 8604 所学校，共筛查 247.7 万名学生。调查结果显示：2020 年，我国儿童青少年总体近视率为 52.7%，其中，6 岁儿童为 14.3%，小学生为 35.6%，初中生为 71.1%，高中生为 80.5%。近视低龄化问题仍然突出，2020 年，各地 6 岁儿童近视率均超过 9%，最高可达 19.1%。小学阶段近视率攀升速度较快，从小学一年级的 12.9% 快速上升至六年级的 59.6%。平均每升高一个年级，近视率增加 9.3 个百分点。[①] 学校和家庭应该教育小学生爱护眼睛并正确用眼。严格控制电子产品的使用时间，鼓励小学生多参与户外活动。一旦出现视力下降的情况，就要及时干预以防止进一步恶化。

小学生的常见病对其生长发育影响较大，如引起机体营养缺乏，影响体格生长和运动功能，生长发育落后，身材矮小，性发育迟缓，智力低下等。除此以外，疾病还会对小学生的心理发展造成严重影响，这种影响包括两个方面：一是疾病所致的心理反应，即疾病本身影响脑功能造成的心理障碍；二是疾病对小学生产生的心理压力，如不自信、自我认识缺陷等。

（三）小学生营养与保健

合理的营养摄入可以促进生长发育、增强免疫功能、预防疾病、提高工作效率和运动

---

① 2020 年我国儿童青少年总体近视率为 52.7%　近视低龄化问题仍突出［EB/OL］.（2021-07-13）［2023-09-13］. https://www.gov.cn/xinwen/2021/07/13/content_5624709.htm.

能力。营养失衡,即人体所需营养的摄入不足或过剩,将影响人体的生长发育,降低机体的免疫力,增加患病的风险。

1. 营养不良

营养不良是由于摄食不足或食物不能被充分吸收利用,不能维持正常生理代谢,以致消耗身体自身的成分,出现体重低下、生长停滞、皮下脂肪大量减少、肌肉萎缩或伴有多器官不同程度的功能紊乱等现象。

我国中小学生营养不良发生率为20%～30%。一方面,长期的营养不良会对身体发育产生明显的不良影响,如生长速度减慢,身高、体重低于正常值。另一方面,长期的营养不良会对中枢神经系统生长发育以及智力和个性的发展产生潜在性的不良影响。

当前,小学生存在不吃早餐或早餐营养不足、过多食用零食和快餐的问题。针对这一问题,家长和学校应确保小学生养成良好的饮食习惯,包括规律地食用三餐。此外,还应确保小学生每天获得足够且高质量的睡眠,并加强体育锻炼,以提高食物营养的吸收率。

拓展阅读 1-10

武汉市学龄儿童挑食行为及其与健康状况的关系

儿童期是人类生长发育的重要时期,也是饮食习惯形成和发展的关键期,健康的饮食行为有助于营养素的均衡摄入,对预防疾病、促进身心健康发展有着重要作用。挑食是儿童期常见的不良饮食行为。有研究表明,我国7～12岁学龄儿童的挑食行为发生率高达59.27%。挑食可能导致儿童维生素和矿物质摄入不足,从而影响生长发育。一项前瞻性队列研究显示,挑食儿童的年龄别体重指数显著低于非挑食者。此外,长期的营养素缺乏可能导致儿童免疫力低下、贫血或产生认知功能障碍,甚至对健康造成长期的负面影响。本研究以武汉市洪山区2所小学的三年级至六年级学生为研究对象,旨在调查其挑食状况,并分析挑食与儿童健康状况的关系,为我国学龄儿童的健康促进工作提供科学依据。

研究表明,与父母相比,儿童的营养知识水平对其挑食行为的影响更显著,更多掌握营养知识的儿童不会完全按照自己的喜好选择食物,而是会主动地选择更健康、更多样的食物。由此可见,针对儿童的营养教育活动可能是纠正其挑食行为、改善其膳食状况的有效手段之一。家长多和儿童强调蔬菜的营养价值,让他们亲手参与种植和烹饪蔬菜,能够增加他们对蔬菜类食物的兴趣和好感,此外,更早地让儿童接触蔬菜类食物也有助于减少挑食行为的发生。挑食行为普遍存在于9～12岁的学龄儿童中，挑食者维生素 B_2 和维生素 C 的摄入量较低且身高发育迟缓的风险更高，亟须针对儿童（特别是流动儿童）的营养教育活动，改善我国儿童膳食结构，促进健康成长。

（资料来源：邵丽晶，向兵，何邱平，等.武汉市学龄儿童挑食行为及其与健康状况的关系［J］.中国学校卫生，2021，42（1）：37-40）

2. 营养过剩——肥胖

肥胖，是指由各种原因引起的构成人体成分中的脂肪组织超出正常范围的状态。肥胖的根本原因在于营养失衡，通常采用肥胖度和体质指数进行判断。

造成小学生肥胖的原因有很多，例如，王艳等对北京市中小学生营养状况及相关因素进行分析后得出：每天中高强度运动大于等于 60 分钟与营养不良、超重、肥胖均呈负相关关系；每天吃早餐与中小学生超重、肥胖呈负相关关系；睡眠不足与中小学生超重、肥胖呈正相关关系，与营养不良呈负相关关系。[①]营养过剩引起的小学生肥胖问题，对小学生的身心发展带来了极大的危害。在生理方面，患有肥胖症的小学生更容易患上脂肪肝、脂肪性肝炎、内分泌失调等并发症，严重影响小学生的身体健康。在心理发展方面，患有肥胖症的小学生更容易出现孤独、自卑等心理问题，并在与同伴交往时遇到困难，影响其社交能力的发展。

家长和学校应重视并积极干预小学生的肥胖问题。首先，要合理规划小学生的营养摄入，改善他们的饮食结构，确保各种营养元素的均衡摄入。其次，要进行运动干预，通过各类体育活动加快小学生的新陈代谢速度，改善他们的肥胖状况。再次，要保证小学生有足够的睡眠时间。一方面，睡眠不足会改变瘦素和胃泌素等激素水平，从而导致食欲增加，导致超重和肥胖；另一方面，睡眠不足会导致疲劳，可能使静坐时间增加、身体活动减少以及能量消耗减少。最后，要帮助小学生树立正确的健康观念，引导他们养成良好的生活方式，通过改变行为习惯缓解各种心理问题。

（四）小学生睡眠

睡眠是维持人正常生理活动的必要条件，具有保护性抑制的作用。它不仅是消除疲劳、恢复体力的主要方式，还可以调节各器官的生理功能，平衡神经系统，保持身体健康。小

① 王艳，孙冰洁，赵海，等.北京市中小学生营养状况及相关因素分析［J］.中国学校卫生，2024，45（2）：188-192.

学生睡眠不足会影响他们的智力发育，引发情绪、行为和注意力等问题，对生长发育和学习记忆力的影响尤为明显。调查显示，超过70%的中小学生存在睡眠不足的情况。在我国，小学生睡眠不足主要是由于学业负担过重。不合理的上课时间和过多的课后作业导致小学生的睡眠时间大大减少。为了解决这个问题，教育部办公厅于2021年3月30日发布了《关于进一步加强中小学生睡眠管理工作的通知》，中共中央办公厅、国务院办公厅于同年7月印发了《关于进一步减轻义务教育阶段学生作业负担和校外培训负担的意见》。这两项政策旨在确保小学生获得充足的睡眠。

学校应合理规划行课时间，以确保小学生有充足的睡眠时间。教师应严格控制课后作业的质量和数量，避免过多的作业占用小学生的睡眠时间。家长也应引导孩子养成良好的睡眠习惯。对于有睡眠障碍的小学生，应积极提供帮助，例如，通过运动、听音乐等方式帮助他们获得高质量的睡眠。

拓展阅读 1-11

"双减"政策促进小学生睡眠

《中国睡眠研究报告2022》显示，"双减"政策实施前我国中小学生睡眠普遍不足，并且随着年级升高，睡眠问题发生率也相应上升。一项针对北京某城区三年级至五年级学生的抽样调查显示，只有27.83%的小学生每天能保证10小时睡眠；另一项针对北京市四年级至六年级学生的抽样调查显示，88.47%的小学生存在睡眠不足问题，其中，重度不足占14.55%。类似地，上海地区有93%的小学生每天平均睡眠时长不足、睡眠质量不良的发生率高。《中国睡眠研究报告2022》指出，影响中小学生睡眠的因素主要有五个，包括学习压力因素、父母或看护人因素、生理因素、情绪因素、睡眠习惯和环境因素。据调查，在其他因素相同条件下，睡眠时长不足6小时是导致中小学生超重的危险因素；在64.76%睡眠时间不达标的中学生人群里，抑郁检出率为22.44%。《中国睡眠研究报告2022》调查显示，"双减"政策实施后，61.53%的中小学生家长表示孩子上床时间提前，初中生家长表示孩子上床时间提前的比例为51.82%；有69.98%的中小学生家长表示孩子睡眠质量有所改善。

（资料来源：王俊秀，张衍，张跃，等.中国睡眠研究报告2022[M].北京：社会科学文献出版社，2022：63-67）

（五）小学生体育锻炼

体育锻炼在小学生身心健康发展方面具有关键作用。通过体育锻炼，小学生的大脑和神经系统得到锻炼，神经系统工作过程中的强度、均衡性、灵活性和神经细胞的耐久力提高了；同时，新陈代谢速度加快了。在参与体育锻炼或相关活动时，小学生的心理活动也会相应地发生变化，体育锻炼促进了心理健康的发展，有助于促进小学生情绪和情感的发展。在参加锻炼或观摩体育比赛和表演时，产生的情感和体验对塑造身心、调节不良情绪起到了重要作用。小学生经常保持这种愉悦的情感将有益于他们的健康。体育锻炼有助于培养小学生的意志、品质。在体育锻炼中，小学生不仅要克服身体上的疲劳，还要学会克服遇到困难时的意志薄弱。此外，体育锻炼还有助于培养小学生良好的个性特征。在体育运动中，小学生能学会合作与竞争，学会在群体中展现自我。

学校应不断丰富运动项目和校园体育活动，着力培养小学生的体育兴趣和运动技能，确保小学生每天有足够的体育活动时间。在开足、开齐体育课的基础上，可以通过与青少年体育俱乐部或校外培训机构合作的方式引入专业师资，创编体育校本课程，丰富校园体育内容。同时，在课后提供包含体育内容的特色延时服务，尽可能满足小学生的运动需求，提升他们的运动技能和兴趣。家长应营造家庭体育氛围，帮助孩子养成锻炼习惯。除了协助孩子进行体育锻炼外，家长还要以身作则坚持锻炼，用行动影响孩子。此外，家长也可以通过与孩子共同观看体育比赛，相互交流讨论，营造浓厚的家庭体育氛围，激发孩子对各类体育项目的兴趣。家庭可以通过参加社区体育活动或组织不同家庭间的活动，让孩子接触更多样的群体。在这个过程中，孩子通过制定规则、相互沟通、交流合作，无形中提高了社交能力。

本章习题

案例讨论

案例 1

早恋都"正常"，专家还操什么"闲心"

小学四年级就有学生谈恋爱，高一就轻率发生性行为……继 2009 年 9 月 15 日公布《佛山市"中小学人口与青春期性健康教育成效评估"调查报告》后，佛山市妇儿工委又邀请了 15 名中小学生，就"我们心目中的初恋"展开讨论。讨论会现场，中小学生的爆料让人"震惊"，他们的成熟也让专家直呼"震撼"。

中小学生的爆料之所以让人"震惊"，最主要是因为他们对于调研报告公布的"初恋年龄总体平均为13.58岁"表示"很正常"。而对早恋现象表示不赞同的同学，很快便遭到了抨击。谈起"性""青春期"，同学们表示早已不陌生。过去，大多数中小学生一谈到"性"便会色变，而且会避而远之。现在，这些中小学生将这些过去避讳的事物视为理所当然，不得不令曾经将其束之高阁、敬而远之的人感到"惭愧"。

然而，有一个问题是，既然早恋都"正常"了，专家和家长还操什么"闲心"？

讨论：根据上述材料，分析在当前部分小学生青春期提前的背景下"早恋"现象的成因以及家长、社会和学校应当怎样引导小学生面对青春期提前带来的困扰。

案例2

"天真快乐"反应的敏感期

婴儿在出生十几天之后，就隐隐约约地开始了人生的第一次微笑，这是他们在满足温饱等生理需要后做出的第一个反应。大约在第2个月末和第3个月初，可以明显地看到儿童的"天真快乐"反应，即每当看到经常照料他的父母或熟悉的人时，婴儿会注视成年人的脸，手脚乱动，甚至面带微笑。"天真快乐"反应不仅仅是婴儿温饱等生理需要得到满足产生的一种情绪活动，当婴儿困倦、不安时，父母的出现也会使婴儿产生这种反应，但对于陌生人则无此现象发生。由此可见，"天真快乐"反应是儿童最初发生的人与人之间的交际形式或是"社会关系"，早期教育应针对婴儿需要与成年人进行情感交流这一特点，经常为婴儿提供适宜的刺激，激发其"天真快乐"反应。例如，新鲜的玩具、优美的音乐、父母的引逗或突然出现等都会引发婴儿的"天真快乐"反应。

讨论：根据上述材料思考，如果儿童的"天真快乐"反应没有得到充分发展，会带来怎样的后果？

第二章
小学生的认知发展

本章重点

1. 小学生认知发展理论。

2. 小学生的感觉和知觉发展及教育应用。

3. 小学生的注意发展及教育应用。

4. 小学生的记忆发展及教育应用。

5. 小学生的思维发展及教育应用。

6. 小学生的想象发展及教育应用。

7. 小学生的言语发展及教育应用。

本章课件

思维导图

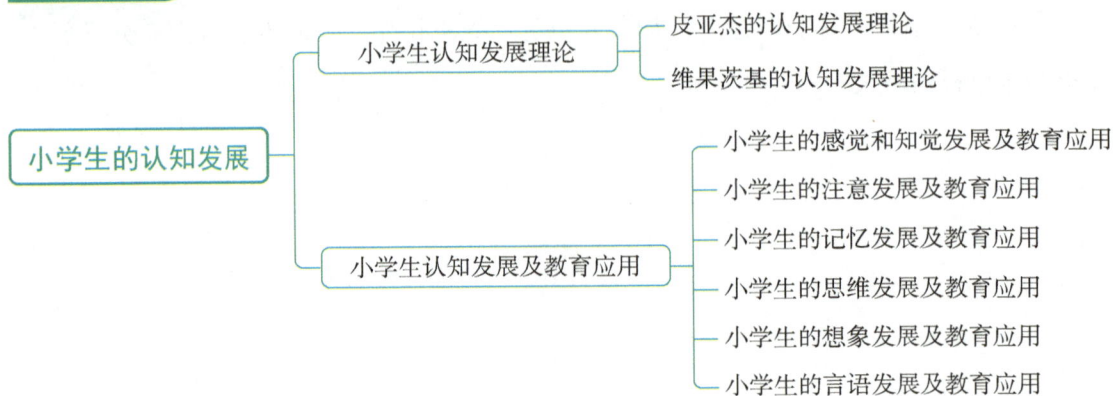

第一节　小学生认知发展理论

当代小学生发展心理学对认知发展的探讨主要受两种理论的影响：一是皮亚杰的认知发展理论，二是维果茨基的认知发展理论。

一、皮亚杰的认知发展理论

瑞士著名儿童心理学家皮亚杰以发生认识论为理论核心，研究人类的认知、智力、思维、心理的发生和结构。皮亚杰认为，认知本质上是一种适应能力，儿童认知的发展主要受到个体成熟、物理环境、社会环境和具有自我调节作用的平衡四个因素影响。他采用灵活的临床法对儿童认知发展的各个方面进行了深入研究，认为儿童认知发展存在阶段性特征，并提出了儿童认知发展的四个阶段。

（一）皮亚杰的儿童发展观

1. 发展的实质

皮亚杰重视动作在儿童认知发展中的重要作用。他认为，心理、智力、思维既不是起源于先天的成熟，也不是起源于后天的经验，而是起源于主体的动作。这种动作本质上是主体对客体的适应（adaptation），即儿童的认知是在已有图式的基础上，通过同化和顺应两个具体途径与环境达到平衡。

图式，是指儿童用来适应环境的认知结构。从发展的角度来看，儿童最初的图式是遗传带来的一些本能反射行为，如吮吸反射、定向反射等。在适应环境的过程中，图式不断地得到改变，不断地丰富起来。

同化，是指主体将外界的刺激有效地整合于自己的已有图式的过程。在此过程中，儿童对外界信息所做的不仅是感觉登记，还要对这些信息进行调整和转化，使其与当前的图式相匹配，便于接纳。这个过程是知识在头脑中的一个量变过程，因为它并没有改变儿童原有的图式或知识结构本身。例如，某3岁的小男孩第一次见到香蕉，最后通过用手剥皮的方式吃到了果肉，他得到了用手剥皮就能吃到果肉的图式。后来，他的妈妈给了他一个芒果，他经过研究也能通过用手剥皮的方式吃到果肉，这个过程就是同化。

顺应，是指主体改造已有的图式以适应新情况的过程。顺应的过程对儿童的认知发展具有重要意义。通过顺应的过程，儿童的图式会不断地得到修正。这个过程是知识在头脑中的一个质变过程，因为新的知识使儿童原有的图式发生了改变。接上例，后来，小男孩的妈妈给了他一个菠萝，通过研究他发现没有办法通过手剥的方式吃到菠萝的果肉，这时小男孩原有的图式与现实产生了矛盾（皮亚杰称为"不平衡"）。在寻求妈妈帮助后，他发现用刀去皮之后才能吃到菠萝的果肉，不能用手剥，于是小男孩会逐渐对"用手剥皮就能吃到果肉"这个图式加以修正或改变以适应遇到的新情况，这个过程就是顺应。

皮亚杰指出，同化和顺应是相互联系、相互依存的关系。在同一个认知活动中，常包含这两个过程，只是在某些活动中同化占支配地位，而在另一些活动中顺应占支配地位。因此，同化和顺应是儿童与环境平衡的两种重要方式。

平衡是一种心理状态，当儿童已有的图式能够轻松同化环境中的新知识时，就会感到平衡；否则，就会感到不平衡。当处在不平衡状态时，儿童会有一种不协调、不满足感，他会努力克服这种消极的感受，以恢复旧的平衡或建立新的平衡。这种不断"平衡—不平衡—平衡"就是适应的过程，也是儿童认知发展的本质和原因。

2. 影响儿童认知发展的因素

皮亚杰认为，影响儿童认知发展的因素主要有四个，分别是成熟、物理环境、社会环境和具有自我调节作用的平衡过程。

（1）成熟

皮亚杰认为，成熟是儿童认知发展的必要条件之一，特别是神经系统和内分泌系统的成熟。成熟为儿童的认知发展提供生理基础。例如，随着儿童年龄的增长，他们的神经元连接的数量和复杂度会增加，这有助于提高他们的信息处理能力和智力水平。

（2）物理环境

皮亚杰认为，个体与环境的交互作用是认知的来源，在环境中获得的经验是影响儿童心理发展的又一重要因素。物理环境因素包括具体经验（物体经验）和抽象经验（数学逻辑经验）。具体经验，是指个体通过摆弄现实中的物体，获得关于物体大小、形状等经验。抽象经验，是指个体理解动作与动作之间相互协调的结果。例如，在玩耍积木时，儿童既能获得积木大小、形状等具体经验，也能通过不断地尝试将不同形状的积木放入不同的容器，逐渐认识到不同形状的物体具有不同的空间属性和物理特性的抽象经验。

（3）社会环境

社会环境包括社会生活、文化教育和语言等。社会环境对儿童认知发展的影响，是指人与人之间的相互作用和社会文化的传递会对儿童的认知发展产生影响。学习者的社会经验可能会加速或阻碍其认知图式的发展。

（4）具有自我调节作用的平衡过程

平衡，是指个体通过同化和顺应这两种形式达到机体与环境的平衡，这种平衡是不断经历着"平衡—不平衡—平衡"的过程，是一种动态平衡。平衡过程调节个体（成熟）与环境（包括物理环境和社会环境）之间的交互作用，从而引起认知图式的一种新建构。

（二）儿童认知发展阶段论

皮亚杰提出了儿童认知发展的四个主要阶段：感知运动阶段（0～2岁）、前运算阶段（2～7岁）、具体运算阶段（7～11岁）和形式运算阶段（11岁以后）。这些阶段之间有着质的差异，每个阶段都有独特的图式，标志着这个阶段的年龄特征。同时，每两个阶段都不是截然分开的，而是有着一定的交叉和重叠。皮亚杰认为，认知发展四个阶段的顺序是不可改变的，但是由于环境、教育、文化等各种因素的影响，具体到每个儿童的认知发展，这些阶段的出现可能提前或推迟。

1. 感知运动阶段（0～2岁）

儿童从出生到大约2岁，主要通过感觉和动作认识世界。在这一阶段，儿童开始意识到自己的存在，并能够做出一些简单的反射动作，如抓握和吮吸等。随着年龄的增长，儿童开始有意识地做出一些复杂的协调动作，如伸手拿东西。

这个阶段的两个主要发展是客体永久性（object permanence）和表象思维的出现。客体永久性，是指当某一客体从儿童视野中消失时，儿童仍然相信该物体是存在的。表象思维，是指对外界刺激形成好的心理表征或观念，例如，一个具有表象思维的婴儿头脑中对他喜爱的玩具熊有良好的表象，无论玩具熊是否在他眼前，他都能回忆起它，思考它。表象思维发生在感知运动阶段的末期，通常在儿童出生第18个月以后，不会晚于第24个月。

2. 前运算阶段（2～7岁）

处于前运算阶段的儿童开始具有利用表象进行思维的能力，并开始用语言或较为抽象的符号来表征经历过的事物，但他们的思维仍是直觉性的，缺乏逻辑，而且表现出明显的自我中心特征。具体而言，这一阶段儿童的思维活动具有不可逆性、不守恒、自我中心性、泛灵论以及相对具体性的特征。

（1）不可逆性

在儿童的认知世界里，关系是单向的，是不可逆的。例如，问一个3岁的女孩："你有哥哥吗？"她可能会回答"有"，然后再问："你哥哥有妹妹吗？"她可能会回答"没有"。这体现了处于前运算阶段儿童的思维是不可逆的。

（2）不守恒

处于前运算阶段的儿童缺乏守恒的概念，无法理解物质守恒定律。例如，在液体守恒实验中，在儿童面前向两个大小完全相同的杯中注入相同高度的水，并问儿童两个杯子中的水是否一样多，在得到肯定的答复后，由实验者或儿童将其中一个杯子里的水倒入另一个较高且细的杯子中，儿童无法分辨出两个杯子的水仍然是等量的（见图2-1）。

（a） （b） （c）

图 2-1 液体守恒实验

（3）自我中心性

这一阶段的儿童只能从自己的角度看待问题，无法接受别人的观点，也不能将自己的观点和别人的观点协调。例如，在"三山实验"中，儿童无法理解玩具娃娃看到的山与他们看到的不同，他们只能描述自己看到的山的形状（见图2-2）。另外，受到自我中心思维的影响，此阶段儿童说话往往也是以自我为中心的。

图 2-2 三山实验

（4）泛灵论

处于前运算阶段儿童认知的泛灵论主要体现在，他们经常会为无生命物体赋予生命或生命特质。例如，此阶段的儿童在看到小草上有露珠时，可能会说小草在伤心地流泪。这种泛灵论的表现也体现在儿童的日常对话中。例如，他们经常会和自己的玩偶对话，给玩偶起名字、给玩偶打针看病等。这是因为他们认为玩偶也有生命和情感，需要和人一样得到照顾和关注。

（5）相对具体性

处于前运算阶段的儿童能够借助表象进行思维活动，据此可以进行各种象征性游戏、延迟性模仿以及绘画活动等，但还不能进行抽象思维。

3. 具体运算阶段（7～11岁）

处于具体运算阶段的儿童开始获得并使用认知操作，可以在头脑中进行一些逻辑思维活动，能够完成上一个阶段不能完成的任务，并克服了自我中心性。具体而言，这一阶段儿童的认知具有思维可逆性、守恒性、去自我中心性、掌握类包含概念和能够进行关系推理的特征。

（1）思维可逆性

处于具体运算阶段的儿童在思考问题时，可以从正面思考，也可以从反面思考；可以从原因看结果，也可以从结果分析原因。这为他们的命题思维打下了基础，例如，他们能够理解加法和减法的运算是可逆的，如果 $11-5=6$，那么 $5+6=11$。

（2）守恒性

处于具体运算阶段的儿童获得了守恒的概念。例如，当儿童看到两个相同大小的胶泥球被压成不同形状时，他们能够理解虽然形状发生了变化，但重量没有改变。

（3）去自我中心性

处于具体运算阶段的儿童逐渐克服了自我中心性。例如，两个男孩要给妈妈选择生日礼物，3岁的小男孩选择了一辆玩具车给妈妈，因为他不明白妈妈的兴趣可能与他不同；7岁的男孩则能够站在妈妈的角度考虑问题，会努力选择适合妈妈的礼物。

（4）掌握类包含概念

处于具体运算阶段的儿童开始能够掌握类包含概念，即整体和部分之间的关系。例如，当儿童看到一个包含多个水果的水果篮子时，他们能够理解这个水果篮子是一个整体，而里面的每个水果是部分。他们能够理解整体和部分之间的关系，并且能够进行分类和归纳。

（5）能够进行关系推理

处于具体运算阶段的儿童一个显著特点是，能够很好地理解数量关系和逻辑关系。他们具备了心理序列的能力，即按照高度、重量等数量维度对物体进行排序的能力。此外，处于该阶段的儿童还掌握了传递性的相关概念，即对一个序列中各元素的关系进行推理的能力。例如，对于"小王比小刘高，小刘比小张高，三个人中谁最高？"这样的问题，儿童均能解答。

具体运算阶段是儿童从以具体形象思维为主向以抽象逻辑思维为主的转型阶段。处于这个阶段的儿童，思维活动还不能摆脱对具体事物的依赖，因此在学习抽象知识时，需要采用具体形象的教学方式，否则学习会发生困难。

4.形式运算阶段（11岁以后）

处于形式运算阶段的儿童，思维不必依赖具体事物，能够进行相当抽象、系统的思维活动。他们能够利用语言文字，在头脑中进行运算，重建事物解决问题。这种摆脱具体事物束缚，利用语言文字在头脑中重建事物和过程的运算就叫作"形式运算"。处于这一阶段的儿童已经具备了假设、演绎、推理的能力，能够根据命题之间的关系进行推理，思维更加灵活，能够摆脱具体事物进行抽象逻辑思维。

（三）皮亚杰认知发展理论对小学教育的启示

根据皮亚杰的认知发展阶段论，小学生正处于具体运算阶段，这是儿童逻辑思维初步发展的阶段，对于儿童的思维发展有着极其重要的意义。因此，在小学教育中应注意以下几点。

1.根据具体运算阶段儿童的认知特征进行教学

例如，小学生的思维具有具体形象性，在教学过程中，教师应尽可能地使用图片、模型等教具，帮助小学生理解相应的知识，并形成思维的表象。

2.重视小学生学习的主动性

皮亚杰认为，教育真正的目的并非增加儿童的知识，而是创设充满挑战的环境，让儿童自行探索，主动学习知识。因此，在教学中，教师要注意发挥小学生的主动性，尽量多给小学生发现问题、分析问题和解决问题的机会，使他们在自主学习和探索的过程中掌握知识。

3.注重小学生的个体差异

皮亚杰认为，每个儿童的认知发展速度和水平都不同。因此，教师应该关注小学生的个体差异，做到因材施教。例如，教师可以根据小学生的不同特点和学习需求，采用分层教学、小组合作等方式，使教学更加符合小学生的个性化需求。

4.创设最佳的难度

皮亚杰认为，儿童的认知发展是"平衡—不平衡—平衡"的过程。因此，教师在教学中可以通过制造一些使小学生产生认知冲突的问题，并提供有关的学习材料或活动材料，促使小学生的认知发展。

二、维果茨基的认知发展理论

维果茨基是苏联著名心理学家和教育家、社会文化历史学派的创始人之一。他指出，在认知发展与社会文化背景中，社会文化影响着认知发展的形式；儿童的许多重要认知技能是在与父母、教师以及更有能力的同伴的社会交往中逐渐发展出来的。

（一）心理发展的实质

维果茨基将人的心理机能区分为两种形式：低级心理机能和高级心理机能。低级心理机能是生物进化结果的体现，是个体早期以直接方式与外界相互作用时表现出来的特征，例如基本的知觉加工。高级心理机能是文化历史发展结果的体现，以符号系统为中介，例如记忆、语言或思维等。心理发展的实质是个体从出生到成年的过程中，在环境与教育的影响下，在低级心理机能的基础上，逐渐向高级心理机能转变的过程。这个过程有四种表现。

1. 心理活动的随意机能

心理活动的随意机能，是指个体心理活动的主动性和随意性，即个体按照预定的目的自觉引发的心理活动。维果茨基认为，心理活动的随意机能是心理发展水平的重要标志之一，儿童心理活动的随意性越强，其心理发展水平越高。

2. 心理活动的抽象概括机能

心理活动的抽象概括机能，是指心理活动的反映水平是概括的、抽象的。随着儿童年龄的增长、语言能力的发展、日常生活经验的增多，他们认知活动的概括性和间接性得到发展，最后形成最高级的意识系统。例如，在具体形象思维的基础上产生了概念思维，在低级情感的基础上产生了理智感、道德感等。

3. 形成以符号为中介的高级心理结构

在儿童与环境相互作用的过程中，他们的各种心理机能之间的关系不断发生变化，认知结构的转换性和自调性增强，形成了更加高级的心理结构。例如，在3岁前，儿童的意识系统以知觉、直觉思维为中心；在学龄前，儿童新的意识系统以记忆为中心；小学生的各个心理机能重新组合，发展为以逻辑记忆和抽象思维为中心的新的意识系统。儿童的心理结构越复杂，越间接，越减缩，其心理水平越高。

4. 心理活动的个性化

在儿童心理发展的过程中，他们的心理活动逐渐出现了一些个性化特征，这种个性的形成是高级心理机能发展的标志。

维果茨基还进一步论述了心理机能从低级向高级转化的原因。首先，从本质来看，人类心理发展的规律受社会历史规律的制约，因为人类使用的语言、符号等工具凝结着人类的间接经验，即社会文化知识经验。其次，从个体发展来看，儿童在与成年人的交往中，通过掌握高级的心理机能工具——语言、符号这个中介环节，使其在低级心理机能的基础上形成了各种新质的心理机能。最后，高级心理机能是不断内化的结果。

（二）语言在认知发展中的功能

维果茨基认为，语言在认知发展中起到了非常重要的作用。他强调，语言不仅是成年人将有价值的思维方式和问题解决方法传递给儿童的媒介，还是个体思维的工具。

在语言与认知发展的关系上，维果茨基和皮亚杰的观点是明显对立的。皮亚杰将前运算阶段儿童自言自语的现象称为"自我中心语言"，认为这种语言反映了儿童当下正在进行的思维活动，与认知发展没有必然的联系。维果茨基则认为，儿童的自我中心语言并不完全是"自我中心"的，而是具有"自己对自己沟通""自己与自己说话"的意义。这种"自我对话"可以帮助儿童做出计划、选择策略和调节行为，从而使其更好地完成任务。维果茨基还指出，这种"自我对话"会随着年龄的增加逐渐减少，并最终消失，成为一种内部语言，儿童通过内部语言调节自己的行为。

（三）教学与发展的关系

维果茨基对教学与发展的关系的探讨，是从最近发展区、教学应走在发展的前面和学习的最佳时期三个方面展开的。

1. 最近发展区

维果茨基认为，学生的发展存在两种水平：一种是学生的现有水平，即学生独立活动时能达到的解决问题的水平；另一种是学生可能的发展水平，即在成年人指导下或与他人合作情况下解决问题的潜在发展水平。这两种水平之间的差距就是最近发展区。

2. 教学应走在发展的前面

最近发展区的提出说明了儿童发展的可能性，因此，维果茨基提出教学应走在发展的前面。他主张教师在教学过程中既要充分考虑学生的现有发展水平，又要根据学生的最近发展区提出更高发展要求，教学内容应该略高于儿童现有的水平，只有这样，教学才能促进发展。

3. 学习的最佳时期

维果茨基认为，儿童在发展过程中会经历一系列敏感期或关键期，这些是儿童学习某些技能或知识的最佳时期。例如，儿童在语言发展的关键期，能够更容易地学习和掌握语言；在音乐发展的关键期，能够更容易地掌握音乐技能和知识。如果不考虑儿童学习的最佳时期，就会对儿童的认知发展产生不利影响。教学必须以儿童的成长和发育为前提，在相应的关键期内进行，但更重要的是教学必须首先建立在开始但尚未形成的心理机能基础上，走在心理机能形成的前面。

（四）认知发展内化说

维果茨基强调社会文化以及社会交互作用对儿童认知发展的重要性。他认为，发展大部分是"由外向内"的过程，也就是"内化"。在这个过程中，个体从外部环境汲取知识，这既包括儿童自发的活动，也包括系统的教学。然后，这些知识被内部化，不仅是把知识学到自己心里，更是一种内部心智活动的转化过程。因此，教育必须重视内化，促进儿童从外部语言向内部言语转化，从外部的、对象的动作向内部的、心理的智力动作转化，形成丰富的心理过程，促进个性的发展。

（五）维果茨基认知发展理论对小学教育的启示

1. 重视小学生的最近发展区

维果茨基指出了儿童的发展水平包括现有的发展水平和潜在的发展水平，这二者之间的区域就叫作"最近发展区"。在小学教育中，教师应该重视小学生的最近发展区，提供适当的教学内容和任务，以激发小学生的潜能，帮助他们达到更高的发展水平。

2. 教学应走在小学生发展的前面

教学应走在小学生发展的前面，动态地评价小学生的认知历程、认知能力变化的特点。教师应根据小学生的认知发展特点，提前设计教学方案，引导小学生掌握新的知识和技能，促进他们的全面发展。

3. 关注小学生发展的关键期

维果茨基认为，儿童在不同的发展阶段有不同的关键期，如语言关键期、感官关键期、动作关键期等。在小学教育中，教师应关注小学生发展的关键期，把握好学习的最佳时机，提供有针对性的教学内容和方法，以帮助小学生更好地掌握知识和技能。

4. 强调合作学习的重要性

维果茨基认为，社会群体对儿童认知的发展具有重要的作用。在小学教育中，教师应该鼓励学生之间的合作学习，让能力不同的学生互相学习、互相帮助，提高他们的学习效果和社交能力。

5. 实施支架式教学

教师应围绕学习主题建立概念框架，将小学生引入一定的问题情境让他们独立探索。在小学教育中，教师应根据小学生的认知发展水平和特点，设计适当的支架式教学方案，帮助小学生逐步掌握新的知识和技能，提高他们的自主学习能力和问题解决能力。

第二节　小学生认知发展及教育应用

一、小学生的感觉和知觉发展及教育应用

（一）感觉和知觉概述

1. 感觉概述

感觉，是指人脑对直接作用于感觉器官的客观事物的个别属性的认识。感觉能使个体获得正常生存的必要信息，在生活和工作中发挥着重要作用。一方面，感觉提供了内外环境的信息。通过感觉，人能够认识外界物体的颜色、明度、气味、软硬等，从而了解事物的各种属性。另一方面，感觉保障了机体与环境的信息平衡。如果没有由感觉提供的外界信息，人就不能正常地生存。根据感觉刺激是来自有机体外部还是有机体内部及其作用的感官的性质，可以把感觉分为外部感觉和内部感觉两种。外部感觉，是指视觉、听觉、嗅觉、味觉等；内部感觉，是指平衡感觉、肌肉运动感觉等。

2. 知觉概述

知觉，是指客观事物直接作用于感官而在头脑中产生的对事物整体的认识。知觉以感觉为基础，但它不是个别感觉信息的简单总和，而是总与客体意义相联系。例如，我们看到一个三角形，它的成分是三条直线，但是把对三条直线的感觉相加在一起，并不等于知觉到一个三角形。又如，我们看到红色，不是红旗的红色，就是红花或红衣的红色，这些

属性与一定的客体相联系，并具有一定的意义。根据知觉起主导作用的感官的特性，可以把知觉分为视知觉、听知觉和味知觉等。根据人脑认识的事物特性，可以把知觉分为空间知觉、时间知觉和运动知觉。

（二）小学生的感觉和知觉发展

1. 小学生的感觉发展

（1）视觉发展

有研究表明，人们所获信息的80%左右来源于视觉。小学生的视觉是随着年龄的日益增长和学习活动的不断深入逐渐提高的，小学生的视觉发展主要表现为视敏度和颜色视觉的发展。

视敏度，是指视觉系统分辨最小物体或物体细节的能力，医学上称为"视力"。研究表明，10岁是儿童视敏度发展的重要节点。10岁前，儿童的视敏度随年龄的增长不断提高；10岁时，儿童视觉调节的范围最大，远近物体都看得比较清楚；10岁以后，随着年龄的增长，儿童的视觉调节能力逐渐降低。这种变化不仅与眼睛的生理机能变化有关，还与儿童的用眼习惯有关。因此，科学保护眼睛和矫正视力非常重要。

颜色视觉，是指对颜色的感知、辨别和理解能力。小学一年级的儿童已经能够正确辨认各种颜色，正确匹配不同颜色，对于常见的颜色也能叫出名称。小学生对不同饱和度以及混合色的精确命名，可以通过训练提高。例如，某小学一年级学生经过4天的训练，在对20个深浅不同的红色毛线团进行辨认时，从原来只能辨别3种提高到可以辨别12种。关于小学生的颜色偏好，有研究指出，小学生喜欢红色、绿色、黄色的偏多，喜欢灰色、棕色、黑色的偏少，这可能与实践活动及客体固有颜色有关，如画自然风光用绿色，画兔子用白色。在颜色喜好的性别差异上，6岁以前不明显。6岁后，男生最喜爱黄色、蓝色，其次是绿色和红色；女生最喜爱红色和黄色，其次是橙色、白色和蓝色。

（2）听觉发展

儿童的听觉能力在11～15岁时基本达到成熟。国外对5～14岁儿童的研究发现，在十二三岁之前，儿童的听觉敏感度一直在增加，但到成年期以后，听觉能力逐渐下降。纯音听觉方面，一项对小学生辨别音调高低能力的研究表明，把6岁入学时的听觉能力作为单位1，经过训练后，7岁为1.4，8岁为1.6，19岁为5.2。[①] 在语音听觉方面，语音特

---

① 朱智贤. 儿童心理学［M］. 北京：人民教育出版社，1993：335.

别是汉语拼音的教学，会促进小学生语音听觉的迅速发展。到一年级末，小学生辨别汉语四声和相近字的能力可达到成年人水平。声音感知能力的发展因先天条件、后天环境和教育的不同而不同，也受到听觉感受器、听觉中枢、语言器官等物质基础的影响，有较大的个体差异，但都可以通过训练提高。因此，对小学生听觉器官的保护和训练十分重要。

📝 **拓展阅读 2-1**

感觉统合训练对小学生学习适应能力的影响研究

感觉统合，是指将人体器官各部分感觉信息输入大脑，经过大脑的统合作用，完成对身体的内外知觉，并做出反应。王娜娜等以 90 名一年级小学生为研究对象，进行了为期两年的实验研究。结果发现，感觉统合训练可以提高学生学习适应水平，对学习适应力的改善有明显的促进作用。

实验组进行感觉统合训练，包括前庭平衡感训练、弹跳训练、球类训练、协调性训练、全身运动训练以及相关触觉训练的体育游戏式训练。实验组学生每周训练 3 次，每次 40 分钟，持续两年 4 个学期；对照组学生则只进行日常体育活动。

研究结果表明，感觉统合训练对学生的学习态度和听课方法有积极的影响，对学生独立性和毅力的提升有明显的作用，但感觉统合训练对学习适应性的家庭环境方面干预效果不明显。因此，为了帮助学生更好地适应学校学习生活，体育教师应将感觉统合训练融入体育教学。

（资料来源：王娜娜，李培勇，尹可可.感觉统合训练对小学生学习适应能力的影响研究［J］.体育世界（学术版），2020（3）：214-215）

2. 小学生的知觉发展

（1）空间知觉发展

空间知觉是人脑对物体大小、形状、方位、距离等空间特性的反映。总的来说，小学生的空间知觉能力随年龄的增长而增强，在空间能力的加工方式、加工精确性及加工策略上均存在性别差异，而在加工速度上不存在性别差异。

在大小知觉方面，儿童的大小知觉发展较早。一年级的学生能够通过直觉判断大小，随着年龄的增长，小学生对大小的辨别已经从直觉判断过渡到用推理判断。有研究表明，对图形空间大小的判断能力，7～8 岁的小学生处于直觉判断和推理判断交叉的过渡阶段；小学高年级学生有 85% 以上已经能够运用推理判断比较空间和面积的大小，说明小学高年级学生的大小知觉发展到新水平。

在形状知觉方面，小学生开始能够辨认和区分各种基本形状，如圆形、方形、三角形等，并逐渐理解形状的特性和变化规律。林崇德曾调查了一年级小学生掌握正方形、圆形、三角形、梯形四种图形的情况，结果表明，初入学小学生对几何图形及其概念已有初步了解；在小学生掌握几何图形的概念中，日常生活概念多于科学概念；小学生掌握几何图形和几何概念与小学生的"接近程度"有关，这是小学生对梯形的认识不如其他图形的原因（见表 2-1）。[①]

表 2-1　初入学小学生正确掌握几何图形名称的百分率

单位：%

图形	▢		◯		△		⬭	
叫出名称情况的百分率	正方形	方块等	圆形	圆圈等	三角形	三角等	梯形	自编名称
	31	68	29	80	24	73	5	12

在方位知觉方面，小学生开始形成上下、前后、左右等方位概念，能够判断物体的位置和方向，并逐渐理解空间关系中的相对性和绝对性。一般来说，刚入学的小学生可以较好地辨别前后、上下、左右等方位，但对于左右方位，常常要和具体事物联系起来才能辨别。例如，上体育课时，小学生对"向左转""向右转"的口令反应不够灵敏和准确。

📝 **拓展阅读 2-2**

虚拟现实技术在数学教学中的应用

虚拟现实技术是一种可以建立和体验虚拟世界的计算机技术。在数学学科教学中，可以利用虚拟现实技术的沉浸式特点，使学生更好地理解一些比较枯燥的内容，也能创设问题情境激发学生学习兴趣及学习主动性。

北师大版数学六年级上册"天安门广场"一课，需要学生通过辨识照片拍摄角度、拍摄顺序，感受从不同位置进行观察，物体间的相对位置会有所改变，以发展学生的空间观念。然而，大多数学生缺乏相应的实景观察经验，并且空间想象能力有限，本课成为师生难以攻克的一个难关。但如果将虚拟现实技术引入本课，就会突破场景限制和角度限制，学生不再受到教室场地的限制，在虚拟现实系统中沉浸式获得从全方位角度观察大场景物体的经验，同时及时验证自己的空间想象与真实场景之间是否有出入。

[①] 林崇德.小学儿童数概念与运算能力发展的研究［J］.心理学报，1981（3）：289-298.

（2）时间知觉发展

时间知觉，是指对客观现象的顺序性和延续性的反映。儿童正确认识时间长度、单位、顺序、关系等需要一定的生活经验、认识能力和言语水平。因此，儿童的时间知觉发展较迟。入学前，儿童能够掌握和辨别"昨天"、"今天"和"后天"等时间词汇，也能说出他们的年龄，但当涉及如"分钟""秒钟"这样较小的时间概念时，他们的认识不够准确，很多时候无法回答。入学后，儿童的时间感知能力迅速发展，最先掌握的时间单位是与他们密切相关的"一节课""日""周"。三、四年级后，小学生能够理解"月"的实际含义，进而认识"日"与"月"的关系。

（3）运动知觉发展

运动知觉，是指对物体位移和速度变化的反映，包括大肌肉运动知觉和小肌肉运动知觉。小学生的大肌肉运动知觉比较成熟，能够自如地完成各种基本动作，如走、跑、跳、爬行、攀登、伸展、弯腰等。随着年龄的增长，小学生的大肌肉运动知觉逐渐变得更加准确和精细，能够更准确地控制自己的动作和身体姿势。小学阶段是小学生手部肌肉发展的重要时期。在这个阶段，小学生的手部肌肉力量逐渐增强，手指的灵活性和协调性也有所提高，逐渐能够进行一些精细的动手操作，如玩拼图、捏泥巴、搭积木等。同时，小学生在书写方面的发展与小肌肉运动知觉的发展密切相关，随着年龄的增长，他们的书写能力逐渐提高。整个小学阶段，小学生大肌肉运动知觉和小肌肉运动知觉都在发展中，其发展速度和发展水平与训练有直接关系。因此，教师应充分利用课内外各种互动，从耐力、速度、灵活性、协调性等方面加强对小学生的训练，但训练要循序渐进，切忌操之过急和过量。

📝 **拓展阅读 2-3**

具身认知视域下小学低年级语文游戏化学习活动设计

小学低年级学生面临着语文学习活动趣味性不足，身心参与度不够，效率不高的问题，具身认知理论与游戏化学习理念的结合为我们解决这一问题提供了新视角、新思路。

1. 视觉活动，精细分辨有趣味

如果视觉分辨力不够，学生就会经常认错、写错字。在突破形近字分辨难点时，可以设计"汉字划消"的游戏，让学生在规定时间内，从数十个相同的字中找到某个形近的不同字。视觉追踪和视觉广度会影响学生阅读的速度与质量。为打破学生阅读速度的瓶颈，可以将重要信息的提取设计成"我的眼睛会拍照"的视觉活动游戏，让学生在短时间内按照要求捕捉段落中的关键语句。

2. 听觉活动，语音信息更精确

听觉的注意力、记忆力、理解力是促进语文学习的关键。比如，统编版语文教材二年级下册第一单元，语文要素是"朗读课文，注意语气和重音"。在"找春天"一课的教学中，可以设计"你的心情我来猜"的游戏活动。游戏由同桌两位同学分工完成，一人逐段朗读，另一人通过朗读同学的语气和重音猜心情。

3. 触觉活动，体验感悟更深刻

摆一摆。比如，二年级下册第三单元识字课"中国美食"，可以创设"我是餐厅小主管"的情境，布置"为外宾设计具有中国特色的菜单"任务。画一画。比如，在学习《村居》这首诗时，可以创设"制作春天的美篇"活动，引导学生为美篇作一幅画。

（资料来源：张瑾.具身认知视域下小学低年级语文游戏化学习活动设计［J］.现代教育，2023（9）：33-35）

（三）小学生的观察力发展

1. 观察力概述

观察是有目的、有计划的主动的知觉过程，以感知觉能力的成熟为基础。观察力是一种"思维的知觉"，是视觉、听觉、触觉、嗅觉等多种感觉器官协同活动的结果，是一种高级的视知觉活动能力。

2. 小学生观察力发展阶段

小学生观察力的发展呈现出阶段性特征。丁祖荫研究了儿童图画观察力的发展，并将儿童观察力的发展划分为以下四个阶段：一是认知"个别对象"阶段，儿童只看到个别对象或各个对象之间关系的一个方面；二是认识"空间联系"阶段，儿童可以看到各个对象之间能够直接感知的空间联系；三是认识"因果联系"阶段，儿童可以认识对象之间不能感知到的因果联系；四是认识"对象总体"阶段，儿童能从意义上完整地把握对象总体，理解图画主题。研究进一步指出，小学低年级儿童的观察力属于认识"空间联系"和认识"因果联系"阶段，中年级儿童大部分属于认识"因果联系"阶段，高年级儿童大部分属于认识"对象总体"阶段。小学生对图画的观察，在很大程度上受图画内容的影响，图画内容越接近他们的生活经验，越表现出较高的观察水平。[1]

---

[1]　丁祖荫.儿童图画认识能力的发展［J］.心理学报，1964（2）：161-169.

3. 小学生观察品质发展特点

王唯对小学一年级、三年级、五年级学生的观察品质进行研究发现，小学生观察品质的发展主要有以下特点。[①]

（1）观察的精确性

一年级学生观察的精确性很低，他们不能全面细致地感知客体细节，只能说出客体的个别部分或颜色等个别属性。例如，在刚学写字时，常多一点或少一点，对于"已"和"己"等形近字容易混淆。三年级时，小学生观察的准确性明显提高，五年级小学生略优于三年级小学生。

（2）观察的目的性

一年级小学生观察的目的性较差，他们的知觉主要受刺激物的特点和个人兴趣爱好影响，排除干扰的能力较弱，集中注意使观察服从规定任务要求的时间较短，观察的错误较多。三年级和五年级小学生有所改善，但无显著差异。

（3）观察的顺序性

一年级小学生没有经过训练，观察事物凌乱、不系统。中高年级小学生观察的顺序性有很大的发展，一般能有始有终，并能一边看一边说，能够把观察到的点滴材料进行加工，使内容更加系统化。但从总体上看，五年级和三年级小学生差异不显著，说明五年级小学生仍不能进行系统的观察。

（4）观察的概括力

低年级小学生对观察到的事物做整体概括的能力很弱，往往注重事物表面的、明显的、无意义的特征，分不清主次，看不到事物之间的联系。三年级时，小学生观察的概括力有较大的提升；五年级时又有显著发展，观察的分辨力、判断力和系统化能力明显提高。

（四）小学生观察力的培养及教育应用

1. 培养观察兴趣

教师与家长可以通过引导和鼓励小学生观察生活中的各种事物，让他们对观察产生兴趣。例如，教师可以利用小学生的好奇心和求知欲，设置有趣的问题和情境，引导其观察并探索答案。同时，家长也可以带孩子参观博物馆、动物园等，让他们接触更多的新事物，提高观察的兴趣。

---

① 王唯.小学生观察能力研究报告［J］.心理发展与教育，1985（3）：26-32.

2.提供丰富的观察材料

教师和家长可以提供丰富的观察材料，如图片、实物、模型等，让小学生有机会观察不同的事物，提高观察的广度。同时，这些材料要有层次性和系统性，让小学生能够逐步深入地观察和理解事物。

3.指导小学生观察方法

教师和家长可以教给小学生一些科学的观察方法，如比较观察法、顺序观察法、重点观察法等。这些方法可以帮助小学生更全面、深入地观察事物，提高观察的深度。同时，教师和家长需要引导小学生利用多种感官进行观察，如听觉、触觉、嗅觉等，让他们能够更全面地了解事物。

4.培养小学生观察的计划性和目的性

教师和家长可以引导小学生制订观察计划，明确观察的目的和任务，帮助他们有计划地进行观察。这不仅有助于提高小学生的观察效率，还能让他们更有条理地进行思考和表达；同时，可以鼓励小学生记录观察结果，如写日记、画图等，不仅能帮助他们巩固观察的记忆，也能更好地整理和总结观察的成果。此外，教师和家长也可以与小学生进行交流和讨论，引导他们深入思考观察结果的意义和价值。

二、小学生的注意发展及教育应用

（一）注意概述

注意是心理活动或心理意识对一定对象的指向与集中。指向性和集中性是注意的两大特点。注意的指向性，是指人在每一瞬间，心理活动或心理意识选择了某个对象，而忽略了另一些对象，指向性不同，人们从外界接收信息也不同。注意的集中性，是指心理活动或意识在一定方向上活动的强度或紧张度，心理活动或意识的强度越大，紧张度越高，注意力也就越集中。注意是一种内部心理活动，可以通过外部行为表现出来，但它和外部行为之间并不总是一一对应的。例如，在课堂上，学生可能盯着教师，装出一副认真听讲的样子，实际上注意却不在课堂内容上，而是指向与学习无关的事物上。

根据注意发生时是否有目的、是否需要意志努力，可以将注意分为无意注意和有意注意。无意注意是一种没有预定目的，也不需要付出意志努力，自然而然发生的注意。因为无意注意不受人的意识调节和控制，所以又被称为"不随意注意"。例如，正在上课时，有一名迟到的学生在门口喊"报告"，其他学生会不由自主地将目光投向这位学生。有意注意也叫"随意注意"，是一种自觉的、有预定目的、需要一定努力的注意，表现为个体要积极主动地学习知识或完成某种任务。

（二）小学生注意有意性的发展

1. 有意注意在认识活动中的作用逐渐增大

在个体发展中，无意注意的发展先于有意注意的发展。低年级小学生的无意注意已经发展成熟，他们认识活动常依赖无意注意，只要是生动的、新奇的刺激物，就能引起他们的注意。因此，低年级阶段运用无意注意的效果比运用有意注意的效果好。阴国恩等对小学生无意注意和有意注意发展水平进行研究发现，二年级小学生有意注意水平比无意注意水平低，说明此时小学生的有意注意还处在发展初期；到五年级，小学生无意注意的准确率只有22%，而有意注意的准确率达56%，说明高年级的小学生有意注意迅速发展，五年级小学生的有意注意基本占主导地位。[1]

2. 注意的有意性由被动到主动

小学低年级学生的心理活动缺乏自觉性和自控性，因此，自己不会主动确立目的，需要教师或其他成年人给定目的，并不断提醒和避免注意中止或分散。随着年龄的增长，小学生心理活动的目的性、意义性、自控性逐渐增强，他们开始主动地控制自己的注意力，逐渐从被动地接受目的转变为主动地确立目的，并且不需要别人监督。

3. 小学生注意有明显的情绪色彩

由于小学生大脑和神经的内抑制能力尚未充分发展，一个兴奋中心的形成往往波及其他相应器官的活动，面部表情、手足甚至全身都会配合活动，注意表现出明显的情绪色彩。例如，上课时认真听讲，小学生可能注视教师或紧皱眉头；如果听得高兴，就会喜笑颜开，甚至手舞足蹈。

（三）小学生注意品质的发展

注意品质包括注意的广度、注意的稳定性、注意的分配和注意的转移，这些品质在小学阶段得到进一步发展。

1. 注意的广度

注意的广度，也称为"注意的范围"，是指在同一时间内一个人能够清楚地觉察或认

---

[1] 阴国恩，沈德立.中国儿童注意的发展［J］.天津师范大学学报（社会科学版），1989（5）：26-33.

识客体的数量，它表明个体的知觉范围。注意的广度越大，知觉的对象就越多；注意的广度越小，知觉的对象就越少。小学生的注意广度较小，但随着年龄的增长和知识经验的丰富，他们的注意广度会有所扩大。研究表明，小学生对散装排列图点视觉注意的广度要比横向排列视觉注意的广度大；对分组图点视觉注意的广度比散装排列图点视觉注意的广度要大，原因是分组图点中，被感知对象的排列组合有规律，相互之间能够成为有机的整体，注意的广度就大。因此，在教学中，教师板书规整，讲课条理清晰有逻辑，语言抑扬顿挫，善于把零散的知识点有规律地呈现给学生，有助于提高学生的注意广度。

2. 注意的稳定性

注意的稳定性，是指一个人在一定时间内，能够比较稳定地把注意集中于某一特定的对象与活动的能力。它也可以被定义为，一个人在较长一段时间内保持对某一任务的专注度。小学生的注意力集中时间相对较短，随着年龄的增长，他们的注意力集中时间会有所延长。一般来说，7～10岁小学生可连续集中注意力约20分钟，10～12岁小学生可连续集中注意力约25分钟，12岁以上青少年可连续集中注意力约30分钟。影响小学生注意稳定性的因素多种多样。一是概念的难易程度。低年级的小学生很难将注意力稳定在难以理解的概念上，直观形象的事物比抽象的概念、定理更能吸引他们的注意力。二是活动形式的丰富程度。越是丰富多彩、生动有趣的活动，越受小学生欢迎，他们注意稳定性持续的时间会更长。三是学习内容的新颖度。我们常发现，小学生对自然、科学等内容期待度较高，注意稳定性持续的时间也较长。在维持注意稳定性的过程中，要避免学生注意力的分散。例如，正在上课的教室，突然飞进了一只蝴蝶，学生的注意力分散了，离开课堂内容集中到蝴蝶身上。因此，教师需要有意识地增强学生的抗干扰能力。

3. 注意的分配

注意的分配，是指个体在同一时间内将注意力分配到不同的对象或活动上。小学生不善于分配注意力，常常难以同时关注多个任务或活动。刘景全等使用"注意分配仪"对小学生注意分配的发展进行了研究。结果表明，小学二年级和小学五年级学生的注意分配能力基本处于同一水平上。注意的分配能力迅速发展只在幼儿期至小学二年级这一阶段，随后，小学生的注意分配能力发展较慢。[①]

4. 注意的转移

注意的转移是指，一个人主动、有目的地将注意从一个对象或活动调整到另一个对象

---

① 刘景全，姜涛.关于小学生某些注意品质的实验研究［J］.天津师范大学学报（社会科学版），1993（4）：32-35.

或活动的过程。小学低年级学生注意的转移能力还不强，不善于把注意从一件事情转移到另一件事情上。小学中年级后，小学生的注意转移能力逐渐发展。小学生注意的转移能力发展存在性别差异，男生发展速度比女生快。另外，小学生注意的转移快慢和难易，主要取决于对先后两种注意对象的兴趣。例如，由课间游戏转入课堂学习比较困难，由课堂学习转入课间游戏就比较容易。

📑 **拓展阅读 2-4**

8周足球训练对4～5年级小学生注意品质的影响

范海楠等以4～5年级小学生为研究对象，探究了足球训练对小学生注意力品质的影响。结果表明，经过8周足球训练后，实验组在注意的稳定性、注意的转移和注意的分配上得分显著提高，实验组男生在注意的广度上得分显著提高；经过8周传统体育教学后，对照组在注意的稳定性上得分显著提高，在其他3个注意品质上的得分均没有显著变化。这表明，8周足球训练能显著提高4～5年级小学生注意的稳定性、注意的转移和注意的分配，也能增加4～5年级男生注意的广度，可以通过适当的足球训练提升小学生的注意品质。

（资料来源：范海楠，孟小雨，亓帅，等.8周足球训练对4～5年级小学生注意品质的影响［J］.湖北体育科技，2020，39（3）：232-235）

（四）小学生注意力的培养及教育应用

1.正确运用无意注意规律组织教学

无意注意，是指没有预定目的、不需要意志努力的注意。小学生容易被新奇、有趣的事物吸引，因此，教师在教学中可以从以下几个方面入手，运用无意注意规律组织教学。首先，教师讲授的内容必须丰富、新颖，必须在小学生已有的知识基础上循序渐进，把新材料和已有知识联系起来，才容易引起小学生的注意。其次，教师可以利用多媒体课件、实物展示等手段，将抽象的知识变得形象化、具体化，引导小学生通过对具体事物或现象的感知理解所学知识，把抽象的理论变得具体、鲜明，激发学生的求知欲。再次，教师的教学语言要准确简洁、生动形象、通俗易懂、富有感染力。讲课的声音强度不应过小，重点之处应该慢一点或提高音调。此外，还应注意语气和语调的抑扬顿挫，板书要整齐，书写要工整，还应形成鲜明对比，这样易激发小学生的兴趣，保持无意注意。最后，教师可以通过创造良好的教学环境，如保持教室整洁、设置有趣的墙报等，引起小学生的无意注意。

2. 善于组织和运用学生的有意注意

有意注意，是指有预定目的、需要意志努力的注意。小学生的自制力较弱，容易分散注意力，因此，教师在教学中需要引导小学生明确学习目的，激发他们的学习兴趣和动力。例如，教师可以根据小学生的实际情况和个体差异，制定具体、可行的学习目标，并鼓励他们积极完成。此外，教师还可以通过组织有趣的学习活动，如小组讨论、游戏等，提高小学生的有意注意水平。同时，培养小学生养成良好的注意习惯也十分重要。

拓展阅读 2-5

提升小学生线上课程注意力的策略研究

线上课程是教育现代化和信息化的重要形式之一，嵩钰佳等阐释了小学生线上课堂注意力下降现象，指出小学生线上课堂注意力直接影响学习成绩，结合已有研究和线上教学经验，在巧妙设计呈现形式方面阐述了提升小学生线上课程注意力的若干策略。

首先，注重教师形象的呈现。线上课堂教学时空分离，教师和学生无法在同一空间完成教学活动，教师形象传递受限。教师将自己的形象投影到线上课程中，表情动作能够传递的信息丰富，可以增强学生的被关注感和代入感。因此，线上课程中，教师应该尽量提供这方面的图像声音信息。比如，能够在没有学生的时候，隔着屏幕与学生进行目光对视；能够进行表情管理，感染学生；抛出问题后，估算预留足够的时间给学生思考等。

其次，及时反馈，互动参与。一是充分利用现有课程平台的即时交流功能，如在线留言功能等。二是要求提供学生在线视频情况。由于教与学的空间分离，学生在无人监督的情况下，容易注意力分散，让学生提供在线学习的实时视频，对学生的学习有监督的作用。

最后，科学设定课件呈现内容。在字体上，在汉字背景下，宋体和仿宋的辨认度最高；在汉字呈现大小上，视角在 $10° \sim 11°$，是汉字辨认最适用的大小范围；在文字呈现方式上，平滑滚动引导式相比快速系列视觉呈现式，阅读理解的正确率更高；在文字控制方式上，能够自控速度的阅读方式更受欢迎，但相比机控速度，阅读效率明显降低；在文字呈现内容上，有关键词提示的字幕阅读要明显好于没有字幕的情况，并在学习效果上有明显的差异。

（资料来源：嵩钰佳，孙德翠，王艳丽.提升小学生线上课程注意力的策略研究 [J].黑龙江教师发展学院学报，2021，40（8）：85-87）

三、小学生的记忆发展及教育应用

（一）记忆概述

记忆是人脑对经历过的事物的反映，包括识记、保持和再认或回忆三个环节。

识记是记忆的开端，是指通过对事物的特征进行区分、认识，并在头脑中留下一定印象的过程。根据识记的目的性和意志努力的程度，可将识记分为无意识记和有意识记。无意识记，是指事先没有预定目的，也不需要意志努力发生的识记。有意识记，是指有明确目的，在识记过程中需要付出一定意志努力的识记。就识记效果而言，在同等条件下，有意识记的效果优于无意识记。根据识记时对学习材料是否理解，可以把识记分为机械识记和意义识记。机械识记，是指在材料本身无内在联系或不理解其意义的情况下，单纯依靠机械重复进行的识记。意义识记也称"理解识记"，是指在对材料进行理解的基础上，根据材料的内在联系进行的识记。

保持是记忆过程的中心环节，是指在头脑中对识记过的事物进行巩固的过程。根据记忆保持时间的长短，可将记忆分为瞬时记忆、短时记忆和长时记忆。当客观刺激停止作用后，感觉信息在极短时间内被保存下来，就叫作"瞬时记忆"。瞬时记忆的保持时间为 0.25～4 秒。短时记忆保持的时间为 5 秒～1 分钟，它的容量有限，为 7 ± 2 个组块。长时记忆，是指信息经过充分的和有一定的深度加工后，在头脑中长时间保留下来。长时记忆的存储时间在 1 分钟以上，一般能保持多年甚至终身，且容量没有限制。

作为记忆过程的最后一个环节，信息提取主要包括再认和回忆两种形式。再认是过去经历过的事物重新出现时，能够被识别和确认的心理过程。回忆是在一定的诱因作用下，过去经历过的事物在头脑中再现的过程。

（二）小学生记忆发展的特点

1. 有意识记逐渐占主导地位

儿童初入学时，无意识记占主导地位。进入小学后，低年级小学生仍然保留学前期无意识记的特点，但小学阶段的学习较为系统，不可能只学习学生感兴趣的内容，对学生的有意识记提出了更高的要求。随着年龄的增长，小学生的有意识记在三年级以后逐渐占据主导地位。

2. 意义识记逐步发展

一般来说，小学低年级学生机械识记起主导作用；小学中、高年级学生多采用意义识记的方法，大致在三年级、四年级时，逐渐超过了机械识记。在小学阶段，小学生的机械识记和意义识记效果均随年龄增长而提高。大量实验结果证明，在小学的各个阶段，小学生意义识记的保持量高于机械识记的保持量。

3. 在形象记忆的基础上语词抽象记忆迅速发展

小学低年级学生的具体形象记忆明显优于语词记忆，他们擅长记忆具体事物，而不善于记忆公式、法则、规律等。随着教学的深入、年龄的增长和学习任务难度的提高，他们不但要记住一些具体的事物或形象，还要记住一些概念、公式、原理，语词记忆迅速发展。

4. 瞬时记忆、短时记忆和长时记忆的发展

对小学生记忆发展的研究多集中在短时记忆上。沈德立等研究发现，识记材料性质不同，对长时记忆与短时记忆的影响也不同。识记材料的语义性，对长时记忆的影响大，对短时记忆的影响不明显。[①] 陈辉对小学生短时记忆容量进行研究发现，小学生的短时记忆容量受记忆材料、年龄等因素影响，无论何种性质的记忆材料，五年级小学生的记忆容量都大于二年级小学生。[②]

（三）小学生记忆的培养及教育应用

1. 充分利用无意识记规律

无意识记对于小学生，特别是小学低年级学生记忆能力的提高具有重要作用。由于小学生注意力集中持续时间较短，让其在音乐、游戏、活动的情境中学习，效果会更好。因此，教师要充分利用生动、具体的手段进行教学，以促进小学生记忆力的提升。

2. 培养小学生有意识记的能力

低年级小学生往往不懂得主动向自己提出识记任务，因此，在教学中，教师需要向学生说明每节课的教学目的、任务，使小学生产生识记意图，对自己需要达到的识记效果有预期目标。对于中高年级的小学生，教师要鼓励他们自觉地、独立地向自己提出识记任务，

---

① 沈德立，阴国恩，林镜秋，等.中小学生对于系列材料的长时与短时记忆的实验研究［J］.心理发展与教育，1985（2）：24-29.

② 陈辉.短时记忆容量的年龄特点和材料特点［J］.天津师范大学学报（社会科学版），1988（4）：25-30.

由被动变为主动。另外，教师还需要传授小学生监控自己记忆效果的方法。

3. 培养小学生意义识记的能力

对于有意义的识记材料，教师需要帮助小学生理解识记内容，尽可能让他们在理解意义的基础上进行识记。在教学过程中，教师应首先把教学内容讲清楚，使学生能听懂、能理解，然后指导小学生熟记这些内容。对于无意义的识记材料，要尽量赋予人为的意义后加以记忆。因此，教师还要教给小学生多样化的记忆方法，如位置记忆法、谐音记忆法、口诀法等；同时，也要适当训练小学生机械记忆的能力。

拓展阅读 2-6

小学生三种课文记忆策略的实验研究

韩志伟等在已有的基本记忆策略基础上提出概要试忆策略、全方位整零结合记忆策略和合理复习策略三种综合性记忆策略。经实验证明，三种综合性记忆策略应用于小学语文课文记忆中均很有效。

概要试忆策略全称为"概括要领试图回忆策略"。该策略要求学生首先通读一遍课文，概括性地了解文章的大意；其次仔细地将文章再阅读一遍，进一步把握要点并留心细节，同时强化自己准备记住；最后不看课文，开始背诵。要求学生在头脑中根据要点试图回忆文章的细节，实在回忆不出时可以看一下，并立即与文章大意联系起来，以强化记忆。

全方位整零结合记忆策略是组织策略与策略的元记忆相结合的一种记忆策略。该策略要求学生首先通读全文，把握文章的大致内容；其次分段进行记忆，在每一段的记忆过程中，再分成句子来记。具体方法是：先记熟第一句，再记熟第二句，两句连起来默忆一遍，以保持连贯；再记熟第三句，然后三句连起来默忆一遍。要求默忆的效果顺畅、准确，否则多回忆几遍，直到顺畅、准确为止。

合理复习策略主要借鉴艾宾浩斯关于遗忘规律的研究，该策略尝试复习安排在记忆材料15分钟后，采用"过电影"的方式将记过的材料在头脑中回忆一遍。如果有忘记或不顺畅的部分，一定要重新记熟。再次复习安排在50分钟之后，采用同样的方式进行复习。另外，要求学生在睡前以同样的方式再次复习。在该策略中，采用的"过电影"复习方式也是一种自测的过程，运用的是元记忆的自我监控和调节机制。

（资料来源：韩志伟，张奇．小学生三种课文记忆策略的实验研究［J］．教育科学，2002（2）：50-53）

4.培养小学生正确组织复习的能力

遗忘是头脑中反映事物及其联系的消退或抑制。德国心理学家艾宾浩斯（H.Ebbinghaus）通过实验发现，遗忘的进程是先快后慢。根据这一规律，防止小学生遗忘的最好办法是，学习之后及时组织复习；同时，要注意合理分配复习时间。复习的分配方式有集中复习和分散复习两种。集中复习，是指集中一段时间重复学习；分散复习，是指每隔一段时间重复学习。从复习效果来看，大多数学科分散复习的效果优于集中复习。在复习时，教师可以指导小学生将反复阅读与尝试回忆相结合，这样的复习方式更有侧重点，便于小学生及时调整记忆活动，有针对性地加强薄弱点的学习，大大提升复习效果。此外，动员多种感官参与也是提高学生复习效果的重要条件，使复习的过程变为听、看、写、读、想的综合活动，有助于信息通过多种感觉通道到达大脑皮层，形成广泛的神经联系，更有利于知识的巩固和记忆。最后，适当进行过度学习不仅能让小学生确信自己掌握了知识，也有助于减轻小学生的考试焦虑，但过度学习并非越多越好，一般以学习程度达到150%为最佳。除此之外，教师还可以充分运用数字化方式组织学生开展复习。

📝 **拓展阅读 2-7**

一对一数字化学习方式下的小学数学复习课

一对一数字化学习方式能真正做到以学生为主体，教师成为课堂的组织者和引导者，为学生更加充分、深入地学习提供保障。丁国慧将一对一数字化学习方式运用到小学数学复习课中，将数字化学习方式下的小学数学课分为以下四个教学步骤。

一是前测学情，量体裁衣。教师借助数字学习设备中的评测功能向小学生发放问题问卷，结合小学生问题回答情况，对他们的知识掌握情况进行诊断分析，然后带领他们进行复习，便能做到量体裁衣，从而使复习课教学有的放矢。

二是自主复习，有求必应。以"面积"复习课为例，小学生可以自主通过手中的数字化设备，结合所需的信息技术手段，自主选择图形面积推导微课，进一步掌握和理解平面图形面积计算知识。同时，教师引导小学生利用思维导图的学习方式进行更正与完善。整个复习过程，使小学生有了更多的自主性和选择性，可以更好地结合自身需求完善知识构建。教师接收到小学生提交的思维导图后，可以结合小学生的共性问题以及典型情况组织他们进行重点讨论。小学生还可以相互分享自己绘制的思维导图，相互评价、相互交流。

三是巩固练习，层层冲关。借助数字化设备让小学生对所学知识点进行巩固练习，系统及时反馈小学生的练习情况。对于小学生而言，在闯关过程中，学习兴趣和知识运用能力也会得到提升。对于教师而言，教师可以根据闯关情况对小学生的知识掌握情况有更加全面的认识与了解，针对性地对小学生进行指导，丰富复习活动。

四是个性作业，定制服务。教师可以借助数字化平台，全面整合分析小学生在复习课中各项任务的完成数据，分析小学生不同任务问题完成的正确率与完成时间。在作业布置环节，借助数字化平台为不同小学生定制不同作业任务，让小学生结合自身实际情况自主练习。

（资料来源：丁国慧.一对一数字化学习方式下的小学数学复习课 [J].中国教育技术装备，2021（15）：115-116）

四、小学生的思维发展及教育应用

（一）思维概述

思维是人脑对客观事物的本质和事物之间存在联系的认识。思维具有概括性和间接性两个基本特性。思维的概括性，是指在大量感性材料的基础上，把一类事物的共同特征和规律抽取出来，加以概括。例如，把花、草、树一类的事物归为植物。思维的间接性，是指人们借助一定的知识经验对客观事物进行间接的认识。例如，内科医生不能直接看到患者内脏的病变，但是能够用 B 超、CT 检验等手段，经过思维的加工间接判断患者的病情。根据思维任务的性质、内容和解决问题的方法，可以将思维分为直观动作思维、形象思维和逻辑思维。直观动作思维又称"实践思维"，是指通过实际操作解决直观具体问题的思维活动。例如，自行车坏了，人们通过检查各个零部件排除故障。形象思维，是指人们利用头脑中的具体形象解决问题。例如，要去图书馆借书，我们会事先在头脑中想出可以到达的路线，通过分析比较，选出最方便的一条。逻辑思维，是指人们面对理论性质的任务时，运用概念、判断、推理等形式解决问题。

（二）小学生思维发展的特点

1.具体形象思维向抽象逻辑思维过渡

低年级的小学生以具体形象思维为主，他们往往通过对事物的直观形象进行感知、记忆和思考。例如，他们可能难以理解抽象的概念或复杂的数学公式，但对于形象的图形或实物有较好的理解。随着年龄的增长，小学生的思维逐渐从具体形象思维向抽象逻辑思维过渡。这意味着他们开始能够理解更抽象的概念，如时间、空间、数量等，并能够进行更复杂的逻辑思考。小学生思维在由具体形象思维向抽象逻辑思维过渡过程中存在一个转折期，这个转折期也称作小学生思维发展的"关键年龄"，一般认为，这个关键年龄出现在小学四年级（10～11 岁）。

2. 思维发展的不平衡性

在整个小学阶段，小学生的抽象逻辑思维水平在不断提高，小学生思维中的具体形象成分和抽象成分的关系在不断发生变化，这是它发展的一般趋势。但是，小学生的思维发展还存在不平衡性，当具体到不同的思维对象、不同学科、不同教材时，这个发展趋势又表现出很大的不平衡性。例如，有的小学生可能在数学方面表现得非常好，但在语言或社交方面有所欠缺。

（三）小学生思维能力的发展

1. 比较能力的发展

有研究指出，小学生比较能力的发展与年龄和年级的增长呈正相关关系。他们从正确区分具体事物的异同逐步发展到区分抽象事物的异同，从直接感知条件下进行比较逐步发展到运用语言在头脑中引起表象的条件下进行比较。除此之外，小学生比较能力的发展在不同条件下具有不同的特点。在一些条件下，对某些对象进行比较时，他们既能在相似事物中找出相同点，又能找出其细微差别；而在另一些条件下，对另一些对象进行比较时则又不同，不能笼统地认为小学生，尤其是低年级小学生总能容易地找出相异之处。因此，在教学时，应注意根据不同的教学内容确定不同重点，采用不同的方法进行比较。

2. 概括能力的发展

随着年龄的增长，小学生的概括能力逐渐提高。他们从具体形象概括向形象抽象概括过渡，最终达到初步本质抽象的概括水平。这意味着他们能够更好地理解和处理复杂的概念和问题。林崇德通过对小学生数概念和运算能力发展的研究，认为小学生概括能力的发展一般要经历以下三个阶段。一是直观形象水平阶段（7～8 岁）。此时，小学生的概括水平与幼儿概括水平相近，以直观形象概括为主。他们能概括的特征或属性常是事物直观的、形象的、外部的特征或属性。二是形象抽象水平阶段（8～10 岁）。此时，小学生的概括水平处于从形象水平向抽象水平过渡的阶段。在这一阶段，小学生概括中直观的、外部的成分逐渐减少，形象的、本质的特征或属性增多。三是初步本质抽象水平阶段

（10～12岁）。此时，小学生的概括水平开始以本质抽象为主，他们已经能对事物本质特征或属性以及事物的内部联系进行抽象概括，但让他们对那些远离生活的科学规律进行概括十分困难。①

📝 **拓展阅读 2-8**

语文中五种概括段意的方法

①摘句法，主要是指找现成的总起句、总结句、中心句、过渡句做段意。过渡句有承接上文、引起下文的作用。承上句是上一段的段意，起下句为下一段的段意。

②串联法，主要指串联层意、句意、关键词。该方法在段中无重点句，各叙述层次地位相当时概括段意使用，往往可抓住一段中的几个要点，把它们串联起来。

③"取主舍次"法。在归纳段意时，一定要抓住每段的主要意思，选准角度，语言要明确、完整、简洁。要做到这点，教师可指导学生用"去旁枝，抓主干"的方法进行归纳。

④综合概括法。有的段落既没有中心句，各自然段的意思也没有主次之分，但都围绕一个共同的内容写。遇到这种情况时，可指导学生采用综合概括法概括段意。

⑤缩句法。有些段落句子不多，但较长，可指导学生用缩句法概括。

3. 分类能力的发展

有研究表明，6岁以后，儿童能够进行一级独立分类（如白鸽、麻雀、乌鸦为鸟；狮、虎、象为野兽）的人数超过一半；小学二年级，儿童可以完成对自己熟悉的具体事物的字词概念分类；到了9岁，儿童已基本上掌握一级概念。按二级概念分类（如鸟、野兽为动物；水果、蔬菜为植物），7岁以前的儿童都表现出不理解的情况，对二级概念的独立分类要到8岁以后才能超过半数，9岁的正确率也只能达到58.3%，说明小学生只有到中高年级以后才能真正完成按类概念分类。

（四）小学生思维形式的发展

1. 概念的发展

概念是人脑反映客观事物本质属性的思维形式，是思维活动的基本单位。小学生概念

---

① 林崇德.小学儿童数概念与运算能力发展的研究［J］.心理学报，1981（3）：289-298.

的发展主要表现在概念的逐步深化和概念的外延丰富性两个方面。

首先，概念的逐步深化。小学低年级的学生，由于生活经验和智力发展水平的限制，对概念内涵的掌握水平较低。他们有时能说出一些比较抽象的概念，如"祖国""民族"等，但是实际上并不能真正理解这些概念的含义。随着生活经验的增长和智力的不断发展，小学生对概念的掌握逐渐突破事物的直观属性，对概念的理解逐步深化。

其次，概念的外延丰富性。研究表明，小学生的数概念、字词概念、时间概念、生活概念等都是随着年龄的增长不断丰富起来的。由于语言因素和数学因素在智力发展中具有重要地位，一般将字词概念和数学概念的发展作为考察小学生概念的外延丰富性的重要指标。字词概念的发展主要表现在小学生识字量，掌握词性、词类，用词造句，阅读能力，逻辑认识能力等方面的发展；数学概念的发展则表现在小学生认数、数序、数列、数的分解和组合、运算、应用、长度、面积和体积等概念的发展。

📝 **拓展阅读 2-9**

对话学习模式对小学生概念转变有效性的实证研究

对话学习模式由"与自我对话、与客体对话、与他人对话"三个要素组成。胡学亮等运用对话学习模式对小学四年级学生水的气化概念的形成进行干预，发现它能有效促进学生对科学概念本质的理解，大幅提高学生概念的转化率。研究进一步指出了相应的教育教学启示。

首先，教师在导入一个新知识的时候，一定要给予学生独立思考的时间和空间，引出学生的既有观念，让学生进行新旧知识的相互作用，激活原有的认知结构，即本研究所指的学生的自我对话。

其次，有效的教学不是一种个体活动，也不是教师的"独白"，也不局限于师生所谓的"对话教学"，它需要同伴之间的沟通、交流、辩论等对话活动。

最后，对话学习不能仅仅拘泥于以语言为中介的对话，还必须创设物理情境、问题情境，让学生对外部信息进行加工、选择和批判，从而获得新的知识。

（资料来源：胡学亮，郑铁军，曾晓婷，等.对话学习模式对小学生概念转变有效性的实证研究 [J].教育研究，2017，38（5）：130-136）

2.判断的发展

小学一年级学生的判断大多是根据事物的外部特征或对事物的因果关系的简单认识。

小学二年级学生能够对同一事实做出不同解释。例如，今天小明没有来上学，他们可能会说"小明生病了""小明起床晚了""小明家里有事"等。但此时，他们还不能自觉地论证自己的假设。小学中年级，学生开始比较独立地、有根据地论证一些比较复杂的判断，但此时，他们的逻辑判断力仍是不完备的，还不能对现实的复杂关系进行完备反映。

3.推理能力的发展

掌握比较完善的逻辑推理能力是小学生智力发展的重要环节和主要标志。小学生的推理能力是随着掌握比较复杂的知识经验和语言结构逐渐发展起来的。

推理可以分为直接推理和间接推理。小学低年级学生最先掌握的就是直接推理。直接推理，是指由一个前提本身引出某一结论的推理。有研究表明，小学生直接推理能力的发展有三个阶段，一、二年级为一个阶段，三、四年级为一个阶段，到五年级时为一个阶段，四、五年级间有一个思维发展的加速期。间接推理是由几个前提推出某一结论的推理，一般间接推理又可分为归纳推理、演绎推理和类比推理。林崇德对小学生归纳推理和演绎推理进行研究发现，小学生归纳推理和演绎推理的发展既存在年龄差异，又表现出个体差异。随着年龄的增长，小学生推理范围的抽象性增强，推理的步骤日趋简练，推理的正确性、合理性，推理品质的逻辑性和自觉性也逐步增强；同时，在运算能力的发展中，小学生掌握归纳和演绎两种推理形式的趋势及水平相似。[①]

📝 **拓展阅读 2-10**

小学生数学推理能力提升的策略

1.教师的正确示范作用

学生学习新知识最初的来源就是教师，所以，教师正确、完整地示范有助于学生在学习初始阶段就形成正确的推理思维。并且，教师的示范不仅停留在推理层面，也存在于知识的应用过程中。

2.创设贴近学生生活经验的情境

创设情境是学生主动学习的前提，从学生的认知基础出发，引发大胆猜想，获得推理灵感。例如，在进行"平行与垂直"教学时，教师可以结合学生上下学过斑马线、火车轨道、校园里的双杠的共同特点——不相交。在实物原型和数学对象之间搭建思维的桥梁，真正让学生经历合理猜想的过程，唤醒学生的推理意识。

---

① 林崇德.小学儿童数概念与运算能力发展的研究［J］.心理学报,1981（3）：289-298.

3.创设迁移导入的问题情境

在教学中，教师还可以利用新旧知识之间的联系，创设可供学生类比的情境，让学生建立连点成线的知识网络，有效类比推理。例如，在"商的变化规律"教学中，设计问题情境："学习了积的变化规律，根据乘除法之间的密切关系，你能猜猜除法中有怎样的规律？"这样，顺利地从旧知识迁移到新知识，形成知识网络。

4.探索规律

对于小学生而言，运算定律是通过列举大量等式，再观察、比较、分析这些等式的共同点，概括出运算规律。这个探索规律的过程，体现了小学生合情推理的基本特点。教师应关注论证的生长点和难点，密切关注学生所举的例子范围，引起学生的思维冲突，感受推理价值。例如，"加法交换律"教学是运算定律的起始课，举例验证环节应引导学生通过丰富的例证，关注数的范围，整数、分数、小数，特殊数 0 和 1 的例子，再规范验证，探索规律背后的本质。在总结方法环节，引导学生回顾"观察、猜想、举例验证、再举例验证归纳结论"的推理过程，探索不完全归纳推理的一般路径。

（资料来源：吴晓霖.小学生数学推理能力提升的策略 [J].教育艺术，2021（6）：72）

（五）小学生思维的培养及教育应用

1.丰富小学生的感性经验

思维是在感知觉基础上进行的高级认知活动。思维的全部材料来自感性经验。因此，要发展小学生的思维，首先要丰富他们的感性经验。帮助小学生掌握丰富的、生动的感性知识，是发展其思维能力的必要条件。在教学中，教师应注意适当地运用实物、图片以及各种直观教具，并根据教育和教学的需要组织参观访问、游览等活动。

2.发展小学生的言语

言语是思维的工具，小学生思维的发展与言语的发展密切相关。因此，教师应通过各种途径让学生掌握尽可能多的词汇，让学生的思维有一个准确的外显工具。在教学中，教师既要训练小学生领会实际操作，也要重视小学生正确使用口头语言和书面语言表达的能力。除此之外，教师还可以通过引导小学生阅读课外书，参加演讲比赛、辩论赛，举办班级黑板报评比等活动，进一步丰富小学生词汇，帮助小学生正确表达感情，从而促进小学生思维发展。

3.培养小学生良好的思维品质

思维品质体现了个体思维的水平和智力差异。小学生的思维品质包括思维的深刻性、灵活性、敏捷性、独创性等。

思维的深刻性表现在善于抓住事物的本质和规律，预见事物的发展过程等方面。首先，培养小学生思维的深刻性。教师可以鼓励小学生深度思考，引导其对问题进行深入分析，鼓励其探究事物的本质和背后的原因。其次，培养小学生归纳和演绎能力。通过实例和案例，教导小学生从个别到一般进行归纳，以及从一般到个别进行演绎。最后，培养小学生系统性思考。教导学生将知识串联起来，形成知识网络，鼓励他们从宏观和微观的角度看待问题。

思维的灵活性，是指思维活动的灵活程度，如"举一反三""触类旁通"等。教师培养小学生思维灵活性的方法主要有：培养发散性思维，鼓励小学生对同一问题给出多种答案或解决方案，训练他们的发散性思维能力；换位思考，引导小学生从不同角度看待问题，理解他人的观点，提高思维的变通性；注意小学生新旧知识之间的渗透与迁移。

思维的敏捷性，是指思维过程的速度，包括对事物感受的敏锐性和思维过程的效率性等特征。教师可以通过游戏、竞赛等方式训练小学生在有限的时间内迅速做出决策和解决问题的能力；还可以提供开放性问题，让小学生无法预先准备，从而锻炼他们的快速反应能力和即时思考能力。此外，教师还可以鼓励小学生对所学知识进行定时复习，以提高对知识的熟悉度，也是提高思维敏捷性的重要方法。

思维的独创性，是指个体独立思考创造出新颖、有价值产品的智力品质。教师培养小学生思维的独创性应注意建立民主的教学环境，培养小学生的好奇心和求知欲，还要加强培养小学生独立思考的自觉性，将是否独立思考作为衡量小学生是否优秀的标准。

五、小学生的想象发展及教育应用

（一）想象概述

想象是对头脑中已有表象进行加工和改造，形成新形象的过程，是一种高级的认知活动。根据想象是否有预定目的，可以把想象分为无意想象和有意想象。无意想象也称"不随意想象"，是在人们的意识减弱时，在某种刺激的作用下，不由自主地进行的想象。例如，当我们看到天空中的云朵时，可能会不由自主地将其想象成各种形状，如动物、人物或物体等。这种想象过程是自然而然发生的，不需要我们有意识地努力去想象。有意想象也称

"随意想象"，是根据一定的目的和意识进行的想象。例如，在学习数学几何时，为了更好地理解几何图形的构造和性质，我们会主动在头脑中构思各种几何图形，这种想象是有目的性和意识的。根据想象内容的新颖程度和形成方式不同，有意想象又可分为再造想象和创造想象。与再造想象相比，创造想象需要对已有的感性材料进行深入分析、综合、加工和改造，在头脑中进行创造性的构思，因此创造性更高。

（二）小学生想象发展的特点

1. 想象的有意性迅速发展

刚入学的小学生无意想象占优势，其想象主题易变化，想象的内容具有明显的直观性、片面性和模仿性。随着年龄的增长，小学生想象的有意性不断提高。到了小学三、四年级，有意想象逐渐发展并占据主要地位，从而使小学生能够顺利地完成各门课程的学习任务。小学生想象的有意性发展与小学教学的要求密切相关，入学后的小学生更多是从书本中获得间接经验。在教学中，各科教师也会要求小学生学会利用已有知识对教学内容进行想象，教学活动极大地促进了小学生想象的有意性和目的性的发展。例如，在作文课上，要求小学生围绕主题进行连贯的构思；在美术课上，要求小学生通过想象设计富有美感的图画；在阅读课上，要求小学生进行系统的、生动的讲述或有表情朗读等。

2. 想象的创造性成分日益增多

低年级小学生的想象创造加工成分不多，想象的内容常常是事物的简单重现。这和低年级小学生抽象逻辑思维发展水平较低有关。在教学的影响下，随着小学生言语和抽象思维的发展，他们想象中的创造性成分日益增多，想象也更加富有逻辑性。例如，低年级小学生开始写作文时，只是要求学生仿照给出的例文手法写一篇作文。随着年龄的增长，中、高年级的小学生能够完成命题作文，能够根据给出的题目构思一篇前所未有的文章。

3. 想象日益富于现实性

想象的现实性，是指想象的形象受现实制约，能真实地反映现实。随着年龄的增长，小学生的想象日益富于现实性，主要有以下表现：一是想象反映的形象越来越接近现实事物，想象的特征数由少到多，结构配置由不合理到合理；二是从热衷于完全脱离现实的神话虚构逐渐转向对现实生活的幻想。低年级的小学生对童话或神话信以为真，爱听童话故事或神话故事，爱看动画片。在教学的影响下，随着知识经验的逐步积累，中、高年级的小学生想象内容逐渐符合客观现实。以绘画为例，中、高年级的学生不仅能注意所画事物的完整性，还能初步运用透视关系更真实地表现事物。

（三）小学生想象的培养策略及教育应用

1. 丰富小学生的表象储备

表象是想象的材料，表象的数量和质量直接影响想象的水平。因此，在教学中，教师应正确运用直观教具，为学生提供实物、图片、文字和语言等各种材料，并要求学生正确理解图画和语词的意义。此外，教师还应鼓励小学生多参与户外探险、手工制作、艺术表演等活动。这些体验可以为小学生提供丰富的想象素材，使他们的想象更加生动和具体。

2. 利用生动的言语描述

小学生的想象活动在言语的调节下进行，并以言语的形式表达出来。教师的言语是启发小学生想象的重要因素。教师要善于运用生动的、富有情感的、优美的、正确的、清晰的言语，描述小学生要想象的事物。这不仅能够唤起小学生的想象，更为他们想象的表现做出榜样，使小学生真切感受到如何使用言语表达想象。

3. 创设适宜小学生想象力发展的环境

好奇心是发展想象力的起点，首先，教师要培养和保护好小学生的好奇心；其次，教师要尊重小学生的想象，对小学生幼稚简单的想象给予鼓励和引导；再次，教师要为小学生提供欣赏文学和艺术的条件，如幻想和想象类图书、绘画等；最后，教师要组织丰富的、具有启发学生想象力作用的活动。

拓展阅读 2-11

小学生想象作文的教学策略

发展小学生的创造性想象并不是语文学科独有的使命，但是指导小学生将创造性想象转化为清楚通顺的语言是语文学科不可推卸的责任。想象作文的教学可以从以下三个方面入手。

一是引导小学生思维表达的内外部转换。在日常教学中，在小学生落笔写作前，教师可以引导小学生将自己的想法进行口头表述，再进行写作。在说的过程中，有思路受阻或表达不清的地方时，教师可以适当给予引导，完善句子表达。另外，教师还可以组织小学生进行即兴演讲活动，鼓励其每天自由选读一则神话、童话或科幻故事，在班级同学面前即兴演讲。

二是依托统编版教材渗透想象方法。了解想象的常用方法，对小学生合理进行想象具有积极意义。在心理学上，常见的想象方法有黏合、夸张、典型化、联想、人格化等。例如，黏合是把客观事物的不同方面和特征组合在一起。统编版语文教材三年级下册第八单元《我变成一棵树》一文就运用了黏合的方法，将树的特征和人的特征黏合了起来，从而创造出小女孩为了不回家吃饭多玩一会儿而想象自己变成一棵树的生动有趣的故事。这样新奇有趣的课文既可以调动小学生的兴趣，又能训练他们的想象思维。教师要借助课文适时点拨想象的方法，寻找相关的篇章加以巩固，并设置"小练笔"帮助小学生深入体会各类想象。掌握了想象方法，小学生在写作文时的思路便会更加顺畅。

三是把握想象作文的评价标准。教师可以从鼓励小学生"有创意的表达"的目标出发，在评价小学生想象作文时，关注他们的创造性表达和创造性思维的发散。围绕创造性这个中心，想象作文评价标准有以下五点：主题新颖明确，富有想象；内容神奇大胆，富有美感；情感真实自然，充满童趣；构思逻辑清晰，过渡巧妙；技巧灵活恰当，形式多样。

六、小学生的言语发展及教育应用

（一）语言和言语

语言和言语既有区别又有联系，二者密切相关。总的来说，语言是一种社会现象，言语是一种心理想象。

语言，是指人们进行交际的工具。人们使用汉语、英语等进行交流，这里的"汉语""英语"就是作为交际工具的各种语言。语言的基本功能表现为三个方面：第一，语言是保存和传递社会历史经验的手段；第二，语言是人们进行交际和交流思想的工具；第三，语言是人类进行思维的武器。

言语，是指人们使用语言进行交际的过程。使用某种语言的人，进行说话、听话、写作、阅读等活动，就是作为交际过程的言语。言语有三个基本职能。一是符号固着职能。任何一种语言中某个词和它所标志的对象之间的关系是人们在长期交际过程中约定俗成的。例如，懂汉语的人讲到红色便知道中国国旗的颜色。二是概括职能。言语不仅可以标志个别对象或现象，还可以标志某一类的许多对象或现象。例如，"书本"这个词就概括了具有"成本的著作"这个本质特点的所有对象。三是交流职能。通过言语活动，人们能够相互传递信息，沟通情感，表达意愿。言语一般分为三类：口语言语、书面言语和内部言语。小学生言语发展的主要任务就是口头言语和书面言语的发展。

（二）小学生言语的发展

1. 小学生口头言语的发展特点

口头言语可分为对话言语和独白言语两种。对话言语，是指两个人或几个人直接进行交际时的言语活动。独白言语，是指说话者独自进行的言语活动，需要连贯、完整，有系统和层次。进入小学后，小学生独白言语迅速发展。小学生的口头言语从对话言语占主要地位向独白言语占主要地位过渡，并在二、三年级逐渐过渡到以独白言语为主要形式的水平，在四、五年级口头言语能力达到初步完善的水平。随着年龄的增长，小学生表达自己的见解越来越详细。此外，他们能够在会话过程中有效地运用策略。例如，当小学生面对拒绝时，能够用更委婉、更礼貌的方式提出自己的请求，而不会像学龄前儿童，要求没有被满足时大哭大闹。小学生语用能力的发展还表现在对他人话语包括习语、暗示、间接指令、夸张、反语等言外之意的理解上。

2. 小学生书面言语的发展特点

书面言语是个体借助文字表达自己思想或经过阅读接受他人思想的言语形式。小学生书面言语的发展具体体现在识字、阅读、写作和语法上。小学生识字的过程就是在头脑中建立字的音、形、义的巩固联系的过程。字音的掌握是儿童识字的基本要素，只有读准字音，才能辨认字形，才能理解字义；字形学习是儿童识字教学的重点和难点；理解字义是儿童识字的中心环节，儿童对字义的理解直接影响其对字音、字形的辨认、记忆和应用。识字过程贯穿整个小学阶段，一直延续到中学，小学一、三年级和初中二年级是关键年龄段。在阅读方面，小学生呈现出先朗读再默读的特点。小学生阅读能力主要表现在阅读速度和阅读理解两个方面。写作是书面言语活动的高级形式，是小学生文字表达能力和逻辑能力的具体体现，是小学生遣词造句、篇章结构、标点符号的综合训练，是衡量小学生书面言语发展能力的重要标志。在写作方面，小学生的写作能力从口头造句、看图说话开始，最终过渡到独立写作阶段。掌握语法发展是在小学三、四年级，直到此时，小学生才能自觉地掌握语法结构。

3. 小学生内部言语的发展特点

内部言语是一种自问自答或不出声的言语活动，是自己思考问题时的言语活动。学前晚期的儿童已初步表现出内部言语的萌芽，但其发展有限。进入小学后，学习成为新的主导活动，小学生需要独立思考，先想后说、先想后写、先想后做使他们的内部言语逐步发展起来。整个小学阶段，内部言语的发展可分为以下三个阶段：一是出声思维阶段，初入学的小学生还不善于思考问题，出声的言语内容与书写内容基本同步；二是过渡阶段，通过教育的训练，小学生从低年级开始能够在计算中短时间运用无声思维，当小学生回答比较简单的问题时，教师可以提醒他们"好好思考再回答"，以此训练他们的内部言语；三是无声思维阶段，三、四年级以后，在教学的影响下，随着小学生抽象思维和独立思考能力的发展，无声思维基本上占据主导地位，但当阅读或演算遇到困难时，仍会用有声言语帮忙。

（三）小学生言语的培养策略及教育应用

1. 口头言语的培养策略及教育应用

口头言语的培养可以从以下三个方面入手。首先，训练小学生说完整的话。训练小学生说完整的话能让小学生形成良好的语言表达习惯，促进小学生语用能力的提高。当小学生回答问题只说半句话或一个词，或者用动作和表情代替时，教师必须引导他们重新把话说完整。其次，加强小学生口头造句的练习。教师应善于用教过的词汇进行授课，并指导小学生用学过的词汇进行造句练习。最后，加强小学生朗读训练。朗读是小学生学习语言的一种重要方式，朗读的质量标准是正确、流利、有感情。

2. 书面言语的培养策略及教育应用

（1）识字

小学生识字能力的培养是一个系统性的过程，需要教师和家长共同努力，采用多种策略和方法。首先，激发学习兴趣。教师可以通过游戏、故事、音乐等方式，激发小学生对识字的兴趣和热情。其次，建立良好的学习环境。为小学生提供充足的识字资源，如图书、报纸、杂志等，让小学生随时随地都能接触到生字。再次，注重基础训练。在识字教学过程中，要注重基础训练，如笔画、笔顺、偏旁部首等。通过反复练习和巩固，让小学生逐渐掌握汉字的书写规则和技巧。此外，教师还应针对不同学生的特点和需求，采用多种教学方法，如集中识字、分散识字、随文识字等。最后，鼓励小学生多进行课外阅读。通过阅读不同类型的书籍，让小学生增加识字量，提高阅读理解能力。家长和教师可以为小学生推荐一些适合他们年龄段的读物，并引导他们进行阅读。

拓展阅读 2-12

具身认知在低年级识字教学中的应用

具身认知理论强调调动身体和多感官在学习中的作用，能够为低年级识字教学提供有效支撑。

调动身体，加深印象。例如，教学《小蝌蚪找妈妈》一课，为了让学生区分理解"迎、追"这两个字，可以让两个学生进行角色扮演，表演这两个动作，把这两个字表达的意义具象化地展现在所有学生面前，也让他们感受到课文中小青蛙不同动作表达不同心理。对字义相近难以理解的字，用身体动作演示一下，能够加深学生印象，突破教学中的难点。

运用感官，用心体会。例如，识记"玲"字时，首先解释王字旁与"玉"有关，"玲"是玉石撞击的声音。为了让学生有直观感受，可以播放玉石相击的音频，将清脆美好的声音送到学生耳边，使他们理解"玲"字美好的含义。又如，在学习"冰"字时，让学生看部首"冫"的演变过程，明白这个部首就是表示"冰"的意思，由此推想两点水的字大多与冰有关。之后，拿出冰块让学生摸一摸，感受它彻骨的冰凉，并延伸出更多相同部首的生字，也都是表示相同的意思，如冷、冻、凉、凌、凛冽……除了调动听觉触觉，视觉在识字中的作用也不可忽视。例如，"口"字看起来像张开的嘴巴，"人"字就像一个人站立着，等等。

（资料来源：盛瑞芬.具身认知在低年级识字教学中的运用 [J].全国优秀作文选（写作与阅读教学研究），2023（5）：31-33）

（2）阅读

在小学生进行阅读时首先要强调准确性和目的性，并在实践中培养小学生的朗读能力和默读能力。首先，教师应要求小学生反复朗读课文，熟悉课文内容，了解层次结构，把握文章的重点。其次，在小学生阅读课文之前，教师应帮助他们明确阅读目的，只有目的明确了，小学生才能由浅入深，由整体到部分，读得准确、有感情。最后，教师应根据课文长短不同，在阅读过程中有意识地让他们采用默读的方法，以培养小学生独立思考的习惯。除此之外，对小学生的阅读训练还应加强段落层次分析训练，培养小学生的逻辑思维能力。

（3）写作

小学生写作能力的培养是一个渐进的过程，需要教师在教学过程中采用多种策略和方法。首先，激发写作兴趣。教师可以通过提供有趣的写作主题，或者让小学生在写作过程中感受到成就感和乐趣，激发他们对写作的兴趣。例如，设计一些与小学生生活紧密相关的写作任务，或者组织一些写作比赛和活动，让小学生在参与中感受到写作的乐趣。其次，打好语言基础。在写作教学中，教师要注重小学生的语言基础训练，如词汇、语法、句子结构等，让小学生多读、多写、多练习，逐渐提高他们的语言运用能力和表达能力。再次，培养小学生的观察力和想象力。写作需要有一定的观察力和想象力。教师可以通过组织一些观察活动或者让小学生阅读一些优秀的文学作品，培养他们的观察力和想象力；也可以鼓励小学生多进行自由写作，让他们的想象力和创造力得到充分发挥。最后，提供写作指导和反馈。在写作过程中，教师要提供及时的指导和反馈，帮助小学生发现问题并改进；也要注重对小学生写作过程的关注和引导，让他们在写作过程中逐渐掌握写作技巧和方法。

📝 拓展阅读 2-13

球面视频虚拟现实技术对学生深度写作的影响
——以小学语文写作课程为例

　　球面视频虚拟现实（spherical video-based virtual reality，SVVR）技术正潜移默化地影响着传统写作课堂，其创设的虚拟仿真学习情境不仅能优化学习体验，还能为学生的深度写作提供切实可行的路径。基于此，陈雨婷等设计了 SVVR 技术支持的深度写作教学活动，并在小学语文写作课程中开展了准实验。结果表明，SVVR 技术支持下的写作活动不仅可以显著提升小学生的写作成绩，而且可以支持其认知层次的发展，具体表现为小学生对学习内容的抽象概括能力增强、对未经历情境的想象与扩展能力提高。上述结论肯定了 SVVR 技术在支持学生深度写作方面的价值，可为优化传统的写作学习方式提供新思路，并为语文课堂的深度学习活动开展提供借鉴。

　　（资料来源：陈雨婷，李明，杨刚，等.球面视频虚拟现实技术对学生深度写作的影响：以小学语文写作课程为例［J］.现代教育技术，2023，33（7）：53-61）

本章习题

👥 **案例讨论**

案例 1

小华是三年级的学生，上课经常走神，课桌上的东西都想玩，一支铅笔、一块橡皮都能让他玩上半节课，他被教师提醒后回过神来听课，却发现自己由于没听到前面的内容已跟不上教学进度，索性又开始玩手边的东西。小华的学习成绩不好，教师和家长都很着急，他自己也知道上课应该认真听讲，也想改掉这个毛病，可一上课又不自觉地开始走神。

讨论：请根据小学生注意发展的规律，分析作为教师应该如何帮助小华同学解决注意力不集中的问题。

案例 2

识字是小学阶段学生学习的一项重要内容，中国汉字文化博大精深，小学生在识字的过程中容易混淆某些字，如"买"和"卖"、"燥"和"躁"。有位教师告诉学生"多了就卖，少了就买"，"干燥防失火，急躁必躁足"，学生很快就记住了，再也不混淆了。

讨论：案例中的这些方式体现了记忆的哪些规律？

第三章
小学生的情绪情感与意志发展

本章重点

1. 小学生情绪情感的发生理论。

2. 小学生情绪情感的分类与发展特点。

3. 小学生情绪智力的培养方法。

4. 小学生的意志发展特征。

5. 小学生意志品质的培养。

本章课件

思维导图

小学生的情绪情感与意志发展
- 小学生情绪情感发展及教育应用
  - 情绪情感概述
  - 小学生情绪情感发展的特点
  - 小学生情绪智力的培养
- 小学生意志发展及教育应用
  - 意志概述
  - 小学生意志发展的特点
  - 小学生意志品质的培养
  - 小学生的挫折教育

第一节　小学生情绪情感发展及教育应用

一、情绪情感概述

（一）情绪情感的概念

1.情绪

根据各研究者关注的不同情绪成分，使用的不同技术手段和研究方法，不同理论对情绪的定义各有不同。下面将简要阐述基于情绪研究的身体知觉论、进化主义论、认知评价理论三种取向对情绪的不同定义。

（1）身体知觉论

"美国心理学之父"威廉·詹姆斯（William James）曾提出关于情绪内涵的观点。他认为"情绪是伴随对刺激物的知觉直接产生的身体变化，以及我们对这些身体变化的感受。通常认为我们因失败产生悲伤然后痛哭；遇到老虎时因害怕而战栗逃跑；然而实际上的顺序应该是因痛哭而悲伤，因为战栗而害怕"[①]。这是心理学界对情绪下定义的最早尝试，尽管现在看来并不正确，但这一定义启发了后来的情绪研究。身体知觉论者认为，情绪产生的顺序应该是诱发事件引起身体的生理变化，这种生理变化进一步激活自主神经系统，导致情绪体验产生。

（2）进化主义论

进化主义论认为，情绪是在对环境的适应，尤其是人类祖先在适应自然环境过程中进化形成的。伊扎德（Carrol E. Izard）指出，情绪是动机，同知觉、认知、运动反应相联系并模式化，从功能论的观点出发，强调情绪外显行为即表情的重要性，通过表情将情绪的先天性和社会习得性、适应性和通信交流功能联系起来。同时，他认为，"情绪的定义应该包括生理唤醒、主观体验和外部表现三个方面"[②]。进化主义论者认为，情绪是由基因编码的反应程序，诱发事件激活由基因编码的情绪系统，进一步激活神经系统并产生外部表现成分和主观体验部分。

---

① 傅小兰.情绪心理学［M］.上海：华东师范大学出版社，2015：3.
② 同①.

（3）认知评价理论

古希腊哲学家亚里士多德提出，感受来自我们对世界的看法以及我们与周围人的关系，比如，愤怒来自对他人是否蔑视我们的评价，即我们对于事件遇到的重要性评价决定了体验到的情绪类型。认知评价理论者概括了情绪产生的三个来源，即外部环境刺激、身体生理刺激和认知评价刺激，兼顾了个体内外环境、皮层和皮层下部以及不同心理过程之间的联系。这一取向将认知评价作为情绪反应的核心，能更好地解释不同情绪之间的区别。

结合上述各种取向的情绪定义，我国学者将情绪概括为"情绪往往是伴随着生理唤醒和外部表现的主观体验及行为表现"[①]。

情绪是由独特的主观体验、外部表现和生理唤醒三种成分组成的。主观体验是个体对不同情绪状态的自我感受。外部表现是在情绪状态发生时身体各部分的动作量化形式，包括面部表情、姿态表情和语调表情。生理唤醒是情绪产生的生理反应，如满意、愉快时，心跳节律正常；恐惧或暴怒时，心跳加速、血压升高、呼吸频率增加，甚至出现间歇或停顿；痛苦时，血管容积缩小等。

📖 **拓展阅读 3-1**

笑能拯救生命

加利福尼亚大学的诺曼教授，40多岁时患上了胶原病，医生说，这种病康复的可能性是五百分之一。他按照医生的吩咐，经常看滑稽有趣的文娱体育节目，有的节目使他捧腹大笑，有的节目使他从心底发出微笑。他除了看有趣的节目，平时还有意识地和家人开开玩笑。一年后医生对他进行血沉检查，发现指标开始好转了。两年以后，他身上的胶原病竟然自然消失了。为此，他撰写了一本《五百分之一的奇迹》，书中提出："……如果消极情绪能引起肉体的消极化学反应的话，那么，积极向上的情绪就可以引起积极的化学反应……爱、希望、信仰、笑、信赖、对生的渴望等，也具有医疗价值。"许多心理学家、运动学家认为，一般性的笑，能使隔膜、咽喉、腹部、心脏、两肺，甚至连肝脏都能获得一次短暂的运动。捧腹大笑，还能牵动脸部、手臂和两腿肌肉的运动。当笑停止之后，脉搏的跳动会低于正常的频率，骨骼肌也会变得非常松弛。

（资料来源：刘佳，陈克宏.普通心理学［M］.西安：西安交通大学出版社，2014：117）

[①]　傅小兰.情绪心理学［M］.上海：华东师范大学出版社，2015：5.

2. 情感

人因客观事物是否满足自身需要而产生的态度体验，便是情感。情感是态度这一整体中的一部分，它与态度中的内向感受、意向具有协调一致性，是态度在生理上一种较复杂而又稳定的生理评价和体验。情感包括道德感和价值感两个方面，具体表现为爱情、幸福、仇恨、厌恶、美感等。

3. 情绪与情感的关系

情绪是情感的基础，情感离不开情绪。一方面，情感是在情绪稳定固着的基础上建立和发展起来的，情感通过情绪的形式表达出来，如果离开具体的情绪过程，人的情感及其特点就不可能现实地存在。另一方面，情绪依赖于情感，是情感的具体表现。情绪离不开情感，情绪的各种变化一般都受制于已有的情感。情感的深度决定着情绪表现的强度，情感的性质决定了在一定情境下情绪表现的形式。情绪发生过程中，往往蕴含情感因素。因此，从某种意义上讲，情绪是情感的外在表现，情感是情绪的本质内容。

但是情绪与情感又有所区别，情绪更多是与生理需要满足状况相联系的心理活动，情感则是与社会性需要满足与否相联系的心理活动。如人和动物在饥饿时，有食物吃就会很高兴，这是一种情绪反应，而不能说是产生了热爱食物的情感。情绪是原始的，是人和动物（尤其是高等动物）共有的；情感则是人类特有的心理活动，具有一定的社会历史性，如，民族自豪感是与对本民族的爱相伴而生的社会性情感。情绪具有较强的情境性、激动性和暂时性，会随着情境的改变而改变。情感具有较强的稳定性、深刻性和持久性，是对事物态度的反映，是构成个性心理品质的稳定成分。情绪发展在先，情感体验在后。与情感相比，情绪具有不稳定性。情绪表现具有明显的冲动性和外部特征，而情感多以内在感受、体验的形式存在。

（二）情绪情感的发生理论

情绪体验同时伴有生理和心理两种活动，情绪理论对情绪的生理、心理过程及其相互关联性做了系统的阐释。

1. 詹姆斯 – 兰格情绪学说

19 世纪，美国心理学家威廉·詹姆斯和丹麦生理学家卡尔·兰格（C. Lange）分别于1884 年和 1885 年提出了相似的情绪理论。他们强调情绪的产生是植物性神经活动的产物，后人称之为"情绪的外周理论"，即情绪刺激引起身体的生理反应，而生理反应进一步导致情绪体验的产生。詹姆斯提出，情绪是对身体变化的知觉。在他看来，是先有机体的生理变化，而后才有情绪。所以悲伤由哭泣引起，恐惧由战栗引起。 兰格认为情绪是内脏活动的结果，他特别强调情绪与血管变化的关系。[①]詹姆斯－兰格情绪学说强调生理变化对情绪的作用，虽有一定的合理意义，但忽略了中枢神经对情绪的主导作用。

📝 **拓展阅读 3-2**

让我们把手举起来

　　教师在教学的过程中，通过引导学生的身体做出某些动作，使之产生积极的情绪，从而提高学习的有效性。比如，上课时，部分学生因为各种原因不愿意举手发言，于是在提问环节，不管学生能不能回答出来，教师会让他们都把手举起来，并且大声询问："有信心了吗？能回答了吗……"学生的身体一旦行动起来，情绪就会向积极的方向转变，大脑也随之开始运转，这和运动员在比赛前互相击掌加油有着异曲同工之妙。

　　（资料来源：王玉莲．调节学生情绪，提高教学效率：詹姆斯－兰格的情绪学理论在教学中的应用［J］．阅读，2013（12）：32）

2.情绪认知理论

情绪的产生受到环境事件、生理状态和认知过程三种因素的影响，其中，认知过程是决定情绪性质的关键因素。

（1）阿诺德（M.R.Arnold）和拉扎勒斯（R.S.Lazarus）的情绪认知－评价理论

阿诺德在 20 世纪 50 年代提出了著名的情绪认知－评价理论。首先，刺激情境必须通过认知评价才能引起一定的情绪。阿诺德认为，由于估量和评价的不同，在同样的刺激环境下，个体会产生不同的情绪反应。对以往经验的记忆存储和通过表象达到的激活，在认知评价中起关键作用。老虎是让人恐惧的，但人们看动物园里的老虎与在山林中看见老虎带来的情绪是不一样的，动物园里的老虎不会引起人的恐惧。因为，经验告诉人们，被铁笼牢牢围住的老虎无法对人构成威胁，这种认知评价决定了个体对铁笼中的老虎没有恐惧情绪，更多的是好奇与欣赏。其次，大脑皮质兴奋对情绪的产生具有重要作用。阿诺德认为，外界情绪刺激作用于感受器时产生的神经冲动经过内导神经传至丘脑，再到大脑皮质，由大脑皮质产生对情绪刺激与情境的评价，形成相应的情绪。

拉扎勒斯发展了阿诺德的认知－评价理论，将"评价"扩展为评价、再评价的过程。

---

① 刘佳，陈克宏．普通心理学［M］．西安：西安交通大学出版社，2014：122.

他认为，这个过程由筛选信息、评价、应付冲动、交替活动、身体反应的反馈，以及对活动后果的知觉等环节组成。情绪的产生是生理、行为和认知三种成分的综合反应。对认知起决定作用的是个体心理结构，即信仰、态度和个性特征等。社会文化因素影响着个体对刺激情境的知觉和评价。

（2）沙赫特－辛格的三因素论

美国心理学家沙赫特（S.Schachter）和辛格（J.Singer）在20世纪60年代提出了情绪认知理论——三因素论。这个理论的基本观点是：认知的参与以及认知对环境和生理唤醒的评价过程是情绪产生的机制。各种情绪状态的特征是交感神经系统以一定形式的普遍唤醒。人们通过环境的暗示和自己对刺激信息的认知加工，对这些状态进行一定的解释和归类。认知对"刺激引起的生理唤醒的引导和解释"导致情绪产生。

（3）伊扎德的动机－分化理论

伊扎德以整个人格结构为基础研究情绪的性质和功能。伊扎德认为，情绪是在生命进程中逐渐分化和发展起来的，包括情绪体验、脑和神经系统的相应活动以及面部表情三个方面。他提出了情绪—认知—运动反应模型，认为在激活情绪的过程中，人与环境是相互作用的，其间认知过程起着重要作用。认知、运动系统和情绪的相互作用经过认知整合产生了一定的情绪体验。在重视认知因素对情绪作用的同时，伊扎德将情绪的适应价值置于十分重要的地位，认为情绪是基本动机。情绪使机体对环境事件更敏感，更能激发机体的活力；情绪对认知的发展和认知活动起着监督作用，它激发人去认识、去行动。例如，兴趣激发人去学习、研究和创造。

伊扎德认为，情绪不是其他心理活动的伴随现象，而是具有独特作用的心理活动，强调情绪对人格整合的动机功能。他认为，人格是由知觉、认知、运动、内驱力、情绪和体内平衡六个子系统构成的复杂组织，情绪是这个复杂组织的核心。这个复杂组织的整合是靠情绪的动机作用完成的。

（4）阿尔伯特·埃利斯（Albert Ellis）的情绪ABC理论

在情绪ABC理论中，A表示诱发性事件，B表示个体针对此诱发性事件产生的一些信念，即对这件事的一些看法、解释，C表示自己产生的情绪和行为的结果。

美国心理学家埃利斯认为，激发事件A（activating event）只是引发消极情绪和行为障碍结果C（consequence）的间接原因，而引起C的直接原因则是个体对激发事件A的认知和评价而产生的信念B（belief），即人的消极情绪和行为障碍结果（C），不是由于某一激发事件（A）直接引发的，而是由经受这一事件的个体对它不正确的认知和评价产生的错误信念（B）直接引起。错误信念也称为"非理性信念"。同一情境下（A），不同的人的理念以及评价与解释不同（B1 和 B2），所以会得到不同结果（C1 和 C2）。因此，事情发生的一切源于信念，即人们对事件的想法、解释和评价等。

情绪 ABC 理论的结构如图 3-1 所示，A 指事情的前因，C 指事情的后果，有前因必有后果，但是有同样的前因 A，产生了不一样的后果 C1 和 C2。原因一是从前因到后果之间，一定会透过一座桥梁 B，这座桥梁就是信念和我们对情境的评价与解释。原因二是同一情境下（A），不同人的理念以及评价与解释不同（B1 和 B2），所以会得到不同结果（C1 和 C2）。因此，事情发生的一切根源在于我们的信念、评价与解释。情绪 ABC 理论的创始者埃利斯认为，正是由于我们常有一些不合理的信念，才使我们产生情绪困扰。如果这些不合理的信念长期堆积，就会引起情绪障碍。

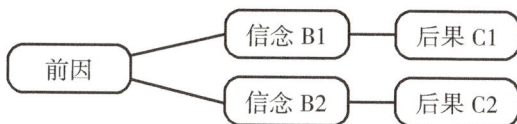

图 3-1　情绪 ABC 理论的结构

3. 情绪智力理论

情绪智力理论最初由哈佛大学心理学家彼得·萨拉维（Peter Salovey）和约翰·迈耶（John Mayer）于 1990 年提出，后来被丹尼尔·戈尔曼（Daniel Goleman）推广并发展。情绪智力，又称"情商"，主要是指人在情绪、情感、意志、经受挫折等方面的品质。主要包括五个方面。

①了解自我，即监视情绪时时刻刻的变化，察觉某种情绪的出现，观察和审视自己的内心世界。了解自我是情感智商的核心，只有认识自己，才能成为自己生活的主宰。

②自我管理，即调控自己的情绪，使之适时、适度地表现出来。每个人都有情绪，如果情绪随着境遇做出相应的波动，就是正常、合乎人性的；如果情绪太极端化或者长时间持续地僵化，则比较容易被情绪困扰。一个情绪化的人，不但事业不能成功，就连正常的生活和工作也可能受到影响。

③自我激励，即能够依据活动的某种目标，调动、指挥情绪的能力。自我激励能使人走出生命中的低潮，重新出发。人生不如意事十之八九。人在失意的时候，能够保持积极向上的心态；在冲动的时候，能够克制、忍耐，有效分辨眼前与长远，保持高度热忱，就会推动自己走向成功。

④识别他人的情绪，即能够通过细微的社会信号，敏锐地感受到他人的需求与欲望。

识别他人的情绪是与他人正常交往、实现顺利沟通的基础。

⑤处理人际关系，即个体在社交互动中识别、利用和影响他人情绪的能力，包括建立和维护良好人际关系的能力，可以从人缘、领导能力以及人际和谐度上显示出来。

📝 **拓展阅读 3-3**

班级京剧氛围对小学生情绪智力的影响探究

研究发现，在有更多身体参与或者身体训练的课堂中，小学生有更多的身体参与和表达，这种参与对学习知识有很大的积极作用。同时，身体的训练也在内隐地训练小学生的肢体表达能力。在京剧班级中，学生们了要学习如何唱京剧外，还需要学习画脸谱，接受很多形体的训练，这些都需要身体的充分参与，这种形式的教学使得京剧班级学生在身体的表达和参与上多于非京剧班级的学生。按照具身认知理论，这一部分学生除了在京剧学习上知识的吸收会更容易融会贯通之外，身体的训练对学生在生活或者学习中的情绪体验能力应该也存在着积极的影响。而情绪思维当中的认知价值和感官思维价值，包括自己对自我情绪和认知的知觉。基于具身认知理论，通过实验研究发现，身体上的训练和表达会内隐地影响小学生的情绪智力，京剧班的学生在情绪方面有更多的知觉，在生活中需要情绪体验及情绪管理时，会用更加合理的方式呈现出来。基于情绪智力的理论，我们认为，京剧班级学生在情绪智力方面会高于非京剧班级学生。京剧班级的学习氛围使得小学生能有效而合适地利用各种情绪促进自己情感判断和情感记忆的作用。

（资料来源：赵丽，刘良蓉.班级京剧氛围对小学生情绪智力的影响探究 [J].考试周刊，2023（25）：6-10）

4. 情绪劳动理论

情绪劳动是个体为了满足组织的要求表现出一定的情绪行为，该概念最早出现在社会学领域，后应用于教育学研究。美国社会学家霍克希尔德于 20 世纪 80 年代在《心灵的整饰：人类情感的商业化》中正式提出"情绪劳动"，将其定义为"个体为满足组织需要，管控自身情绪并通过为公众所察觉和接受的面部表情和肢体语言加以表现"[1]。霍克希尔德提出，情绪劳动者具备以下三个特征：工作者必须与顾客有高度的面对面或声音对声音的接触；工作者必须在顾客面前展现出特定的情绪状态；组织可以采用监督或训练的方式，

---

① 康晓伟，彭璐涵.智能时代背景下如何理解教师的情绪劳动 [J].福建教育，2024（10）：5-8.

对工作者的情绪活动进行某种程度的控制。美国教育学家哈格里夫斯提出教学是情绪的实践。他认为，教师需要管理和调控自身情绪，以此契合教育规范，满足教育教学需要，促进学生的发展。

情绪劳动本质上是个人根据组织制定的情绪行为管理目标进行的情绪调节行为。根据个体努力程度的不同，情绪调节可以分为表层调节和深度调节。表层调节和深度调节的本质区别在于个体的情绪表达是否反映了其真实的情绪体验。情绪劳动对个体和组织都会产生影响，这些影响既可能是积极的，也可能是消极的。

📝 拓展阅读 3-4

智能时代背景下教师情绪劳动的价值

智能时代推动教师教书育人的方式发生变化，培养学生的创新能力、批判性思维能力、跨学科运用能力、道德品质与公民意识等成了中小学教师更加重要的职责。片面注重知识传授的做法已成为过去式，教师不仅要引导学生学会在不断变化的世界中学习、思考、交往、合作，更要关注学生的心理健康、情绪状态和情感需求。伴随这样的变化，教师情绪劳动的价值越发凸显，体现在以下几个方面。

一是有利于建立良好的师生关系，提高教育教学质量。科技发展为教育带来了机遇和挑战，学生对教师在知识、技能层面的依赖减少，时常会导致与教师沟通交流的动机减弱。在这样的背景下，教师通过情绪表达和情感投入，能够获取学生的信任与尊重，形成良好的师生关系；同时，教师正向的情绪引导和互动，会对学生的学习动机、学习效果产生深远影响。

二是有利于满足学生的情感需求，促进学生的情感发展。人工智能取代了部分体力和脑力劳动，很大程度上满足了学生的学习需求，但也导致了情感关注的缺失，容易引发心理健康问题。因此，教师对学生的情绪关照变得至关重要。一方面，教师通过与学生的交流互动，了解学生的情感需要，从而调控并表现出适当的情绪予以支持和关怀，能够增强学生的安全感和归属感；另一方面，教师积极的情绪表达和情感交流可以引导学生学会理解与管理自己的情绪，培养情绪智慧，建立正确的情感观念和价值观。

三是有利于教师的身心健康，促进自身的成长。教师在工作中面临多方面的压力和挑战，管控、调节好情绪能够促使自身正确认识和应对压力，减轻疲惫感，保持积极心态，提高心理健康水平。此外，教师积极的情绪劳动还能提升其职业满意度和工作幸福感：通过积极的情绪表达和情感投入，感受到自己的工作价值和意义，增强对教育事业的热爱和责任感；通过情绪识别、调控、表达和引导等手段，提高自身的情绪智慧，增强心理素质和抗压能力，进而促进职业发展和自我成长。

四是有利于多方建立互信合作关系，形成和谐的教育氛围。智能时代推动教学关系的转变，凸显了家、校、社协同育人的重要性，教师在其中起到主导和联结作用。教师能够通过情绪劳动实现与学生和家长的良好互动：其一，可营造积极向上的校园氛围，促进学生之间的友好交往和合作学习，引导学生形成积极的情绪和正确的行为，助力学生的全面健康发展；其二，可与家长进行良好的沟通合作，建立互信关系，通过家校合力共建和谐教育氛围，共同关注学生成长。

（资料来源：康晓伟，彭璐涵.智能时代背景下如何理解教师的情绪劳动［J］.福建教育，2024（10）：5-8）

（三）情绪情感的形式和分类

1.情绪的形式和分类

情绪是多成分、多维量、多种类、多水平整合的一种心理过程。

（1）情绪的类别

《礼记》记载，人的情绪有"七情"分法，即喜、怒、哀、惧、爱、恶、欲；《白虎通》记载，情绪可分为"六情"，即喜、怒、哀、乐、爱、恶。在近代的研究中，常把快乐、愤怒、悲哀、恐惧列为情绪的基本形式。我国心理学家林传鼎于1944年从《说文》中找出9353个正篆，发现其中有354个字是描述人情绪表现的，按释义可分为18类，即安静、喜悦、恨怒、哀怜、悲痛、忧愁、愤急、烦闷、恐惧、惊骇、恭敬、抚爱、憎恶、贪欲、嫉妒、傲慢、惭愧、耻辱。

近年来，西方情绪心理学中的一派倾向于把情绪分为基本情绪与复合情绪。伊扎德确定基本情绪的标准为：基本情绪是先天预成、不学而能的，并具有分别独立的外显表情、内部体验、生理神经机制和不同的适应功能。按照这个标准，伊扎德用因素分析的方法，提出人类具有8～11种基本情绪，分别是兴趣、惊奇、痛苦、厌恶、愉快、愤怒、恐惧、悲伤、害羞、轻蔑和自罪感。复合情绪分为三类，一类是在基本情绪基础上，2～3种基本情绪的混合；二类是基本情绪与内驱力身体感觉的混合；三类是感情—认知结构与基本情绪的混合。

现在一般认为，情绪有快乐、悲伤、愤怒、恐惧四种基本形式。

快乐是个体追求的目的实现后产生的情绪体验。快乐在强度上存在着差异，从愉快、兴奋到狂喜，这种差异与目的对自身的意义、目的实现后的急迫感和紧张感的解除，以及目的实现难易程度有关。

悲伤是心爱的事物失去或理想和愿望破灭时产生的情绪体验。悲伤的程度取决于失去的事物对自己的重要性和价值。悲伤时带来的紧张释放，会导致哭泣。当然，悲伤并不总是消极的，有时也能转化为前进的动力。

愤怒是所追求的目的受到阻碍时产生的情绪体验。愤怒时，紧张感增加，有时不能自我控制，甚至出现攻击行为。愤怒也有程度上的区别，一般愿望无法实现时，只会感到不快或生气，但当遇到不合理的阻碍或恶意的破坏时，愤怒会急剧爆发。

恐惧是企图摆脱和逃避某种危险情境而又无力应对时产生的情绪体验。所以，恐惧的产生不仅是由于存在危险情境，还与个人排除危险的能力和应对危险的手段有关。一个初次出海的人遇到惊涛骇浪或者鲨鱼袭击会感到极端恐惧，而一个经验丰富的水手对此可能已经司空见惯，泰然自若。婴儿身上的恐惧情绪表现较晚，可能与他对危险情境的认知较晚有关。

人类这些最基本的情绪体验与动物具有本质的不同，因为人的体验会受到社会文化和道德规范的约束，而动物的体验更加简单直白。

📝 **拓展阅读 3-5**

绘本阅读治疗促进小学生的积极情绪

绘本图文并茂，寓意深远，深受儿童喜爱，能帮助他们积累语言，促进学习，培育性格，滋润生命。越来越多的教师意识到绘本阅读治疗，对小学生情绪管理具有重要作用，借助绘本能引导小学生调控情绪，并用恰当的方式表达出来；还能激活小学生个人经验，使他们懂得如何管理情绪，保持积极的心理状态。绘本阅读本该轻松、愉快，要对小学生情绪产生正面影响，如果采取了错误的阅读形式，就会丧失阅读诊疗的意义。因此，为了激发小学生的阅读兴趣，教师还需要丰富绘本阅读形式，让小学生有一种强烈的参与感和体验感，能更加关注绘本内容，并从绘本故事中汲取有益的力量元素。

例如，阅读绘本《和裙子一样美丽》，小学生可以清楚地看到封面上有一只穿着红色裙子的可爱兔子，正和稻草人交谈。在教师引导下，小学生冒出来很多猜想，比如，这个兔子和稻草人在说些什么；为什么故事的名字叫"和裙子一样美丽"；谁和裙子一样美丽，是兔子吗？之后，教师引导小学生继续观察封面，看看还有哪些细节没有观察到。小学生注意到封面左下角有两朵雪花和枯黄的叶子，接着进行猜想：为什么要画两朵雪花，是说这个故事发生在冬天吗？枯黄的叶子又代表了怎样的意义？在师生共读过程中，教师要给小学生提供充足的时间感知画面，同时，发挥小学生的想象力，鼓励他们大胆猜想绘本内容。

（资料来源：张海燕.绘本阅读治疗促进小学生积极情绪［J］.全国优秀作文选（写作与阅读教学研究），2024（1）：4-6）

（2）情绪的外部表现

情绪具有独特的外部表现形式，即表情。表情是表达情感状态的身体各部分的动作变化模式。表情动作是一种独具特色的情绪语言，以有形的方式体现出感情的内在体验，成为人际感情交流和相互理解的工具之一，也是了解感情主观体验的客观指标之一。

①面部表情。面部表情是额眉、鼻颊、口唇等全部颜面肌肉变化组成的模式。面部表情模式能最精细地区分出不同性质的情绪，因此是鉴别情绪的主要标志。

②姿态表情。姿态表情是除颜面以外身体其他部分的表情动作，其中，手势是一种重要的姿态表情，协同或补充表达言语内容的情绪信息。手势表情是后天习得的，由于社会文化、传统习惯的影响，往往具有民族或团体的差异。

③声调表情。声调是表达情绪的一种形式。声调表情是指情绪发生时在语言的音调、节奏和速度方面的变化。语言是交流思想的工具，语言中音调的高低、强弱，节奏的快慢等表达的情绪，则成为语言交际的重要辅助手段。

面部表情具有先天预成性与后天习得性。面部表情是先天程序化的模式。在种族进化过程中，有些对机体生存具有适应价值的面部动作，最初并不是有意识地传达情绪的。但由于其适应意义，在漫长的演化过程中逐渐形成固定的生理解剖痕迹遗传下来，发展成为表达特殊情绪的面部肌肉模式。另外，表情在个体发展中也会不断受到社会文化的影响，使得表情的显露从先天预成性向整合性、随意性转化。为了适应社会情境、文化规范以及人际关系的需要，表情经常被主体修饰。表情的随意性体现了情绪的社会适应性，是情绪的生物适应性在人类身上的延伸。面部表情的社会化使表情具有后天习得性。面部表情社会化的另一结果是形成文化差异。在不同民族之间，某些带有特定文化意义的表情信号可能是不相通的，而且在表情规范方面也存在着文化差异。

（3）情绪的存在状态

情绪状态，是指在一定事件影响下，一段时间内各种情绪体验的一般体验。根据强度和持续时间，情绪状态可以分为心境、激情和应激。

心境，是指人比较微弱而持久的、能影响人整个精神活动的情绪状态。心境具有弥漫性，它不是关于某一事物的特定体验，而是以同样的态度体验对待一切事物。它成为一种内心世界的背景，发生的所有心理事件都受这一情绪背景的影响。心境持续时间长短有很大差别。一些心境可能持续几小时，另一些心境可能持续几周、几个月甚至更长时间。心境产生的原因是多方面的，主要有学习、工作、人际关系、健康状况，乃至自然环境的影响。心境对人的工作、生活、学习以及健康都有很大的影响。积极向上、乐观的良好心境可以提高人的活动效率，增强信心，使人对未来充满希望，有益于健康；消极不良的心境则会使人意志消沉、悲观绝望，无法正常工作和交往，甚至导致一些身心疾病。

激情是一种强烈的、爆发性的、短暂的情绪状态。它通常是由对个人有重大意义的事件引起的。重大成功之后的狂喜、惨遭失败后的绝望等都是激情。激情伴随着生理变化和明显的外部行为表现。例如，暴怒时全身肌肉紧张、双目怒视、怒发冲冠、咬牙切齿、紧握双拳等。在激情状态下，人往往会出现认识活动的范围缩小，理智分析能力受到抑制，自我控制能力减弱。

应激是在意料之外的紧迫与危险情况下出现的高度紧张状态的适应性反应，也就是当人遇到某种意外危险，需要集中自己的智慧和经验，做出迅速的选择，并采取有效行动时，身心所处的高度紧张状态。例如，正常行驶的汽车在意外遇到故障时，司机紧急刹车。在这种情况下，人们产生的特殊的紧张情绪体验，就是应激状态。在应激状态下，机体会出现一系列生理反应，如肌肉紧张度、血压、心率、呼吸以及腺体活动都会出现明显的变化。这些变化有助于适应急剧变化的环境，维护机体的功能。

2. 情感的分类

情感是同人的社会性需要相联系的主观体验。人类高级的社会性情感主要有道德感、理智感和美感。

（1）道德感

道德感是由人的道德需要是否得到满足而产生的态度体验。人的道德需要是社会道德准则在人脑中的反映。每个人都是以社会道德感知、分析、评价自己及别人道德行为的。当道德需要得到满足时，会产生满意、愉快等积极的情感；否则，会产生不满足或内疚等消极的情感。道德感是伴随着人们的道德认知产生和发展的，对道德行为起着巨大的调节和动力作用。道德感是受社会历史条件制约的。不同的历史时期，不同的社会制度有不同的道德感。在阶级社会里，由于阶级利益不同，各阶级都有自己的信念、理想和世界观，形成了不同的道德需要，产生了不同的道德感。

道德感对人们的实践活动有着重要的作用，可以帮助人们按照道德准则的要求，正确地衡量周围人们的各种思想行为；同时，也可以使自己的思想行为自觉地符合社会道德标准，做一个道德高尚的人。

📝 **拓展阅读 3-6**

网络时代小学生德育新问题与对策

网络信息技术为人们带来便利的同时，也使一些缺点暴露出来，最主要的表现是网络信息的良莠不齐。当前，中国的优秀传统文化受到了外来文化的冲击，技术原因导致难以对自媒体等进行合理的监管，一些带有诱惑性的信息，甚至会对小学生的价值观产生影响，降低小学生的责任感和道德感。

在这样的情况下，学校发挥自身作用的同时，要借助社会和家长的支持，从而形成"三位一体"的德育教育体系，加强网络管理，加强网络道德教育，加强家庭的教育功能，帮助小学生摆正虚拟与真实世界的关系。

（资料来源：朱丽.网络时代小学生的德育新问题与对策［J］.课外语文，2020（3）：122-123）

（2）理智感

理智感是在智力活动过程中，在认识和评价事物时产生的情感体验，与人的好奇心、求知欲等社会需要相联系。例如，当人们对事物产生新的认识或受到新的启发时，会产生好奇心和新鲜感；当人们获得认识活动的成就时，会产生喜悦；当人们在认识过程中发现了事物的矛盾时，会产生怀疑；当人们认识到自己所做的判断论据不足时，会产生不安；当人们确认自己有能力解决问题时，会产生自信。总之，随着认识过程中求知需要满足与否而产生不同态度的体验就是理智感。

理智感是推动人们学习科学知识、认识和掌握事物发展规律的强大动力。其作用的大小同个人已有的知识水平、学习的愿望有关。

（3）美感

美感是人们按照一定审美标准评价事物时产生的情感体验。在客观世界中，凡是符合我们审美标准的事物都能引起美的体验。美感总是由一定对象引起的。一方面，自然景物和人类创造物中某些美的特征能引起人们愉快的、肯定的情感体验。另一方面，人的容貌举止和道德修养常能引发美感，甚至一个人身上善良、纯朴的性格，率直、坚强的品性，比身材和外貌更能体现人性之美。人在感受美的时候通常会产生一种愉快的体验，而且表现出对美的客体的强烈倾向性。所以，美感体验有时也能成为人的行为的推动力。在生活中，由于人的价值追求和审美情趣多样化，对美的见解也多有不同。在不同的文化背景下，不同民族、不同阶级的人对事物美的评价既有共同的方面，也有不同的地方。

二、小学生情绪情感发展的特点

（一）小学生情绪发展的特点

1. 稳定性增强

小学生情绪的调节控制能力增强，冲动性减弱。小学生情绪的发展特点与他们的认知和社会发展密切相关。随着认知能力和社交经验增加，小学生的情绪表达和情绪管理能力也会逐渐提升。他们会学会更好地识别和理解自己的情绪，以及学会更加适当地表达自己的情感。同时，他们也会学会采取一些控制情绪的策略，如寻求支持、转移注意力或者运动等，应对情绪的变化。

2. 丰富性扩展

小学生情绪内容不断丰富，社会成分不断增加。随着成长，小学生的情绪变得更加复杂多样。他们可能同时感受到多种情绪，如既兴奋又紧张、既快乐又难过。他们开始体验到更多需要处理的情绪冲突，这也让他们更容易陷入情绪起伏的状态，并且能够辨别不同的情绪，如喜悦、愤怒、悲伤等。他们开始用言语描述自己的内心世界，并与他人分享自己的感受。这不仅有助于他们更好地理解自己的情绪，还能帮助他们与他人建立更好的人际关系。

3. 深刻性增加

一般来说，小学生的情感表现比较外露，容易激动，但是他们的情绪体验正在逐步深刻。随着儿童年龄的增加，儿童的归因能力不断增强，愤怒的情绪开始逐渐减少，并更加现实化。比如，父母因为天气不好取消了郊游、野餐的计划，5 岁儿童会因此对父母发怒，谴责父母说话不算数，而小学生则可能因为了解到实际原因产生失望、沮丧的感觉；学龄前儿童常因为父母有关吃饭、睡觉、洗澡等各种规定产生愤怒，小学生则经常因为在同伴交往中或在学校情境中受到戏弄、讽刺、不平等待遇等产生愤怒；学龄前儿童常用哭泣等方式直接表达自己的不满，小学生则逐渐学会以语言表达自己的心情。

（二）小学生情感发展的特点

1. 情感体验的内容不断丰富

入学后，学校成为小学生的主要活动场所，使小学生的活动范围不断扩大，引起其情感变化的事物也日益复杂。此时，学习的成败、在集体中的地位、与同伴的关系等，使小学生产生各种各样的情感体验。小学生不仅体验着游戏带来的欢乐，也体验着学习、集体活动带来的快乐、幸福。此外，教师的表扬与批评、同学之间的议论与评价、学校发生的事件等，都成为小学生体验新的情感的内容。小学生的情感同学龄前儿童一样具有直观性，主要与具体事物的直观形象相联系。同时，小学生的情感与事物的表象相联系，他们不仅因受到表扬而高兴、受到批评而沮丧，而且在想到这些表扬和批评的情境时也会使他们产生情感上的体验，从而激励他们努力学习。一般来说，低年级小学生对人和事物的态度与事物的外部特点相联系，中高年级小学生对人和事物的态度则越来越接近事物内在的本质和特征。

2. 情感表现的深刻性增强

随着小学生认识的发展，情感的内容也日益复杂和深刻。例如，有关的研究证实，同是惧怕的情绪体验，学龄前儿童主要是怕人、怕物、怕黑、怕吃药、怕打针等具体的事物，小学生尽管也怕这些具体的事物，但更多的是对学校的恐惧，如怕学习不好考试成绩太差、怕受到家长、教师的批评，怕受同学的讥笑、歧视，等等。

3. 情感的稳定性增强

在整个小学阶段，小学生的情感带有很强的情境性，容易受具体事物、具体情境的支配，并且他们的喜、怒、哀、乐会明显地表露出来。这在小学低年级学生身上表现尤为明显。随着知识经验增加、抽象逻辑思维能力发展以及自我意识水平提高，小学生情感的稳定性会逐渐增强，逐渐产生较长时间影响整个行为的情感体验。

4. 情感的自控性增强

在小学低年级学生身上，时常可以看到学龄前儿童那种容易冲动、外露、可控性比较差的情感特点。随着年级的升高，小学生调控情感的能力逐渐发展起来，能根据学校的纪律要求约束自己的情感。同时，小学生逐渐理解并遵守社会公德。

5. 高级情感发展迅速

相较于学龄前儿童，小学生开始逐渐建立起自我意识，对自己的价值和能力有了更深入的认识，情感体验更加深刻，高级情感不断深化，其道德感、理智感、美感等逐步发展。例如，在评价他人时，已不是像学龄前儿童那样把人仅仅分为"好人"和"坏人"，而是能够初步运用一定的道德标准评价他人，评价事物的好坏；也不是像学龄前儿童那样只看事物对自己是否有益，而是能够把事物同他人、同集体的利益结合起来进行评价。到了小学高年级后，在独立学习和集体生活的锻炼下，小学生已经能在一定程度上克制自己的一些欲望，努力克服困难完成自己的任务，形成一定的理智感，也开始逐步理解自己对集体、对他人、对社会负有的一定责任，这些都表明小学生情绪的深刻性正在不断增强。

📜 **拓展阅读 3-7**

小学生自我情绪管理教育

　　《中小学心理健康教育指导纲要》指出，随着青春期的逐步临近，小学中高年级学生的自我意识进一步发展，开始经历更复杂、更矛盾的情绪体验，情感开始由浅显、外露向深刻、内控方向发展，但仍处于不稳定的状态。为了使学生在生活中主动关注自我情绪、具有识别他人情绪的意识，心理辅导活动课的形式首先要激发学生的真情实感，并与该学段学生的能力发展水平相适应。表达性艺术治疗，是指"整合运用意象、故事、舞蹈、音乐、戏剧、诗歌、运动、园艺、梦的工作和视觉艺术等方式，促进人们成长、发展和疗愈的治疗方法"，具有非语言性沟通、安全轻松、操作便捷、趣味性强等特点。进入中高年级的小学生，心理体验日趋丰富和复杂，但思维尚处于以具体形象思维为主转向以抽象思维为主的高速发展的早期，单纯的文字或口语有时很难将内心想法完全表述清楚，而表达性艺术治疗方法的运用是一种很好的弥补形式，如心理漫画、涂鸦等，不仅让学生使用线条、颜色、构图等元素充分表达自己的观点，而且在交流互动的过程中因更多的空间线索提示能表达出更多的想法，教师也可以通过读图快速发掘学生之间的差异，引发进一步思考，有利于提升心理课堂讨论、互动的质量。

　　（资料来源：姚蕴.小学生自我情绪管理教育的案例及反思：以"多味情绪"心理课为例 [J]. 现代教学，2023（S2）：87-88）

三、小学生情绪智力的培养

　　研究表明，情绪对人体的机能状态有明显的影响。积极情绪能提高大脑皮层的张力，通过神经生理机制，保持机体内外环境的平衡与协调；负面情绪则严重干扰心理活动的稳定，导致体液分泌紊乱、免疫功能下降。以羊羔和狼为伍的古老实验为例，若将同时出生、体质健康的两只羊羔，一只与其他羊群为伍喂养，另一只则与圈在笼中的狼为伍喂养。久而久之，前一只羊羔活泼健壮，后一只羊羔因长期处于紧张恐惧的环境中而体弱消瘦。

（一）建立情绪认知

教师除了强调教学中的认知目标之外，还应强调知识背后的价值准则，让学生不但认识到知识的含义，而且意识到知识对社会、对自身的意义，真正实现知识的内化。教师要帮助小学生建立自我认知，让他们能够识别并理解自己的情绪，可以通过写日记、绘画、角色扮演等方式，让小学生表达并反思自己的情绪。

（二）鼓励情绪表达

对于小学生来说，可能无法准确地用语言表达自己的情绪，因此，教师可以在实践活动或创设的情境中，通过教导情绪词汇和表达方式帮助他们更好地表达自己。小学生需要一个稳定且安全的环境处理他们的情绪。创造这样的环境需要教师提供积极的支持和鼓励，让他们感到自己被接纳和尊重。此外，教师还可以通过提供适当的规则和边界帮助小学生掌控情绪，并建立积极的行为模式。

（三）提供情绪管理策略

当一个人处于满意、愉快和兴奋中，对所从事的活动由衷地喜爱时，会常常感知敏锐，思维开阔，并能创造性地解决问题，有良好的记忆效果；反之，当一个人悲伤、抑郁，对学习或工作产生厌倦时，会反应迟钝，思维狭隘，毫无创造性可言。有人通过实验研究了不同情绪状态对智力操作的影响，发现愉快组在操作时间、直接抓取和注视不动三项指标上都比痛苦组效果好，而且愉快组更倾向于解决疑难问题。

耶克斯－多德森定律表明，情绪过于放松，动机水平过低，使问题解决的效率偏低；适度焦虑和紧张，达到中等程度的动机水平，问题解决的效率能达到最高水平；而情绪过于高涨，动机水平过高，带来的反而是较低的学习效率。另外，在高级社会性情感中，理智感同学习活动有着密切的联系。学生在学习活动中的理智感表现为对所学课程的兴趣、爱好和好奇心，并能体验到获得知识和追求成功的乐趣。

（四）建立情绪支持体系

教师作为教学过程的引导者、情感交流的主动方，应该善于抓住教学中的关键环节和学生学习活动中的有利时机展开情感交流。例如，一位语文教师在讲授《金色的鱼钩》时，满怀深情地讲述起自己在生活中遇到的那些无私奉献、默默付出的人，分享他们的故事给自己带来的触动。随后，引导学生聚焦课文中老班长为了照顾生病的小战士，不惜牺牲自己，用缝衣针做成鱼钩钓鱼给战士们吃，最终自己却饿死在草地里的感人情节。通过与学生分享自己对奉献精神的理解，让学生们深刻体会到那个特殊年代里，人与人之间深厚的情谊以及伟大的自我牺牲精神。在引发学生强烈共鸣之后，教师顺势引导学生思考在生活中如何传承这种无私奉献的精神。这样一来，自然拉近了师生的情感距离，为教学营造了一种很好的氛围。师生的情感交流可以贯穿教学过程的各个环节：上课之初的互致问候，能给双方带来一种期待；课堂上的提问和表扬，会给学生一份鼓励和认可；善意的批评，换来的是学生的悔悟和感激；与学生平等相待，一视同仁，得到的是学生的信任和支持。这种平等、信任、愉快的情感联系，使学生愿意接受教师的谆谆教导，教师也能接受学生的质疑和与众不同的见解，做到教学相长。

（五）整合情绪智力教育

通过情绪智力教育课程，结合案例和角色扮演，帮助学生理解情绪管理技巧，让学生体验到情绪管理的重要性，帮助学生更好地应对各种情绪困难和挑战，为未来的个人发展和社会交往打下基础。

📑 **拓展阅读 3-8**

"松"开手，"绑"住爱——小学生入学焦虑情绪化解的教育案例

初入小学，教师发现小昱同学出现间歇式呕吐情况，课下经常自己一人坐在桌前发呆，从不主动和人说话，也不愿做其他事。教师请家长带小昱到医院检查，医生没查出身体的毛病，说可能是精神上有压力，让家长和教师帮助小昱放松情绪，身体的症状也许就能得到缓解。

教师决定去小昱家里做家访。从小昱父母那里了解到，在入小学前，他们给小昱报了各种幼小衔接班。在小昱房间的书架上，教师还看到了三年级的教材。家长说，先买回来，让小昱见见样子。教师听得出，他们对小昱不仅严格要求，更是充满高期待。父母长期的严格要求，超前的"抢跑"，让小昱"吃"下了太多他小小心灵不能承受的压力。本该自由玩耍、享受快乐的年纪，却被"绑"在了书桌上，"框"在了上下课外班的路上。时间被剥夺，自由被限制，慢慢地，小昱的性格变得内敛，把自

己封闭了起来。

　　教师和家长进行沟通，化解了家长的焦虑情绪，终于减少了小昱同学的课外班数量，让他有了自由喘息的时间。然后，教师和小昱同学进行了交流，了解了他内心真实的想法，并对他进行了鼓励，教授了一系列情绪急救的方法，终于帮助小昱同学重拾信心，拥有了自我疗愈的能力和打破困境走出去的动力。

　　（资料来源：卢小柯，房佳."松"开手，"绑"住爱：小学生入学焦虑情绪化解的教育案例［J］.中小学心理健康教育，2024（1）：75-77）

第二节　小学生意志发展及教育应用

一、意志概述

（一）意志及意志行动的基本特征

1. 意志的概念

　　意志，是指人自觉地确定目的，并依据目的支配和调节自己的行动，克服困难，以实现预定目的的心理过程。

　　意志是人类特有的心理现象，是人的意识能动性的集中表现。有无意志是人和动物最本质的区别之一。意志过程与认知过程、情感过程合称"三大心理过程"。

　　由意志支配的行动称为"意志行动"，表现为人有目的、有计划地认识世界和改造世界的心理过程。意志与意志行动相互作用，紧密联系。意志是人的主观活动，体现在人的意志行动中，没有意志就不会有意志行动，意志行动是意志的外显表现。

📖 **拓展阅读 3-9**

意志教育

　　"意志教育，也称意志培养，即教育者针对学生身心发展的特点，有目的、有计划地对学生良好意志品质方面实施的指导和教育。"意志教育与人格形成相联系。有研究者认为："意志教育就是立足于开发与培养受教育者具有自主、引导、控制作用的意志能力，旨在形成一种意志型人格和教育。意志教育的基本含义应该有三点，立足于培养受教育者身上自我控制的能力，立足于培养受教育者自我引导的力量，立足于培养受教育者自主的意志品质。"意志教育本质上是心理素质教育的一个组成部分，与常规的学校教育科目有所不同：一是一般不作为一门课程单独开设，而是渗透在家庭教育、学校教育的方方面面；二是以学生内在心理发展潜能为依据，给予科学的引导、指导、影响，而不是外在的灌输式教育；三是通过心理学评定的方法观测学生意志发展状况，而不是运用常规考试手段评价学生的意志品质水平。

（资料来源：陈子丹 . 小学一年级学生的意志特点研究 ［J］. 内蒙古师范大学学报（教育科学版），2019，32（8）：49-57）

2. 意志行动的基本特征

意志是通过行动表现出来的。意志行动是人类特有的行为，但不是所有人类行动都是意志行动。人的意志行动具有以下几个基本特征。

（1）目的性

自觉地确定目的，是意志行动最重要的特征。人与动物有以下根本区别。人的行动是有目的、有计划、自觉的。一个人在活动之前，总是先经过自己的深思熟虑，对行动的目的有了充分认识，并将活动的结果存储在头脑中再采取行动，并能动地调节支配自己的行为。在活动过程中，方法的选择、步骤的安排等始终从属于自己确立的目标，然后以目标评价自己活动的结果。动物的行为虽带有类似于目的的性质，但这种行为都是无意发生的，而且对动物本身来说是偶然的。

人的活动和行为始终是在人的自觉目的意志支配下进行的，确立的目标水平高低与人的意志行动的效应大小有直接关系。在崇高理想支持下确立的目标，能够有效地调节、控制自己的行为，并在实现目的的过程中，表现出积极、顽强、进取的精神，其行为结果就会产生较大的社会价值。

（2）以随意动作为基础

随意动作是意志行动的基础，意志行动表现在人的随意动作中。人的动作分为不随意动作和随意动作。

不随意动作，是指那些不受意志支配的、不由自主产生的动作，主要有四种形式：一是本能动作，即无条件反射下产生的动作，如防御本能、摄食本能、性本能等；二是无意识状况产生的动作，即自动化了的动作，如说话时的发声、喝水时的肌肉动作；三是习惯性动作，即一种与个体某种需要相联系而产生的自动化动作，如饭前、便后要洗手等；四是冲动性行为，即没有经过深思熟虑，对于行动目的也没有明确的意识，不考虑后果，缺乏自觉控制的行为动作。

随意动作，是指由人的意识调节和控制的，具有一定目的性和方向性的运动，例如，做操、听课做笔记、操纵劳动工具等。随意动作是在不随意动作的基础上，通过有目的的练习形成的条件反射。随意动作是意志行动的基础，若没有随意动作，意志行动就不可能产生，其目的也不可能实现。

（3）与克服困难相联系

意志行动有行动目的，并以随意动作为基础，其还与克服困难相联系。克服困难是意志行动的核心。意志行动作为有自觉目的的行动，在目的确立和实现的过程中会遇到各种各样的困难，如内部困难和外部困难。内部困难是指干扰目的确定与实现的内在条件，包括来自生理方面的困难和来自心理方面的困难，如健康状况不佳、知识经验缺乏、自信心不足、情绪欠佳、不良的性格等。外部困难，是指阻碍目的确定与实现的外在条件，如恶劣的环境、设备的简陋、他人的嘲讽打击、政治经济文化方面的落后等。

例如，行走对于正常人来说轻而易举，但对久卧病床正在康复的人来说，每走一步都需要克服很多困难，这时，行走这种随意动作就由于意志的参与而变为人的意志行动。在现实生活中，有许多行为如饭后散步、闲时聊天、观鱼赏花等，由于没有明显困难，一般不认为它们是意志行动，只有那些与克服困难相联系而产生的行动才是意志行动。因此，一个人的意志坚强水平，往往是以克服困难的性质、对待困难的态度和努力程度加以衡量的。

（二）意志品质

1. 自觉性

意志的自觉性，是指一个人对行动的目的和意义有充分的自觉认识，并随时控制自己的行动，使之符合正确目的和社会要求的意志品质。具有自觉性的人，在行动中既能坚持独立性，目的明确，行动坚决，不轻易受外界影响，又能不骄不躁，虚心听取有益的意见，直到最后取得胜利。

与自觉性相反的意志品质是易受暗示性和独断性。易受暗示性表现为缺乏信心和主见，人云亦云，易受他人影响，中途会轻率地改变行动方向。独断性，是指容易从主观出发，一意孤行，刚愎自用，听不进中肯的意见和合理的建议。易受暗示性和独断性都是意志薄弱的表现。

2. 果断性

意志的果断性，是指面对复杂多变的情境，能够迅速有效地决定并采取行动。要想迅速而有效地决定，不仅要大胆，更要心细。意志的果断性是意志机敏的表现。意志的果断性表现在需要立即行动时，能当机立断，毫不犹豫；当不需要立即行动或情况发生变化时，能立即停止执行或改变已做出的决定。果断性是以大胆勇敢和深思熟虑为前提的，与思维的独立性、批评性、敏捷性相联系。一个意志坚强的人也一定是果断、负责的人。

与果断性相反的是优柔寡断和冒失鲁莽。优柔寡断的表现是，面临选择常犹豫不决，摇摆不定，做出决定后又患得患失，踌躇不前。在个体身上表现出来这种情况，一方面是情形复杂，不易做出判断；另一方面是意志品质欠缺，瞻前顾后，过于小心。冒失鲁莽的人表现为对事物的特点和现状不假思索，多凭一时冲动和兴致，或轻举妄动，或鲁莽从事，不顾后果。这种人做事看似果断，实际上是意志品质不成熟和薄弱的表现。

3. 坚持性

意志的坚持性，是指在执行决定阶段能矢志不渝，坚持到底，遇到困难和挫折时，能顽强乐观地面对和克服。具有坚持性意志品质的人，一方面善于克制和抵制不符合行动目的的主客观诱因的干扰，做到目标专一，矢志不渝，直到实现目的；另一方面能在行动中做到锲而不舍，百折不挠，努力克服一切外部困难，排除艰难险阻，不达目的誓不罢休。坚持性是人的重要意志品质，一切有成就的人都具有不屈不挠地向既定目的前进的坚韧意志品质。

与坚持性品质相反的意志品质是动摇性和顽固性。动摇性，是指在意志行动刚开始时，决心很大，干劲十足，一旦遇到困难，就灰心丧气，感觉前路茫茫，中途退缩。生活中这种虎头蛇尾的人不在少数，应属于意志薄弱者之列。顽固性，是指在行动中认准目标后，一成不变地按计划行事，遇到特殊情况，或者客观条件发生了变化，仍然固执己见，一意孤行。平时我们说某人总是"一条道走到黑"，或是"不到黄河心不死"，就是指行为过于执拗，总是一意孤行。动摇性和顽固性虽然表现形式不同，但实质都是不能正确地对待行动中的困难，属于消极的意志品质。

拓展阅读 3-10

关于坚韧性的讨论

坚韧性是卡巴莎（Kobasa）用来解释为什么有些人可以顺利应对压力事件，而有些人则不能提出的一个概念。她认为，坚韧性由三个相互关联的成分构成：承诺

（commitment），是指个体对于生活目的和意义的感知；控制（control），是指相信命运掌握在个人手里，能通过自己的努力改变生活；挑战（challenge），是指个体认为变化是生活的常态、成长的动力。坚韧性人格的承诺、控制和挑战三个成分缺一不可。

在卡巴莎等看来，坚韧性强的人好奇心重，总能在自己的经历中发现乐趣和意义（承诺），并且相信自己的观念和行为有一定的影响力（控制），还期盼着日常生活有所变化，认为变化是发展的重要动力（挑战）。这些信念和倾向对个体应对压力事件很有用。对于坚韧性强的人来说，变化带来的压力不仅是很自然的，而且是有意义的，甚至是乐事。他们会果断做出相应的行动了解新情况，将其纳入原定计划中，并从中吸取对将来有用的经验。通过这些方式，坚韧性强的人降低了对压力事件的压力感。相反，坚韧性弱的人，总是感到自己和周围环境都没什么意思、没有意义，甚至很危险。他们在面对难题时感到无能为力，认为生活最好不发生任何改变。当遇到压力事件时，由于他们的人格无法提供或提供很少的缓冲作用，可能会损害其身心健康。如面临失业，坚韧性强的人会采取行动积极寻找另一份工作（控制），还会到同行或主管那里调查自己为什么会被辞退（承诺），同时，会想到这可能是重新计划职业发展的一个机会（挑战）。但面对同样一件事，坚韧性弱的人就会手足无措（无力感），逃避问题（逃避），并感到事态无法逆转（威胁）。

虽然有一些研究支持坚韧性人格的存在，但对它到底由哪些成分构成存在争议。与三成分模型相矛盾的研究如下。

坚韧性中的承诺和控制具有相关性，但挑战与二者关系不大。坚韧性强的人应具有承受能力（持续承受生理和心理的痛苦的能力）、力量（抵抗压力、应激和困难的能力）、勇敢（勇气、大胆和冒险的特质）、控制能力（施加权力和影响力的能力）。坚韧性的内涵应当更充实，三个成分不足以说明坚韧性。

西方学者发现坚韧性与人格因素中的神经质、外向性有关。但我国学者发现外向性中的活跃、合群、乐观，善良中的利他、诚信、重感情，以及处世态度中的自信、淡泊都与坚韧性有关。

总之，坚韧性人格这个概念尚需用实证研究进一步加以澄清。从本文提及的意志品质来看，坚韧性也许是一种综合性的意志品质。

（资料来源：付健中.普通心理学［M］.2版，北京：清华大学出版社，2017：293）

4. 自制性

意志的自制性，是指在意志行动中能够自觉、灵活地控制自己的情绪，约束自己的动作和言语方面的品质。自制性反映着意志的抑制职能。自制性表现在两个方面：第一，善于促使自己执行已经采取的决定，并能战胜与执行决定相对抗的一切因素；第二，善于克服盲目的冲动和消极的情绪。一个有自制性的人能自觉地控制和调节自己的行动，其主要特征是情绪稳定、注意力高度集中、记忆力强和思维敏捷。

与自制性品质相反的是任性和怯懦。任性的人表现为不能约束自己的言论和行动，不能控制自己的情绪、情感，常在需要克制冲动的时候任性而为。怯懦的人表现为对行动中的困难畏缩不前，胆小怕事，一遇到生活中的突变就惊慌失措，无力控制。任性和怯懦的人表现相同之处在于他们不能有效地调节、控制自己，自我约束力差，这些都是意志缺乏自制性的表现。

上述意志的品质并非孤立存在，而是相互联系、相互制约的统一体，它们对人的认知、情感和行为活动有很大的影响，同时又与人的性格、健康和成才密切相关。

（三）意志行动的过程

意志行动是人的积极性的体现，是意志对个体行为的调节和控制过程，包括发生、发展和完成的阶段。意志行动过程分为采取决定阶段和执行决定阶段。

1. 采取决定阶段

采取决定是意志行动的开始阶段，决定意志行动的方向和部署。这个阶段包括动机斗争、确定行动目的、选择行动方法和制订行动计划等环节。

（1）动机斗争

人的行动由一定动机引起并指向一定目的。动机是在需要的基础上产生的，由于人的需要具有多样性，个体行动背后的动机往往纷繁复杂，不同的动机经常同时存在，却不可能同时获得满足，这样就会导致动机之间的矛盾与冲突，有时甚至是非常尖锐的矛盾冲突而导致激烈的动机斗争。

动机斗争是个体在确定目的时对各种动机进行价值权衡并做出选择的过程。动机斗争的形式主要有以下四种。

第一，双趋冲突，是指当两种目标同时吸引人们，但又无法兼得时而产生的动机斗争。正如孟子所说"鱼，我所欲也；熊掌，亦我所欲也，二者不可得兼……"时的内心冲突。例如，既想看电视又想踢足球就是一种双趋冲突。要解决这种冲突并不难，只要稍微调整一下动机，冲突就会消除。但如果遇到与自己的利益得失关系重大的冲突时，就会出现特别难取舍以及犹豫不决的矛盾心理。

第二，双避冲突，是指当两种目标都是人们力图回避的事物，但又不能同时避开时产生的难以抉择的动机斗争。这实际上是一种"左右为难""进退维谷"式的由于选择困难而使人困扰不安的心理冲突。双避冲突动机的解决，既要依赖对所处情境的分析，也要依赖个体的价值观和道德规范。

第三，趋避冲突，是指同一目标既具有吸引力又具有排斥力时，产生的欲趋之又避之的动机斗争。趋避冲突在日常生活中经常出现，例如，某人喜欢甜食，又怕吃多会胖；某人在遇到麻烦时想求人帮助，又怕遭到拒绝；某人生病，想快些痊愈，又怕打针。趋避冲突在心理上引起的困惑比较严重，因为它会使人在较长时间内处于对立意向的矛盾状态中，并可能导致行动不断失误。

第四，多重趋避冲突，是指由于面对多个既对个体具有吸引力又遭个体排斥的目标或情境而引起的心理冲突。例如，一个人想跳槽到新的工作单位，因为新单位有较高的经济收入和优厚的福利条件，只是工作性质和人际关系不太容易适应。如果继续留在原单位工作，虽然有习惯的工作环境，人际关系较好，但经济收入和福利待遇较低。这种对利弊得失进行的考虑会产生多重趋避冲突。一般来说，如果几种目标的吸引力和排斥力差距较大，解决这种内心冲突就会比较容易；如果几种目标的吸引力和排斥力比较接近，解决这种内心冲突就会比较困难，需要用较长时间考虑得失，权衡利弊。

（2）确定行动目的

确定目的在意志行动中非常重要。能否通过动机斗争树立正确的行动目的，表现了一个人的意志力水平。动机之间的矛盾越大，斗争越激烈，确定目的时所需的意志努力越大。意志的力量表现在正确地处理动机冲突，选择正确动机，确定正确的目标。

目的是意志行动要达到的目标和结果。目的越明确，越高尚，越具有社会价值，由这个目的引起的毅力就越大，越能表现出人的意志水平。相反，一个没有明确目的而盲目行动的人，往往会患得患失，斤斤计较，因此便无成就可言。但是，目的的确立并不是件容易的事情。通常一个人在行动之前往往会有几个彼此不同，甚至是相互抵触的目的，因此，需要对其进行权衡比较，根据目的的意义、价值、客观条件和自身特点，最终确定一个目的。一般来说，有一定难度、需要花费一定意志努力后可以达成的目的，往往是比较适宜的。一旦这个目的得以实现，就会带来心理上的满足感和成就感，并消除目的确定时发生的内心冲突带来的损害，更好地为实现下一个目的做准备。如果有几种目的都很适宜和诱人，就会发生内心冲突或动机斗争，难以下决心做出抉择，这就需要合理安排，即首先实现主要的、近期的目的，其次实现次要的、远期的目的；或者相反，首先实现次要的目的，其次创造条件集中力量实现主要的目的。

动机斗争和确定目的是两个既有区别又有联系的过程。在选择和确定目的之前，往往要经过激烈的动机斗争，克服心理矛盾与冲突。相反，在目的确定的过程中也会进一步引起动机斗争，随后逐步趋于统一。要正确地确定目的，就必须排除各种内外部信息干扰，为此需要以正确的动机为基础，面对现实深思熟虑和权衡利弊；通过仔细分析、评价追求目标的重要性；通过自己的意志努力，增强自信并果断做出决定，从而选择并决定行动目的，同时注意信息的反馈，以便能够有效地修正行动，使目的顺利达到。

（3）选择行动方法

个体经过动机斗争、确定目的之后，要解决如何实现目的的问题，即解决怎么做、怎样实现目标的问题，就需要根据主客观条件选择达到目的的方法。

选择行动方法，一般要满足两个方面的要求。首先，为实现预定目的的行为设计是合理的，这种方法符合客观事物的规律和社会准则要求。只有把这两个方面有机结合起来，才能顺利地实现预定目的。其次，在实现所做决定的过程中，不可避免地会遇到许多困难，因此，克服内心冲突、干扰以及外部遇到的障碍实现行动目的，是意志行动的关键环节。个体即使有了美好的行动目的和高尚的动机，拟订的计划再完善周全，不付诸实施，也仍是空中楼阁，只是个人头脑中的主观愿望而已，这时需要人的意志努力的积极参与。

（4）制订行动计划

在这个环节，主要是个体根据已确定的行动目的和已选择的方法，制订行动的具体计划。在制订计划时，要注意广泛收集各种信息，全面了解情况，进行深入细致的调查研究，在此基础上认真分析，抓住重点，突出矛盾，制订出切实可行的行动计划。

经过动机斗争、确定行动目的、选择行动方法、制订行动计划后，意志行动就从准备阶段过渡到了执行决定阶段。

2. 执行决定阶段

执行决定，就是将准备阶段已做出的决定付诸实施，是意志行动的关键环节和完成阶段。同时，执行决定过程已从"头脑中的行动"过渡到实际行动，需要克服更多的内、外部困难，因此更能体现一个人的意志水平。执行决定阶段主要包括以下两个方面。

（1）根据既定方案积极组织行动

选择行动方法和策略是在目的确定之后由实现目的的愿望推动的，是一个人根据欲达目的的外部条件和内部规律，适当地设计自己行动的过程。这个过程既能反映一个人的经验、认知水平和智力，又能反映一个人的意志力水平。例如，简单的意志行动，行动目的一经确定，就可以拟定方式、方法。复杂的意志行动，如果有较长远的目的，就要选择行动方法和策略，在选择期间会遇到各种阻力和困难，如果能选择出合理的优化行动模式，就能促使目的顺利实现；如果选择不当，就可能导致意志行动失败。

（2）克服困难，实现预定目的

在实现所做决定时的最大特点是，在行动过程中会遇到这样或那样的困难或阻碍，克服困难和阻碍需要意志的努力。意志表现在克服内心的冲突、干扰以及外部的各种障碍上，如要在实现所做决定中承受巨大体力和智力上的负担，并要克服自己原有的知识经验以及内心冲突对执行决定产生的干扰。当意志行动中出现新情况、新问题，与预定目的、计划和方法等产生矛盾时，必须果断做出决断，同时根据意志行动中的反馈信息修正自己原有的行动方案，放弃不符合实际情况的原有决定，以实现预定目标。

实现预定目标，标志着基本的意志行动过程顺利完成。但是，人的意志行动并不会就此结束。在新的需要、动机、愿望和追求目的推动下，又会产生新的意志行动，以此往复不断向新的目标前进，这是人的意志行动中极为重要的环节。

拓展阅读 3-11

克服困难

良好的意志品质是在克服困难中体现，并在克服困难的过程中形成的，因此教师除结合教学内容或通过主题班会等方式向学生讲述意志锻炼的意义外，更要让他们在各种活动中，通过克服困难来磨练自己的意志。在组织活动中，教师应注意如下几点：

①教师必须遵守循序渐进的原则，向学生提出的任务要有一定的难度，同时又是他们力所能及的。

②当学生在活动中遇到困难时，教师要给予鼓励和必要的指导，但不要代替他们去解决问题。

③根据小学生意志品质上的差异，教师要注意采取不同的锻炼措施，做到因人、因事、因不同发展时期对他们进行锻炼。当然，每个小学生的意志品质不完全是某个"极端"，而往往介于两者之间，或在两者之间摆动，可塑性很大，这与小学儿童心理处于幼稚期或半成熟期的特征是相吻合的。针对小学生的意志类型，教师也要做到

因"材"施教。对胆小怕事、做事犹豫的学生，教师要注意培养他们大胆、勇敢和果断的品质，如老师上课多提问、多肯定、多激励。对轻率盲动的学生，教师则要教育他们养成沉着、耐心的习惯，不妨对他们严厉批评后，提出明确要求，凡事要三思而后行。对任性、缺乏自制力的学生，教师则要注意提高他们控制和掌握自身行为的能力。教师要协同家长做好思想教育、心理暗示、行为激励等工作，帮助他们克服不良习性。对缺乏毅力和吃苦耐劳精神的学生，教师则要注意培养他们坚持不懈，不达目的誓不罢休的品质等。开展心理健康教育，教师要做耐心细致的工作，春风化雨，滋润学生的心田，逐步培养学生良好的意志品质。

（资料来源：高国青.宝剑锋从磨砺出，梅花香自苦寒来：漫谈小学生意志品质的培养［J］.考试周刊，2010（13）：235-236）

二、小学生意志发展的特点

（一）意志行动的动机与目的发展的特点

由于认知能力和社会经验的限制，小学生意志行动的动机以外在动机为主。他们往往受到外界环境的刺激和影响，如父母、教师、同学的表扬和奖励等，从而产生行动的动力。这种外在动机在小学生学习过程中表现得尤为明显，他们往往为了获得好成绩或避免受到惩罚而努力学习，但随着年龄的增长和认知能力的提升，他们的内在动机逐渐发展。小学生在参与一些感兴趣的活动时，会表现出较强的内在动机，如好奇心、探索欲等。这种内在动机对于激发小学生的学习兴趣和创造力具有重要作用。

小学生在意志行动的目的认知上具有一定的模糊性。他们往往难以清晰地表达自己的目的，或者对目的的理解不够深入。随着年龄的增长和经验的积累，他们目的的稳定性和坚持性也在逐渐增强。小学生在面对困难和挫折时，会逐渐学会调整自己的目的和策略，坚持实现自己的目标。

（二）意志行动的任务决定与执行发展的特点

由于认知能力和生活经验的限制，小学生对于复杂任务的理解存在一定的局限性。他们往往难以全面、深入地理解任务的要求和目的，导致在做出任务决策时出现偏差或不足。

在任务选择方面，小学生可能会根据自己的兴趣、能力等因素选择不同的任务。这种多样性在一定程度上有助于培养小学生的自主性和创造性，也可能导致小学生忽视一些重要或具有挑战性的任务。小学生在执行计划时往往表现出一定的灵活性不足。他们可能会过于拘泥于原计划，难以根据实际情况做出调整。这可能与小学生的认知能力和自控能力有关。随着年龄的增长和经验的积累，小学生在执行意志行动时的坚持性逐渐增强。他们能够在面对困难和挫折时保持一定的毅力和决心，努力实现自己的目标。这种坚持性对于培养小学生的意志品质和自律能力具有重要意义。然而，过度的坚持也可能导致小学生陷入固执或无法适应变化的窘境。因此，教师需要引导小学生学会在坚持与变通之间找到平衡。

（三）意志品质发展的特点

1. 自觉性与易受暗示性并存

意志的自觉性从小学三、四年级开始发展。这时，学生通常能够自觉遵守纪律，自觉独立地学习和参加集体劳动，但易受暗示性严重。到了初中阶段，青少年的自觉性有了较大发展，但仍有较大的易受暗示性，行为易受到家长、教师、校风、班风、同学的影响。

2. 果断性与踌躇性并存

果断性在小学四年级学生身上开始有所表现，但在整个小学阶段，果断性的水平都不高，即在必要时能排除一切不必要的疑惑或踌躇，但做出决断的能力还是较低的。同时，轻率和优柔寡断在小学生的意志行动中都有表现，而且轻率比优柔寡断更突出。轻率从事，不仅是学习的障碍，而且常常导致中学生的品德不良。

3. 坚韧性相对稳定

研究表明，小学三年级学生的坚韧性已经可以变成比较稳定的意志品质。坚韧性的好坏，取决于两个方面的因素。客观上，坚韧性是由执行的任务要求是否合理以及难度决定的。当然，这里的难度包括很多因素，其中时间是一个重要因素。观察表明，执行相同性质的任务，坚持的时间往往与年龄有关。一般来说，年龄越大，年级越高，坚持的时间越长。主观上，坚韧性取决于以下因素：兴趣和需要的程度，动机和目的的水平，对执行任务的意义的理解程度，习惯的稳定水平。

4. 自制力逐渐成熟

小学三年级学生的自制力有显著的进步和发展，但在整个小学阶段，学生的自制力仍处于初步阶段，往往易兴奋并带有一定程度的冲动性，其发展过程与情感稳定性的发展是一致的。

拓展阅读 3-12

看看你的意志是否坚强

试题共26道，每道题你可按下列情况做出判断：A.很符合自己的情况；B.比较符合自己的情况；C.介于符合与不符合之间；D.不大符合自己的情况；E.很不符合自己的情况。

1.我很喜爱长跑、远足、爬山等体育运动，但不是因为我的身体条件适合这些项目，而是因为这些运动能够锻炼我的体质和毅力。

2.我给自己制订的计划，常常因为主观原因不能如期完成。

3.如没有特殊原因，我每天都按时起床，从不睡懒觉。

4.我的作息没有什么规律性，经常随自己的情绪和兴致变化。

5.我信奉"凡事不干则已，干则必成"的格言，并身体力行。

6.我认为做事情不必太认真，做得成就做，做不成便罢。

7.我做一件事情的积极性，主要取决于这件事的重要性，即该不该做；而不在于做这件事的兴趣，即不在于想不想做。

8.有时我躺在床上，下决心第二天要做一件重要事情，但到第二天这种劲头又消失了。

9.当学习和娱乐发生冲突时，即使这种娱乐很有吸引力，我也会马上决定去学习。

10.我常因读一本引人入胜的小说或看一出精彩的电视节目，而不能按时入睡。

11.我下决心办成的事情（如练长跑），不论遇到什么困难（如腰酸腿疼），都坚持下去。

12.我在学习和工作中遇到了困难，首先想到的就是问问别人有什么办法。

13.我能长时间做一件重要而枯燥无味的工作。

14.我的兴趣多变，做事情常常是"这山望着那山高"。

15.我在决定做一件事时，常常说干就干，绝不拖延或让它落空。

16.我办事喜欢拣容易的先做，难的能拖则拖，实在不能拖时，就赶时间做完算数，所以别人不大放心让我干难度大的工作。

17.对于别人的意见，我从不盲从，总喜欢分析、鉴别一下。

18.凡是比我能干的人，我都不怀疑他们的看法。

19.遇事我喜欢自己拿主意，当然也不排斥听取别人的建议。

20. 生活中遇到复杂情况时，我常常举棋不定，拿不了主意。

21. 我不怕做从来没有做过的事情，也不怕一个人独立负责重要的工作，我认为这是对自己很好的锻炼。

22. 我生来胆怯，没有十二分把握的事情，我从来不敢做。

23. 我和同事、朋友、家人相处，很有克制能力，从不无缘无故发脾气。

24. 在和别人争吵时，我有时虽明知自己不对，却忍不住要说一些过头话，甚至骂对方几句。

25. 我希望做一个坚强的、有毅力的人，因为我深信"有志者事竟成"。

26. 我相信机遇，很多事实证明，机遇的作用有时大大超过个人的努力。

评分原则：在上述 26 道题中，凡逢单数的试题（1，3，5，7，9…），A、B、C、D、E 依次为 5 分、4 分、3 分、2 分、1 分，凡逢双数的试题（2，4，6，8，10…），A、B、C、D、E 依次为 1 分、2 分、3 分、4 分、5 分。

总分在 110 分以上，说明意志很坚强；总分在 91～110 分，说明意志较坚强；总分在 71～90 分，说明意志一般；总分在 51～70 分，说明意志比较薄弱；50 分以下，说明意志很薄弱。

（资料来源：郑宗军．普通心理学［M］．济南：山东人民出版社，2014：207）

三、小学生意志品质的培养

意志品质作为小学生学习活动的保证和身心发展的重要条件，并不是与生俱来的，特别是良好的意志品质，更需要在后天教育和实践活动中有目的地加以培养。

（一）明确奋斗目标，确立远大志向

教师应当教育小学生把崇高的理想同眼前的学习、工作、生活结合起来，用理想指导自己的行动。只有把崇高的理想融于行动中，渗透在日常生活中，成为行动的目标，才有助于小学生意志品质的培养。在提高小学生行为的自觉性方面，教师还应根据不同基础、不同年级的实际情况，设法帮助小学生克服易受暗示性和防止独断性，在学习、作业、劳动过程中，多启发他们自觉制订计划和独立完成，不要过多加以"督促"或"帮助"。

自觉目的性是意志行动的重要特征，小学生意志品质的发展建立在一个正确、合理的行动目的的基础上。因此，在小学生的教育教学活动中，应该加强科学的世界观和正确的

人生观教育，使他们拥有探索人生的勇气，学会分辨是非曲直，分清善恶荣辱，明确奋斗目标，提高情感对意志的支持作用，在日常生活和学习中确立有意义的行动目的。

（二）创设情境锻炼意志品质

坚强的意志是在克服困难的实践活动中发展起来的。教师除结合教学内容或通过主题班会等方式向学生讲述意志锻炼的意义、锻炼的方法之外，还应当组织学生参加各种实践活动。

在实践活动中，教师要向学生提出有一定难度，同时又是他们力所能及的任务要求。例如，要求小学生坚持独立完成各种作业，坚持参加科技小组的活动，坚持各种体育锻炼，坚持为集体做好事等。对青少年来说，这些要求都有一定的难度，但又是他们能够做到的，因而对于培养他们意志力的坚韧性和自觉性很有好处。

教师要根据学生意志品质上的差异，采取不同的锻炼措施。例如，对于容易盲从、轻率行事的小学生，教师应当多启发他们的自觉性，培养他们对社会、集体和劳动的义务感和责任感；对于怯懦的小学生，教师应多鼓励他们克服困难的信心和勇气，并对克服困难的方法和技术给予指导；对于依赖性强的小学生，教师应多鼓励他们独立完成任务，不要越俎代庖；对于自制力差的小学生，教师则应让他们学会善于调节和控制情感的本领，逐步学会预料到挫折和失败带来的后果，使他们有足够的受挫折和失败的思想准备，从而减弱激情反应，同时，教师要鼓励小学生的勇敢行为，克制冒险和蛮干的行动。

（三）培养良好的行为习惯

在培养小学生良好意志品质的过程中，周围人的影响、集体的委派任务、榜样的教育等，都必须通过小学生的自我锻炼才能真正起作用。青少年的自我意识已经逐步形成，他们逐渐能够认识自我，评价自己的个性品质，这就为他们意志的自我锻炼提供了前提条件。研究表明，学生能够进行意志的自我锻炼。例如，他们在学习自觉性、坚持性方面的自我锻炼通常采取下列方法：用名言、格言、榜样对照自己、检查自己、督促自己；经常同周围一些比自己学习强的人比较，找出差距，奋力追赶，直到赶上或超过为止；坚持制订学习计划（包括学期、月、周的计划及每天的安排），严格执行计划，无论遇到什么情况，都强迫自己完成；每天坚持写日记，检查当天的活动，发现缺点立即改正等。所以，教师应当教育学生加强意志的自我锻炼，使他们养成自我检查、自我监督、自我鼓励等习惯。

（四）榜样示范

在具有良好班风的集体里，学生之间团结互助，每个人都珍惜自己所属的集体，尊重集体的意见，执行班委委派的任务，努力为集体争光而不损害集体的荣誉。学生对集体的义务感和荣誉感有助于自制、刚毅、勇敢等意志品质的形成。这样的班级，往往有严格的纪律，学生严守纪律，坚决不做违反纪律的事，这本身就是最好的意志锻炼。因此，教师应当努力使自己的班级形成良好班风，充分发挥集体的作用，帮助学生养成良好的意志品质。

在培养学生良好意志品质的过程中，榜样的作用始终占据特殊重要的地位。教师除了要善于用科学家、发明家、劳动模范、革命先烈以及文艺作品中的优秀人物来陶冶学生的意志外，还要善于从学生周围的生活中，从学生熟悉的人群中，特别是从他们的同龄人中选取典型，为他们树立坚强意志的榜样。这样的榜样，因心理距离小、学生感到亲切而使学生容易接受。教师自身的榜样作用也很重要，如果教师只是要求学生有坚强的意志，自己却经常优柔寡断，做事虎头蛇尾，就难以保证教育的效果。

四、小学生的挫折教育

（一）挫折教育的概念

挫折，《辞海》解释为失利与挫败。日常生活中，"挫折"一词是挫败、阻挠、失意的意思。心理学定义为：挫折，是指人们在有目的的活动中，遇到无法克服或自以为无法克服的障碍或干扰，其需要不能得到满足而产生的消极情绪状态。从定义可以看出，挫折这一概念包括三个方面的含义：挫折情境，即需要不能获得满足的内外环境或干扰等情境因素，如考试不及格，比赛未获得期望的名次，受到同学的讽刺、打击等；挫折反应，即对自己的需要不能满足时产生的情绪和行为的反应，如焦虑、紧张、愤怒、攻击或躲避等；挫折认知，即对挫折情境的知觉、认识和评价，这是核心因素，挫折反应的性质及程度，主要取决于挫折认知。

挫折教育，是指让受教育者在受教育过程中遭受挫折，从而激发受教育者的潜能，以达到使受教育者切实掌握知识并增强抵抗挫折的能力的目的。

（二）提高小学生挫折承受能力的方法

人生不如意事十之八九，挫折客观存在，应该正确对待。应当帮助小学生树立辩证的挫折观，提高自己挫折的容忍力，采取有效的心理防卫机制，走出心理困境。

1. 调整不合理认知，提升挫折认知水平

根据美国心理学家埃利斯的情绪 ABC 理论，人的负性情绪不是由诱发事件本身引起的，而是由人们对诱发事件的解释与评价引起的。因此，解决问题的关键是找出不合理认知，然后与不合理认知辩驳，建立合理认知。挫折一方面对人有消极影响，如削弱实现目标的积极性，降低个体的创造性思维水平，损害个体的身心健康；另一方面对人有积极作用，能增强个体情绪反应的力量，提高个体的容忍力，提升个体对挫折的认识水平。辩证地看待挫折的两面性，能够变不利因素为有利因素，化消极为积极，促使挫折向积极方面转化。另外，还应帮助小学生正确认识挫折情境。

2. 积极行动，自我教育

积极行动是对抗不良情绪的重要环节。遇到问题不是怨天尤人，而是行动起来积极寻求问题解决的途径。有时挫折的产生源于个体的知识经验和能力欠缺，通过积极行动就可以弥补自己的缺陷，积累知识，增强才干，从而在以后的追求中取得成功。

真正有效的教育是自我教育，而自我教育离不开自我意识和榜样的确立。自我意识、自我教育和榜样作用的关系是：产生自我意识—产生自我发展意识—进行自我设计—寻找自我发展的楷模—自我发展。这是人生发展的正常途径和良性循环。

3. 规律生活，正确对待压力

首先，面对紧张的学习、生活和工作，如果有一个适合自己的、有规律的生活体系，有一个适合自己生物钟的作息时间表，对保养身心、消除疾病是大有益处的。其次，脑力劳动与体力劳动有机结合，不但有助于消除精神疲劳，而且能调节心理压力，平衡失调的身心，对各种心理压力勇敢面对、泰然处之，保持心态的平衡，遇到问题时不断进行心理调适，始终以乐观、坚强、自信的态度对待生活，这些做法都有助于及时调整心态，走出心理困境。

4. 建立和谐的人际关系

面对挫折，除了积极改变自我之外，与他人建立良好的人际关系，对缓解压力也是很有帮助的。交往是人们交流思想和感情而彼此间相互作用的过程，它使人们在互动过程中相互了解、相互依赖，形成稳定的心理联系，满足人们的情感需要。同时，由交往形成的人际关系又可以满足人的归属、情谊、认可等社会性需要。因此，学会交往是小学生建立良好的人际关系和提高应对挫折能力的有效手段。

案例讨论

案例 1

我国儿童青少年心理行为问题和精神障碍问题日益凸显，已成为一个重要的公共卫生问题，为了促进儿童青少年心理健康和全面发展，国家卫生健康委联合多部委于2019年发布《健康中国行动——儿童青少年心理健康行动方案（2019—2022年）》，号召各级各类学校实施"倾听一刻钟、运动一小时"的"两个一"心理健康促进行动，提倡"引导学生每天至少参加1小时体育运动"，体育锻炼能够缓解儿童青少年负性情绪、促进儿童青少年心理健康，已有实验环境和学校开放情境的证据支持。

每周锻炼频率与负性情绪并非"U"形关系，而是呈单调下降趋势，即1周内锻炼次数越多越好，锻炼持续时长与负性情绪"U"形关系，即负性情绪随着锻炼时长的增加先减少后增加，最优时长为40～60分钟；学习压力在调节锻炼时长与负性情绪之间的"U"形关系中起到削弱和平缓的作用，综合效应方面，每周锻炼3次、每次持续50～60分钟，或者每周锻炼6次、每次持续50～120分钟，都能获得改善负性情绪的良好效果，为了促进儿童青少年心理健康，学校体育应保证学生每天有大约1小时的锻炼时间，并引导学生合理安排学习与锻炼时间，以防止过长锻炼时间在高学习压力下导致负性情绪增加的风险。

（资料来源：李王杰. 学校体育改善负性情绪的剂量特征：锻炼频率与时长维度 [J]. 沈阳体育学院学报，2024，43（2）：38-44）

讨论：根据情绪情感的发生理论，简述体育锻炼与情绪的关系。

案例 2

影响学生意志品质的因素，除了他们自身的气质以及神经类型等遗传因素外，还有许多重要的外在环境因素。随着国民经济的飞速发展，人们的生活水平也有了前所未有的提升。在这样的时代背景下，大多数中小学生从一出生就享受着丰富的物质条件，而家长则是竭尽全力替孩子规避困难，甚至会代替孩子直接处理生活中的困难。这在无形中剥夺了孩子在家庭生活中克服困难、磨炼意志的机会。除了家庭环境对学生意志品质的影响之外，学校也是培养学生意志品质的关键场所。虽然目前我国大力推行素质教育，倡导将立德树人作为教育的根本任务，但是由于升学压力的存在，很多学校依然存在重智育、轻德育的问题。学校作为个体个性化以及个体社会化的重要场所，对学生意志品质的培养有着不可推卸的责任。尽管学生的主要活动场所在学校，但社会风气对学生的影响也不容忽视。随着社会经济的不断发展，人们的物质生活得到了前所未有的丰富。物质生活改善的同时滋生了一些不良的社会风气，例如，人们追求经济利益、物质财富的"功利"意识空前增强，而不畏艰难、顽强拼搏的进取精神却逐渐淡化了。这些不良的社会风气会在一定程度上影响人们的价值取向，受影响的个体在面对困难时更容易选择逃避，甚至会不择手段获取利益。家庭、学校和社会既是培养学生意志品质的场所，也是影响学生意志力养成的重要因素。要培养学生良好的意志品质，就必须将家庭教育、学校教育、社会教育有机结合起来，缺一不可。

（资料来源：李瑾，王雁，李小厘，等.培养坚强意志，走出成长困境：中小学生意志品质培养探究［J］.亚太教育，2022（17）：24-26）

讨论：结合案例思考，如何培养小学生的意志品质？

第四章
小学生的个性发展

本章重点

本章课件

1. 什么是个性，个性结构包括哪些方面。

2. 什么是自我意识，小学生自我意识是如何发展的。

3. 小学生的气质和性格发展有何特点。

4. 影响小学生气质和性格的因素有哪些。

5. 如何针对小学生个性发展的特点开展相应教育。

思维导图

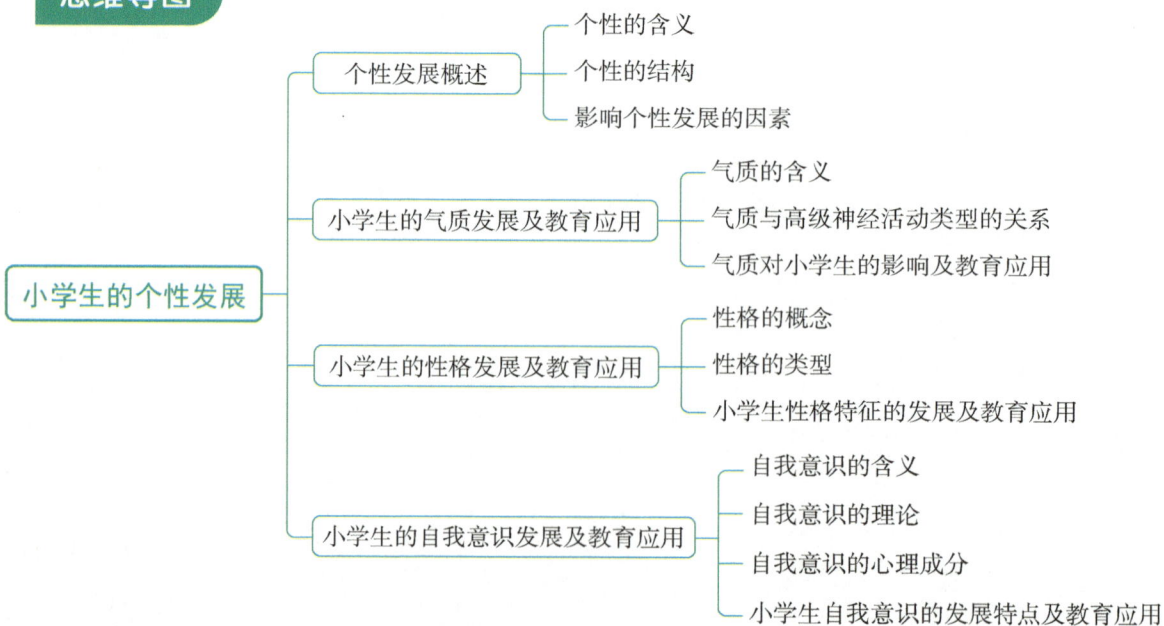

第一节　个性发展概述

个性的发展贯穿个体生命的全过程，而小学阶段是小学生个性发展的关键时期。在这一时期，学生个体中具有代表性的心理特征迅速发展。因此，在理解个性含义、结构的基础上，培养小学生良好的个性品质是小学教育阶段的重要任务。

一、个性的含义

在日常生活中，"个性"这一词语为我们所熟知。例如，人们常形容"一个人非常有个性"，这里的"个性"指的是某一个体区别于另一个体具有的独特性；人们也常说"要根据学生的个性特点因材施教"。总之，日常生活中，我们理解的"个性"通常是指个体具有的特殊性和个体差异性，与心理学意义上的"个性"是有差别的。心理学意义上的"个性"是指个体通过活动和交往形成的独特、稳定的心理特征系统。

（一）个性的内涵

世界上没有完全相同的两个个体，每个学生都有区别于他人的独特性。个性不是天生的，也不是人在出生之后立即形成的，而是个体心理发展到一定水平之后形成的。这个"一定水平"是指个体的认知要发展到抽象逻辑思维水平，情感要发展到能够进行正确的自我体验，意志要发展到能够进行良好的自我控制。每个小学生都具有鲜明的个性，而小学生身上的个性特点往往会影响他们看待事物的方式，同时，这些个性特点也会影响小学生的学习风格。每个学生的心理活动总是表现为一定的心理特征和心理倾向性，这些表现出来的稳定的心理特征和心理倾向性就是学生总的精神面貌，也就是"个性"，是一个小学生不同于其他小学生的独特个性表现。

（二）个性的特征

作为一种心理现象，个性具有稳定性、社会性、独特性、整体性四个特征。

1. 稳定性

作为一种心理特征系统，个性是个体心理发展到一定水平之后形成的，个体认知、情感、意志的成熟程度在一定程度上保证了个性的稳定性。小学生体现出来的个性特征是在长期的活动和交往中形成的，偶然的情境性表现不能当作个性的特征，只有一贯的、在大多数情况下都体现的心理现象才是个性的反映。

但个性的稳定性并不否定其可变性。个性是一个复杂的、多侧面、多层次的动力结构，从其功能、特征角度来看，个性具有稳定性。从发展的角度来看，个性又具有可变性的一面，例如，在社会现实生活条件和教育条件不断改善背景下，社会环境、后天教养等因素对个性的发展变化也有不可忽视的持续影响，但稳定性仍然是个性的主导特性。

2. 社会性

个性不是先天形成的，而是受后天社会环境的影响不断发展形成的。个性是人在社会生活实践中，与社会环境相互作用的结果，是人对各种社会关系的反应形成的社会特征。我国古代哲学家以及苏联心理学家都对个性的社会性问题做了阐述。墨翟重视环境的作用，他说"染于苍则苍，染于黄则黄，所入者变，其色亦变"，将染丝作为例子来说明个性受环境的影响而变化；苏联心理学家列昂节夫在解释个性中社会因素的作用时也持相同的观点，认为个性是社会关系的反映，个性只能包括由社会关系带来的特性，而不能包括由生物性制约的个人特征。研究表明，个体出生时只是一个生物实体，还谈不上社会性；出生后进入一定的社会生活，受社会关系的影响，个体心理不断发展并形成个性。因此，个体的个性自然受到他们所处社会环境、所进行社会生活的影响，具有社会性的特点，例如入乡随俗。

3. 独特性

个性首先是指一个具体的人的心理特征。每个人的生活环境和个人成长经历各不相同，所以，每个人都有不同于其他人的个性特征，正如俗语所言"人心不同，各如其面"。对于每个具体的个体而言，即使是孪生兄弟，个性的发展也有独特的一面，表现出个体具有的独特性。因为个性是在遗传、环境、成熟和学习等许多因素影响下发展起来的，这些因素及其之间的相互关系不可能是完全相同的，所以每个人的个性都有自身的特点。

个性的独特性并不排斥人与人之间在心理上的共同点。把个性和个别差异等同起来，是不妥当的，因为个性指一个人整个的心理面貌，既包括人与人之间在心理面貌上相同的方面（共同性），也包括人与人之间在心理面貌上不同的方面（差异性）。个性是在一定的社会历史条件下形成的，其中，既包含人类共同的心理特点，又包含民族共同的心理特点、集体共同的心理特点以及每个人不同于其他人的心理特点。

4. 整体性

个性作为一种心理特征系统，体现着个体整体的精神面貌，个性结构不是孤立存在的，而是密切联系的有机整体。现代心理学家把个性看作由各个密切联系的成分构成的多层次、多水平的统一整体。德国心理学家斯腾反对传统的元素主义心理学，注重研究整体。他认为，人身上集中了各种心理的机能，心理学研究的对象应该是整体的人，而不是各种单项的机能。奥尔波特（G. W. Allport）指出，个性是一种有组织的整合体。在这个整合体中，各个成分相互作用、相互影响，如果其中一部分发生变化，另一部分也将发生变化。如果一个人的个性结构缺乏内在的和谐统一，那么他的个性是不健全的。个性结构中任何一个成分的变化，都会引起系统内其他成分的变化，这是个性结构系统内部的整体性。而整体性的第二层含义体现在个性发挥整体功能时具有的多层次性。个体的个性形成后，会不可避免地影响整个心理过程。个性的影响体现在一个人的认知特点、交往风格、情感色彩和意志品质等心理过程的其他方面。

二、个性的结构

个性的结构，是指个性包含的要素及其要素之间的相互关系。当前，心理学家普遍认同的观点是，个性的结构包括个性心理倾向性、个性心理特征两部分。

（一）个性心理倾向性

个性倾向性系统是决定一个人的态度和对现实的积极性、选择性的动力系统，包括需要、动机、兴趣、价值观等心理成分。这些心理成分是推动个性发展的动力因素，决定着一个人的活动倾向性和积极性，集中体现了个性的社会实质。

1. 需要

需要是个体的生理需求和社会需求在大脑中的反映。通常以意向、愿望和动机的形式表现出来。需要是个性积极性的内在源泉，直接导致情绪的产生，也推动认识和意志的发展。

2. 动机

动机是激发和维持个体活动，并导致该活动始终朝向某个目标的心理动力或倾向。动机是个性发展的直接动力，直接推动意志行动的发展。

3. 兴趣

兴趣是人力求认识、探究某种事物或从事某种活动的心理倾向。兴趣在人的心理活动中有着重要的作用，与全部心理过程有着密切的联系。

4. 价值观

价值观是人们用以评价事物并指导自己行为的心理价值倾向系统，是坚信某种观念的正确性并用来指导自己行动的个性倾向，在个性中起着重要的导向作用。

（二）个性心理特征

个性心理特征，是指在心理活动过程中表现出来的比较稳定的心理特点，包括能力和人格等方面，是个性中更稳定的方面，体现了个体的独特心理活动和行为。心理学既要研究普遍的、共同的心理活动规律，也要考察个别、具体的心理差异特点。个性心理特征包括能力和人格两部分。

1. 能力

有关能力概念的界定，学界有众多观点，但一般认为能力是指人们成功地完成某项活动必需的个性心理特征，能力直接影响人的活动效率，是成功地完成某种活动的必要条件。能力表现在个体日常生活中从事的各种活动中，并在活动中得以发展。一个人的语言表达能力，在与人交往和交流的活动中得以体现；一个人的领导能力，在领导和管理一个团队的活动中得以显现。如果一个人能够顺利完成某项活动，就表明他具有从事这项活动的能力。

能力是一种心理特征，但与其他心理特征有所不同。与能力相比，气质、性格等个性心理特征的其他方面虽然对活动的结果产生一定影响，但能力直接影响活动的效率，决定活动的结果。成功地完成某种活动所需的因素是多方面的，能力是其中一个很重要的因素。此外，个人的身体健康状况、活动动机的强度和有关知识经验等都是完成活动必需的。所以，能力是成功完成某种活动必须具备的个性心理特征之一。

2. 人格

人格是心理活动的风格系统，影响着个体心理活动的方式和样式，使每个人都有各自不同的心理面貌。人格是人的心理个性表现之一，构成人格的主要成分是气质、性格、自我意识系统和认知风格等。

（1）气质

"气质"一词的应用领域比较广泛，在不同的领域有不同的内涵，通常是指人的一种比较稳定的个性特征或泛指人的风格、气度。而心理学中的"气质"概念内涵较窄，与人们在日常生活中运用的"脾气""秉性"等概念类似。

气质是人的心理活动在动力方面的特征，即心理活动发生的速度、强度、稳定性、灵活性和指向性等方面的特点。人的气质差异是先天形成的，在很大程度上受遗传因素的影响。儿童刚出生时，就表现出气质的差别：有的新生儿哭声洪亮并活泼好动，有的新生儿则比较平稳安静。气质的差别体现了个体心理特征的独特性，直接影响个性的形成与发展。

（2）性格

性格是与社会关系最密切的个性特征，是个人对待客观现实的稳定态度和与之相适应的习惯化了的行为方式。性格在个性中处于核心地位，是一个个体区别于另一个体的显著特征。个体在现实生活中不断受到外界环境的影响与刺激，通过认知、情感、意志等的不断加工保留在心理结构中，并逐渐形成一定的态度体系。那些已经固定下来，成为经常的态度和相应的行为方式的部分，就是性格特征。性格是在社会生活中逐渐形成的，是最核心的人格差异，同时，性格有好坏之分，能够直接反映一个人的道德风貌。

（3）自我意识系统

自我意识系统是个性中的内控系统或自控系统，是个体对自己作为客体存在的各方面意识，包括自我认识、自我体验、自我评价等。自我意识是衡量个性成熟的标志，在整合、统一个性各个部分中起到核心作用，也是推动个性发展的内部动因。自我意识渗透于整个个性结构中，对个性的各个成分起着调节作用。

（4）认知风格

认知风格，是指个体在信息加工过程中表现在认知组织和认知功能方面持久一贯的特有风格。认知风格既包括个体知觉、记忆、思维等认知过程方面的差异，又包括个体态度、动机等人格形成和认知能力与认知功能方面的差异，主要包括场独立性－场依存性和冲动型－沉思型两种常见分类。

①场独立性－场依存性。提出场独立性－场依存性的是美国心理学家赫尔曼·威特金（Herman A. Witkin），"场"在这里是环境的意思。场依存，是指人在认识事物的时候依存于外部环境。场独立，是指认识世界的时候独立于外部环境。场独立性的学生是"内部定向者"，他们不易受外来因素的影响和干扰，常常利用内在的参照（主体感觉），独立地对事物做出判断；场依存性的学生是"外部定向者"，在对事物做出判断时，倾向于以外部参照（身外的客观事物）作为信息加工的依据，容易受到周围人们，特别是权威的影响。

②冲动型－沉思型。冲动型的特点是反应快，但精确性差。冲动型学生在面对问题时总是急于求成，不能全面细致地分析问题的各种可能性，不管正确与否就急于表达出来，甚至有时还没弄清问题的要求，就开始对问题进行解答。沉思型的特点是反应慢，但精确性高。这种学生总是在把问题考虑周全以后再做反应，他们看重的是解决问题的质量，而

不是速度。但是，当他们回答熟悉的、比较简单的问题时，反应也是比较快的。在回答比较复杂的问题时，学生沉思型的特点表现得更明显。

三、影响个性发展的因素

影响小学生个性发展的因素很多，除成熟与自身的内在发展动力外，还有生物遗传、家庭、学校教育和社会文化四个主要因素的影响。

（一）生物遗传因素

生物遗传因素为小学生的个性发展提供了物质基础，是形成良好个性品质的必然前提。自 19 世纪冯特建立实验心理学以来，心理学界通过对神经系统和感觉器官的生理解剖，不断加深对人类各种心理过程的认识。人们对性格与大脑的关系有了某种程度的了解。每个人独特的性格看似难以捉摸，实则在大脑构造中早已有所体现。研究发现，人的性格与大脑结构密切相关。大脑不同区域的形状、大小能影响性格，大脑结构也可能随性格而变化。

科学家对 85 名受试者的大脑进行扫描，观察、测量大脑各个区域的形状和大小。通过比较受试者大脑结构异同和不同区域的大小，按照心理学家根据临床研究得出的个性测评系统，研究人员把受试者大体归为 4 种个性类型：冲动、任性的"猎奇性"性格，悲观、羞涩的"伤害回避型"性格，容易成瘾、沉溺的"奖励依赖型"性格，勤奋、刻苦的完美主义者——"持久型"性格。具有"猎奇型"性格的人，大脑位于眼眶上方的区域比其他人大，这个区域较小的人则较易胆怯，总想寻求他人同意、赞许。"伤害回避型"性格的人，大脑眶额皮层和枕骨后的区域脑组织比其他人少得多。大脑额叶皮质纹状体区受伤的人易患孤独症，而"奖励依赖型"性格的人这一区域的组织比其他类型的人少得多，造成了他们较易沉溺某种事物不能自拔的个性，屡教不改的赌徒多属于这种类型。性格与生俱来，但在成长过程中，随着经历的丰富和个性的改变，大脑也会随之发生变化。格塞尔通过双生子爬梯实验得出结论：儿童的学习和发展取决于生理的成熟，遗传因素在与生物因素相关较大的个体特征上影响较大，如智力、气质等。个体个性发展过程是遗传与环境交互作用的结果，遗传因素影响个体个性发展方向及形成的难易程度。

（二）家庭因素

家庭是儿童出生后主要的生活场所，家庭内部的诸多因素会影响儿童的个性心理发展。父母的教养方式对青少年个性形成有着重要影响。曲晓艳等的研究发现，青少年的人格特点随着父母教养方式的不同而发生相应的变化，父母的惩罚、严厉、拒绝、否认对青少年的几个人格维度发展起着一定的作用。过多的惩罚、拒绝等不良教育方式易使子女产生内向、退缩的性格，并产生较强的逆反心理，不遵守规则和秩序。[1] 郑林科的研究也发现，父母过度保护、拒绝、惩罚会使青少年缺乏安全感，表现出神经质，形成不良个性。[2] 鲍姆林德（D.Baumrind）将父母的教养方式分为四种，这四种不同的教养方式会对小学生的个性发展产生不同的影响，如表4-1所示。

表4-1　父母教养方式对小学生个性发展的影响

父母教养方式	父母表现	小学生个性表现
权威型	高要求：对小学生合理要求、说服教育、督促、支持和肯定。 高温暖：关心爱护小学生、耐心倾听、激励小学生、理性、民主	亲切温和、情绪稳定和深思熟虑，或者独立、直爽、积极协作的性格，有很强的认知能力和社会能力
专制型	高要求：对小学生严格要求与管教、限制性较强、要求小学生行为一致与服从。 低温暖：缺乏关爱与热情、不及时鼓励与表扬小学生	可能有恐惧心理，缺乏自信心，缺乏主动性，容易胆小、怯懦、畏惧、抑郁，有自卑感，自信心较低，容易情绪化，不善与人交往
溺爱型	低要求：很少给小学生制定规则，而是经常甚至全部让小学生自己做决定。宽容型父母会将大部分决策的责任交给小学生。 高温暖：关心小学生并重视沟通，迁就、袒护小学生	容易自由地表达自己的感受与想法。有可能因为父母的过于宽容具有较高的冲动性和攻击性，缺乏责任感，不太顺从，行为缺乏自制，自信心较低等
忽视型	低要求：对小学生既缺乏爱的情感和积极反应，又缺少行为的要求和控制。父母对小学生的一切行为举止采取不加干涉的态度，给小学生一种被忽视的感觉。 低温暖：小学生与父母之间交往的有效时间/机会甚少，父母对小学生缺乏基本的关注与了解，给小学生一种被忽视的感觉	可能有较强的攻击性，有时易冲动，不顺从，并且很少替别人考虑，对人缺乏热情与关心，目中无人（对人冷漠）。可能在青少年期就会表现出较明显的叛逆或心理冲突。在进入社会后可能会遇到更多挫折

（资料来源：郑林科.父母教养方式：对子女个性成长影响的预测［J］.心理科学，2009，32（5）：1267-1269）

除教养方式外，父母的文化素养及人格特征也会影响青少年的个性发展。赵红英的研究发现，父母的文化素养水平、受教育程度都会影响子女的个性健康发展。家庭文化水平

---

① 曲晓艳，甘怡群，沈秀琼.青少年人格特点与父母教养方式的关系［J］.中国临床心理学杂志，2005，13（3）：288-290.

② 郑林科.父母教养方式：对子女个性成长影响的预测［J］.心理科学，2009，32（5）：1267-1269.

高的父母，追求知识，关心社会，积极参加社会文化活动，更懂得也有能力营造有利于子女健康成长的家庭心理氛围。[①]

（三）学校教育因素

教育在个体的身心发展中起着主导作用，而这里的"教育"通常指狭义的教育，即学校教育。学校教育对儿童个性发展的影响，主要体现在以下三个方面。

1. 课堂教学对小学生个性发展的影响

小学生在学校中通过课堂进行系统的知识学习，在建构知识的同时培养了自己的主动性、独立性、自控力等个性品质。最重要的是，在课堂教学过程中，小学生通过学习系统的科学知识，逐渐形成科学的世界观、人生观和价值观，这对于其良好个性品质的形成具有重要意义。

2. 同辈群体对小学生个性发展的影响

除家庭之外，学校是小学生的主要活动场所，小学生学习生活的班集体，以及班级中的同辈群体会对小学生的个性发展起到潜移默化的作用。良好的班风和学风可以使小学生形成团结友爱、互帮互助、大公无私等人格特征。同时，在一个班集体中，同辈群体扮演着不同的角色，小学生与同辈群体的社会交往能够培养其多样、全面的个性特质。

3. 教师对小学生个性发展的影响

教师对小学生良好个性品质的形成起到榜样作用。教师对小学生的态度会影响其个性的形成与发展。如专制型教师会导致小学生情绪紧张、冷淡、攻击性强、自制力弱，放任型教师会导致小学生无组织纪律、无团体目标，民主型教师会使小学生情绪稳定、态度积极友好、具备领导能力。教师的个性对小学生年轻心灵的影响产生的教育力量是教科书、道德说教、惩罚制度无法取代的。

（四）社会文化因素

在环境因素中，社会生产方式是影响个性发展的重要因素，一定的社会生产力和生产关系对个性发展起着重要作用。生产力会影响经济生活、科学文化水平和教育水平，从而影响个性的发展。当前，我们正步入信息社会和信息时代，信息大爆炸在为小学生提供多样化的知识获取途径的同时，也为小学生的个性健康发展带来了一定的负面影响。手机、电视、平板、电脑等媒介已经成为影响小学生成长的重要力量。

---

① 赵红英.论家庭对青少年人格健康发展的影响［J］.教育探索，2005（5）：88-89.

当前，互联网已渗透到社会生活的方方面面。网络是体现时代的重要标志，具有高科技性、自由性、时尚性、超越时空性、虚拟性、实时性、交互性、全球性等八大特点，对小学生具有强大的吸引力，同时，容易使他们网络成瘾。《第5次全国未成年人互联网使用情况调查报告》显示，以玩游戏、看短视频为代表的网络娱乐活动已经成为未成年人休闲放松的重要方式。随着网络游戏、短视频在未成年群体中日益普及，家长和教师对这些网络娱乐应用可能给未成年人造成的不良影响也更加担忧，2022年数据显示，51.8%的家长和69.9%的教师（主要为班主任）认为，网络游戏、短视频造成的网络沉迷问题是当前最需要治理的未成年人互联网使用问题。通过对学龄段进行区分可以发现，低龄群体玩手机游戏的比例增长明显，小学生网民玩手机游戏的比例达到55.5%，较2021年（43.2%）提升12.3个百分点。[①]

社会风气体现着社会价值观，对个体个性的形成和发展影响十分深刻。当前，短视频在未成年人群体中日益普及，自媒体行业也随之兴起，但小学生处于世界观、人生观、价值观初步建立的关键阶段，对未来的职业规划也尚未明确，未经正向引导可能会导致学生产生"一切向钱看"等个性品质问题。例如，当小学生被问到未来想做什么时，不少小学生说到想当网红、主播等。积极向上的社会风气能够促进小学生个性的健全发展，社会文化因素给小学生个性发展带来的影响也如同一把"双刃剑"，一方面，信息社会这一大的社会背景能够培养小学生开朗、自信、积极向上等个性品质；另一方面，畸形的社会价值观会导致小学生的个性品质畸形发展。

第二节 小学生的气质发展及教育应用

每个人都有自己的气质，气质是每个人独特的个性心理特征，也是小学生与生俱来的心理差异，这种心理差异影响小学生日常学习生活的方方面面。心理学相关研究指出，儿童的气质是相对稳定的，气质没有好坏之分，不同气质类型的儿童能以自己特有的动力特征成为对社会的有用之才。因此，我们需要了解小学生的气质类型及特点，进行针对性的教育。

---

① 《第5次全国未成年人互联网使用情况调查报告》发布［EB/OL］.（2023-12-25）［2024-03-11］. https://www.cnnic.cn/n4/2023/1225/c116-10908.html.

一、气质的含义

气质是人心理活动稳定的动力特征。心理活动的动力特征主要是指心理过程的速度、强度、稳定性、灵活性和指向性等方面的特点。如思维活动的快慢、知觉的速度、情绪的薄弱、意志的努力程度等。这些相对稳定的心理动力特征相互联系和相互作用，使小学生的日常活动带有一定的色彩，从而形成一定的心理风貌。

气质影响个体学习生活的方方面面，具备某种气质特征的个体在不同的社会活动中显示出同样性质的动力特征，使一个人的整个心理活动都带有个人独特的色彩。在现实生活或文学作品中，我们常看到一个个具有鲜活色彩的人物形象，我们很容易观察到有的人激动、冲动、暴躁，有的人热情、开朗、乐观、积极向上，有的人多愁善感、抑郁、焦虑，等等。我国古代文学作品成功地塑造了一大批具有典型气质特点的人物形象，如孙悟空、王熙凤、张飞、李逵等。"气质是个体心理活动的动力特征。"这个定义内容相当广泛，不仅包括情绪和动作方面的某些动力特征，而且包括认知过程和意志过程的动力特征。

气质在很大程度上受到先天遗传因素的影响，具有遗传性和天赋性的特点。婴儿自出生起就具有不同的气质特点。如有的婴儿活泼好动、好哭，有的婴儿安静、沉默，同样是哭声，在持续时间、声音大小上也各有不同。气质较多地受神经系统类型的影响。由于神经系统的先天特性，个体对事物反应表现出明显的差异。气质由于较多地依赖先天素质，在个性心理特征中具有稳定性。一方面，这种稳定性体现在气质较多地受到先天因素，即高级神经活动类型等内部因素的制约；另一方面，外界环境如活动内容、目的和动机等的变化较少地影响到个体的气质类型改变，即在不同的活动中，同一个体将会表现出相同的气质特点。

二、气质与高级神经活动类型的关系

气质最常见的分类是由古希腊医生希波克拉底提出的，他将气质类型分为胆汁质、多血质、黏液质和抑郁质。巴甫洛夫通过实验研究发现，神经系统具有强度、平衡性和灵活性三个基本特征。它们在条件反射形成或改变时得到表现，由于在个体身上存在各不相同的组合，从而产生了各自神经活动类型，其中，最典型的有强、平衡而灵活型，强而不平衡型，强、平衡而不灵活型，弱型四种。

（一）古希腊医生希波克拉底的分类

气质类型，是指表现在个体身上的一类具有共同的或相似的心理活动特性的典型组合。古希腊医生希波克拉底认为，个体体内有四种体液——黏液、黄胆汁、黑胆汁、血液，这四种体液分布的多寡构成了人的气质差异。

1. 胆汁质

胆汁质气质类型的人感受性较弱，耐受性、敏捷性、可塑性均强，兴奋比抑制占优势；行为表现为直率、热情、精力旺盛、情绪易冲动、心境变化剧烈，具有外倾性。兴奋而热烈是其主要特色。

2. 多血质

多血质气质类型的人感受性低而耐受性高，不随意反应性强，具有外向性和可塑性，情绪兴奋性高而且外部表现明显，反应速度快而灵活；行为表现为活泼、敏感、好动、反应迅速、喜欢与人交往、注意力容易转移、兴趣容易变换。

3. 黏液质

黏液质气质类型的人感受性低而耐受性高，不随意的反应性和情绪兴奋性均低，较内向，外部表现少，反应速度慢而具有稳定性；行为表现为安静、稳重、反应缓慢、沉默寡言、情绪不易外露，注意稳定但又难于转移，善于忍耐。

4. 抑郁质

抑郁质类型的人感受性高而耐受性低，不随意的反应性低，严重内向，情绪兴奋性高并且体验深，反应速度慢，具有刻板性和不灵活性；行为表现为孤僻、行动迟缓、体验深刻、多愁善感、善于察觉别人不易察觉到的细小事物。

（二）巴甫洛夫的四种神经活动类型

巴甫洛夫根据高级神经活动兴奋和抑制过程具有的强度、平衡性和灵活性的特点，以及它们在个体身上存在各不相同的结合，产生了各自的神经活动类型，其中，最典型的有四种。

1. 强、平衡而灵活型神经活动

强、平衡而灵活型神经活动，条件反射形成或改变迅速，并且动作灵敏，又叫"活泼型神经活动"。

2. 强而不平衡型神经活动

强而不平衡型神经活动，兴奋占优势，条件反射形成比消退来得更快，易兴奋、易怒而难以抑制，又叫"不可遏制型神经活动"或"兴奋性神经活动"。

3. 强、平衡而不灵活型神经活动

强、平衡而不灵活型神经活动，条件反射容易形成且难以改变，庄重、迟缓而又惰性，又叫"安静型神经活动"。

4. 弱型神经活动

弱型神经活动，兴奋与抑制都很弱，感受性高，难以承受强刺激，胆小而显神经质。

巴甫洛夫的这四种神经活动类型恰恰与古希腊希波克拉底划分的四种气质类型相对应，气质特征也相对应（见表4-2）。

表4-2　气质类型与高级神经活动类型

气质类型	高级神经活动类型	高级神经活动过程	行为表现
胆汁质	不可遏制型	强而不平衡	直率、热情、精力旺盛、情绪易冲动、心境变化剧烈
多血质	活泼型	强、平衡而灵活	活泼、敏感、好动、反应迅速、喜欢与人交往、注意力容易转移、兴趣容易变换
黏液质	安静型	强、平衡而不灵活	安静、稳重、反应缓慢、沉默寡言、情绪不易外露、注意稳定但又难于转移，善于忍耐
抑郁质	弱型	弱	孤僻、行动迟缓、体验深刻、多愁善感、善于察觉别人不易察觉到的细小事物

三、气质对小学生的影响及教育应用

（一）气质对小学生的影响

1. 气质对小学生认知和智力活动的影响

气质类型无所谓好坏，但气质作为一个人的行为特征，在社会生活中会表现出适宜或不适宜的情况。气质虽然不能直接决定小学生的认知水平和智力发展水平，但不同气质类型的小学生表现出来的行为特征可能会间接影响他们的学习习惯、学习兴趣、学习专注度等，从而在一定程度上影响其学业成就。国内心理学界普遍认为，气质主要影响个体的学习方式，对学生的学习成绩影响则不大。林崇德把气质看作非智力因素的重要组成部分，认为气质起定型作用，直接制约智力与能力的性质、效率和特征。[1]沈烈敏通过研究得出，

---

[1] 林崇德. 学习与发展［M］. 北京：北京教育出版社，1992：463.

多血质在情绪稳定、社会灵活性两个方面水平比较高，此结果证明了多血质气质类型者在学习方面较为有利的行为特征；黏液质气质类型者在情绪稳定和任务坚持性方面的优势可以使其获得较好的学习成绩；胆汁质气质类型者具有的冲动性则不利于学习；而抑郁质气质类型者在各项中都不占优势。①

拓展阅读 4-1

气质与学业成就的相关及其机制的研究

关于中小学生学习优等生与学习后进生人格特征的因素分析表明，多血质、多血－黏液质和多血－胆汁质学生群体，在好胜性和沉稳性人格因素上，具备与学习优等生相似的人格品质，明显优于抑郁质、胆汁－抑郁质和黏液－抑郁质学生。因而，在其他条件相等的情况下，多血质、多血－黏液质和多血－胆汁质学生，在学习活动中表现出明显的"气质优势"。气质不仅直接制约智力和能力的性质、效率和特征，而且可以通过调节环境、教育影响和塑造人格，对学业成就产生间接影响。我们强调"人格力量"对学生成才的决定作用，就应当重视人最典型、最稳定的个性心理特征——气质对人格和学业成就的影响，有针对性预见性地培养各种气质类型学生的优良个性品质，提高其学业成绩。

（资料来源：张履祥，钱含芬.气质与学业成就的相关及其机制的研究［J］.心理学报，1995（1）：61-68）

2.气质对小学生心理健康的影响

气质具有相对稳定性，会影响小学生面对各种环境时的反应。在学校中，小学生的气质特点不仅会影响他们的学习方式，还会影响他们的情绪情感表现。小学阶段是儿童成长发育重要的时期，其身心发展状况对其一生都有深远的影响。随着竞争的加剧，小学生面临着来自外界环境和自身的双重压力，心理状况不容乐观。例如，社交焦虑就是非常常见的负性情绪状态。小学生的气质特点与社交焦虑关系密切。于晓宇等通过研究发现，胆汁质、多血质和黏液质三种气质类型对社交焦虑具有负向预测作用，抑郁质对社交焦虑具有正向预测作用，即抑郁质气质类型的小学生比胆汁质、多血质和黏液质气质类型的小学生更有可能产生社交焦虑这一心理健康问题。②

① 沈烈敏.关于气质类型与相对学业不良的相关研究［J］.心理科学，2004（5）：1091-1094.
② 于晓宇，朱小茼，郑海英，等.5～6年级小学生父母教养方式气质类型与社交焦虑之间的关系［J］.河北联合大学学报（医学版），2015，17（4）：46-49.

3. 气质对小学生行为表现的影响

气质与小学生的行为表现也有着密切的联系。气质类型没有好坏之分，任何一种气质类型都能表现为积极的心理特征，也能表现为消极的心理特征。气质体现了个体的整体精神风貌，对小学生行为表现的影响是持续而深远的，例如，影响其职业选择，一些特殊的职业，如宇航员、运动员、雷达观测员等，对人的气质特征提出了特定的要求。从事这些职业的人必须经过气质特征的测定，进行严格的选择和培训，才能胜任这类活动。气质在实践活动中确实有一定的作用，是个性心理特征的一个方面。我们在考察人的实践活动和个性发展时，必须关注气质这一因素。但是，人的行为并不取决于气质，而是由社会生活条件和教育影响下形成的理想、信念和态度决定的。与理想、信念、态度相比，气质对行为的作用，只有从属意义。

📝 **拓展阅读 4-2**

小学高年级儿童气质对父母教养方式的影响

以往关于幼儿气质对母亲或家庭教养方式影响的研究表明，引发母亲或父亲民主型教养方式的气质特征包括情绪乐观积极、适应性快、注意持久性强（坚持性）、睡眠活动水平低、注意不易分散；而引发母亲或父亲非民主型教养方式的气质特征主要包括高活动性、高趋向性、高反应强度等。

对于小学高年级儿童，引发父母良好教养方式的气质特征主要包括日常学习和生活中的可预见性、组织性强，适应迅速、坚持性强、注意不易分散、情绪积极友好、反应阈低等；引发父母不良教养方式的气质特征主要包括活动量大、注意力容易分散、适应缓慢等。

两个年龄阶段研究结论的不同之处在于，幼儿的父母更重视幼儿的反应强度、睡眠活动水平、对新异刺激的趋避性；而小学生的父母更关注小学生在学习和生活中的规律性、组织性，关心小学生是否感知敏感。可见，随着儿童步入不同的发展阶段，父母的要求和期望相应发生变化，从关心儿童的生理健康、安全转变为关心儿童的学习，期望儿童养成与学习相适应的心理品质，如良好的学习规律、做事有条理等。这充分表明，气质对父母教养方式的影响不是一成不变的，而是会随着儿童的成长发生相应的调整和变化。这启发我们，在对小学生家长进行家庭教育指导时，要强调关注节律性差、不够敏感的儿童，耐心、宽容地对待他们，同时适度调整自身对儿童的期望，促进儿童气质和环境的良好适应。

（资料来源：陈陈，倪海鹰，杨静平．小学高年级儿童气质对父母教养方式的影响［J］．南京师大学报（社会科学版），2007（3）：107-113）

（二）气质对小学生影响的教育应用

1. 正确认识气质类型和特点

尽管气质不能决定个人的成就，但不同气质类型的学生在工作、学习和行为表现方面存在着诸多差异。教师要深入了解不同气质类型及特点，在了解的基础上根据不同学生的不同气质类型采取不同的教育对策。如多血质气质类型的学生反应灵敏，容易适应新的环境，但如果缺乏适当的教育，就可能产生肤浅、注意力不稳定和缺乏应有的沉思的倾向；胆汁质气质类型的小学生热情开朗、精力旺盛、刚强，但如果缺乏适当的教育，就可能产生缺乏自制力、生硬急躁、经常发脾气的倾向；黏液质气质类型的小学生冷静、沉着、自制、踏实，但如果缺乏适当的教育，就可能产生对生活漠然处之的倾向；抑郁质气质类型的小学生情绪敏感，情感深刻稳定，但如果缺乏适当的教育，就会完全沉浸在个人的体验中，过分腼腆等。

2. 识别小学生的气质类型并注意扬长避短

教师应该认识到小学生的气质并没有好坏之分，每种气质类型都有优点和缺点。教师的任务在于找到适合小学生气质特点的最佳道路、形式和方法。教师要了解小学生的气质类型和气质特征，做到"一把钥匙开一把锁"，采取有效的策略提高教育效果。教师要教育小学生正确对待气质的积极特点和消极特点，帮助小学生消除气质的消极面、发扬积极面，促进小学生更好地发展。例如，对多血质气质类型的小学生，不能放松要求或使他们感到无事可做，要培养他们踏实、专一和克服困难的精神；对胆汁质气质类型的小学生，要使他们善于抑制自己，帮助他们培养自制、坚韧的学习习惯；对黏液质气质类型的小学生，要热情引导他们积极探索新问题，鼓励他们参加集体活动，发展其灵活性和主动性；对抑郁质气质类型的小学生，不要在公开场合批评、指责他们，要让他们有更多的机会参加集体活动，在活动中磨炼意志的坚韧性、情绪的稳定性。

3. 防止部分气质类型小学生的极端病态倾向发展

每种气质类型在感受性、耐受性、反应的敏捷性、可塑性、情绪兴奋性和倾向性六个方面的特征上各有不同的表现，某一方面特征的极端发展可能造成学生极端病态行为的发生，从而影响其身心的健康发展。例如，抑郁质气质类型和胆汁质气质类型的学生，如果耐受性发展过差，不能很好地控制自己，就会出现一些病态倾向。通常抑郁质气质类型的小学生在极不稳定情况下，易发生像紧张、胆怯、恐惧、强迫等具有神经焦虑倾向的障碍；而胆汁质气质类型的小学生的极端化发展可能与一些更具有攻击性和破坏性的行为有关。教师要学会分辨一些基本的心理障碍倾向，采取科学的态度慎重对待小学生。

第三节　小学生的性格发展及教育应用

性格是小学生个性心理特征中的核心成分。性格以遗传素质为基础，经过后天的教育和社会因素的塑造形成，并在其相互作用下不断发展。小学生正处于性格形成的过程中，在认识小学生性格特点的基础上塑造其良好性格，对小学生核心素养的发展具有极为重要的意义。

一、性格的概念

（一）性格的含义

性格是个人对待客观现实的稳定态度以及与之适应的习惯化了的行为方式。性格是最具有核心意义的个性心理特征，最能表征一个人的个性差异。我们平时讲的"个性"，主要是指一个人的性格。性格特征表现在人对现实的态度和行为方式中。人对现实的态度和与之相适应的行为方式的独特结合，构成了一个人区别于他人的独特性格，即性格特征。其结构包括性格的理智特征、性格的情绪特征、性格的意志特征和性格的态度特征四个方面。

根据性格的定义，我们可以对性格做如下理解。

1. 性格具有稳定性与可塑性

个体作为社会成员，不断地接受着社会各个方面的刺激和影响，个体的性格一旦形成就会持续地影响个体的态度和行为方式。久而久之，人在某种情境下，就会知道自己应该做什么，不应该做什么。这种反应模式的固定化，意味着这个人形成了一定的态度体系和特有的习惯化了的行为方式。那些非稳定的、偶然的态度和行为方式，都不是性格或性格的表现。但性格是后天形成的，在特定的社会条件下，个体的性格会逐渐地发生变化，不断地被重塑，因此，性格有好坏之分，其性质的好坏往往依赖那些具有核心意义的态度和行为方式。

2. 性格具有独特性

性格是某些心理特征在一个人身上的有机结合，体现着个人的独特性，标志着人的个体差异。由于个体的具体生活道路不同，每个人的性格会有不同的特征。某种性格总是为某个人特有，世界上没有性格完全相同的两个人。

3. 性格在个性中具有核心地位

性格是一个人个性中最重要、最显著的心理特征，在人的个性中起着核心的作用，反映了人的个性本质。

（二）性格与气质的关系

性格与气质是两种不同的个性心理特征，彼此存在着本质的区别。但和任何心理现象一样，性格与气质之间又有联系。性格与气质的区别和联系如表4-3所示。

表4-3　性格与气质的区别和联系

项目	性格与气质
区别	性格是后天的，在遗传素质的基础上主要经过后天的环境和教育的塑造形成； 气质是先天的，主要受生物遗传因素的影响，与高级神经活动类型和特征相对应
	性格可塑性较大，社会环境和教育对性格的塑造作用明显； 气质可塑性小，相对比较稳定
	性格有好坏之分，体现了环境对个体的影响； 气质没有好坏之分，体现了对个体行为的外显
联系	性格对气质具有一定的影响。人在生活实践中形成的对客观现实的态度和行为方式，在某种程度上遮蔽或改变着气质，使其服从实践活动的要求
	气质影响性格的表现特点，使性格的表现带有气质的特点
	气质能影响性格的发展速度。如胆汁质气质类型的小学生，由于神经兴奋过程强于抑制过程，比黏液质气质类型的小学生更容易形成果断和勇敢的性格

二、性格的类型

由于性格具有复杂性，研究者划分的标准不同，存在多种性格类型的划分，下面是几种主要的性格类型划分。

（一）按心理活动倾向性划分

在国内外心理学类型论中，以瑞士心理学家荣格（Carl Gustav Jung）提出的按照心理活动的倾向性将性格划分为外倾型（外向型）和内倾型（内向型）最有名，并被许多心理学家认同。

外倾型（外向型）的人，重视外在世界，爱社交、活跃、开朗、自信、勇于进取，对周围一切事物都很感兴趣，容易适应环境的变化。内倾型（内向型）的人，重视主观世界，好沉思、善内省，常常沉浸在自我欣赏和陶醉之中，孤僻、缺乏自信、易害羞、冷漠、寡言，较难适应环境的变化。

（二）按个体独立程度划分

美国心理学家威特金等根据个体心理活动的独立性程度，将性格划分为顺从型和独立型。顺从型的人较容易受到当时环境中的其他事物（包括知觉者本身的状况）的影响，独立性差，容易受暗示，更多地利用外在参照，用外在的社会参照确定自己的态度和行为，社会敏感性强。独立型的人较少受当时知觉的情境影响，有较大的独立性，不易受暗示，社会敏感性弱，不大注意他人提供的社会线索，比较独立、自信、自尊心强。

（三）按心理机能划分

英国心理学家培因（A.Bain）和法国心理学家李波特（T.Ribot）依据理智、情绪、意志三种心理机能在人的性格中所占优势的不同，将人的性格划分为理智型、情绪型、意志型。理智型的人通常比较冷静，能够比较理智地处理问题、理智地评价周围发生的一切，并且能支配和控制自己的行动。情绪型的人通常以自己的情绪体验作为评价一切的标准，言谈举止容易受到情绪的左右。他们的情绪波动幅度大、频率快，有明显的易变性、冲动性和易感染性，同时其情绪调控能力也较差。意志型的人一般目标明确，积极主动且坚定，自制力较强，在日常的学习生活中常常能克服一定的困难，绝不半途而废。

上述是三种典型的类型，在日常生活中，小学生不是只表现为某一种性格类型，而是某两种类型混合，如理智－意志型等。

（四）其他分类标准

除上述三种常见的分类外，还有学者根据其他分类标准对性格进行了分类。如卡特尔（R.B.Cattell）按照性格多种特质的不同结合，把人的性格划分为不同类型。卡特尔运用因素分析方法，把性格特质分为表面特质和根源特质两大类，通过因素分析方法，从众多的行为表面特质中确定了性格的 16 种根源特质。之所以每个人性格特征不同，就是因为这 16 种性格特质在每个人身上的组合不同。奥地利心理学家阿德勒（A. Adler）根据个体竞争性的不同，把性格划分为优越型与自卑型两种。优越型的人恃强好胜，不甘落后，总是想超越别人；而自卑型的人甘愿退让，不与人争，缺乏进取心。

以上性格类型学说从不同角度揭示了性格的多样性，有利于人们对性格的认识和塑造。对于如何形成一个覆盖面广、能全面准确揭示性格类型的理论，心理学界还在做进一步的努力。

拓展阅读 4-3

MBTI 性格测试及对小学教育的启示

MBTI 是美国的迈尔斯（Isabel Briggs Myers）和布里格斯（Katherine Cook Briggs）研制的一种自我报告式性格类型量表。MBTI 为人的个性提供了四种有用的衡量尺度，来衡量人们在已有的状况中把注意力集中在哪些方面，并根据收集的情报如何为决策带来影响。MBTI 的四种尺度由八种偏爱构成，如图 4-1 所示。

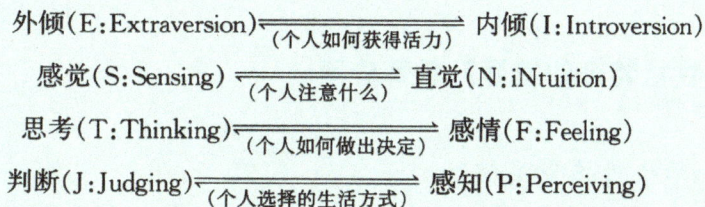

外倾（E：Extraversion）⇌（个人如何获得活力）⇌ 内倾（I：Introversion）

感觉（S：Sensing）⇌（个人注意什么）⇌ 直觉（N：iNtuition）

思考（T：Thinking）⇌（个人如何做出决定）⇌ 感情（F：Feeling）

判断（J：Judging）⇌（个人选择的生活方式）⇌ 感知（P：Perceiving）

图 4-1 MBTI 的八种偏爱

MBTI 的八种偏爱特性如下：外倾型从人、活动或事物等外部世界汲取活力，而内倾型从观念、情绪或印象等个人的内部世界汲取活力；感觉型通过五种感官获取信息并注意实际情况，而直觉型通过"第六感觉"获取信息并注意可能的情况；思考型以便于用逻辑客观方法做出决定的方式组织和排列信息，而情感型以便于个人价值导向方向做出决定的方式组织和排列信息；判断型过有计划、有组织的生活，而感知型过自然的、随意的生活。当人们接受 MBTI 测试时，将会从每一个尺度中选择一种偏爱，最终由选择的四种偏爱以字母的形式组合成某一种类型，并且每一种偏爱都有相应的偏爱度。根据 MBTI 测试，每种性格类型均有偏爱的学习风格、工作环境等特质。20 世纪 70 年代以来，MBTI 被应用于人事管理、人力开发、教育开发和组织开发等多个领域,成了运用最广泛的理解人格差异的有效工具。在以提升小学生核心素养发展为目标的时代,关注小学生群体在性格类型方面的差异,对我们的教育有很大的启示作用。

一是能够帮助小学生科学地探索"我是谁"。对学校教育而言,小学生入学初期科学地了解其个性差异和学习风格,因材施教,将能够提高教育教学效能。

二是能够帮助学生学会有效地收集信息。学校根据不同的教学内容和小学生的学习风格,采用不同的教学策略,强化小学生的思维方法,有效地培养小学生的创造性思维能力,帮助小学生完成知识的意义建构。

三是能够帮助小学生增强目标意识,加强自律训练。尽管在生活样式上一些感知型小学生容易出现纪律性差、时间管理能力低、不按时完成作业等不良现象,导致学习成绩不良或滑坡,但只要对其进行切实有效的人格教育,增强目标意识和计划性,提高自律,感知型小学生就能和判断型小学生一样以自己的学习风格安排学习生活,提高学习效率。

（资料来源：李凤月.学生群体职业兴趣类型差异对教育的启示［J］.全球教育展望,2011,40（1）：69-72)

三、小学生性格特征的发展及教育应用

（一）小学生性格发展概述

进入小学后,儿童的性格发展水平随年龄的增长逐渐升高,但其性格发展总体呈现不稳定的态势,表现为发展速度不均衡,性格发展具有阶段性的特点。小学低年级学生由于正处于幼儿园到小学生活的过渡时期,学业压力和人际交往压力常常迫使他们感到焦虑、紧张,常有不适应学校生活的一些表现,这一时期其性格发展较为缓慢。自进入小学中高年级起,学生性格的发展进入一个快速发展时期。由于这一阶段大部分小学生已经适应了学校生活,集体生活范围逐渐扩大,同伴交往日益增多,友谊逐渐发展,坚持性、自制性随年级升高逐渐增强。教师、集体、同伴对小学生的性格产生越来越直接的影响,使小学生的性格特征日益丰富起来。

（二）小学生性格特征的发展特点

小学生的性格特征总体上会随着年龄的增加不断向前发展,不断丰富和完善。但其性

格的态度特征、意志特征、情绪特征和理智特征在发展的过程中也会体现出小学阶段学生独有的特点。

1. 性格的态度特征发展

性格的态度特征，是指个体如何处理社会各方面关系的性格特征，表现在对自己、他人和社会事务的态度上。整体而言，小学低年级学生还未形成明确的处世之道，其基本是遵从教师、家长的外在要求行事。而到了小学高年级之后，学生开始自觉地向表现好的同辈群体看齐，逐渐能将外界的要求内化，对事、人采取合理恰当的态度。

2. 性格的意志特征发展

性格的意志特征，是指个体对自己的行为自觉地进行调节的特征，表现为对目标的明确程度、行为的自觉控制，在紧急或困难情况下的意志特征等。总体而言，这一特征的发展水平还不高，依赖性较强，虽然在进入少年初期有明显独立和摆脱成年人控制的愿望，但意志力真正的发展和趋于成熟是在初高中阶段。

3. 性格的情绪特征发展

性格的情绪特征，是指个体的情绪对活动的影响，表现为情绪的强度、稳定性、持久性和主导心境等方面。儿童从幼儿园进入小学后突然面临着繁重的学习任务和严格的要求，往往会感到难以适应学校的生活，如果不及时调整就可能导致情绪低落，产生畏难情绪。教师应该注意改进教学方法和减轻小学生负担。进入小学高年级阶段以后，学生的情绪敏感水平大幅提升，如果处理不当就可能造成与成年人的情绪对立。

4. 性格的理智特征发展

性格的理智特征，是指个体在认知活动中的性格特征，表现在感知、记忆、想象、思维等方面的认知特点和风格上。小学生的感知、记忆、想象、思维都在不断发展。进入小学高年级以后，学生性格各方面的理智特征都呈现出快速发展的趋势。随着年龄的增长，小学生对陌生的世界越来越感兴趣，一切都吸引他们积极探索这个未知的世界。

（三）小学生性格的塑造及教育应用

小学生的性格主要是通过后天的家庭、社会环境以及教育实践活动等的影响逐渐发展起来的。性格有好坏之分，具有可塑性，因此，家庭教育和学校教育都应该努力塑造和培养学生良好的性格品质。

1.塑造小学生良好性格的家庭教育建议

（1）营造良好的家庭生活环境

"孟母三迁"的故事告诉我们，孩子的成长需要一个良好的生活环境。生活环境包括情感环境、智育环境、德育环境和美育环境。和谐温馨、互相关爱、自然亲切、活泼生动是对小学生生活的良好家庭环境的一些基本要求。在家庭生活中，父母的教养方式对小学生良好性格的塑造起到了举足轻重的作用。父母稳定的情绪、一定的经济基础、良好的教育条件都是良好的家庭生活环境的必要条件。在以家庭为单位的基础上，我们也可以从社区的角度出发，通过社区组织小学生开展体验自然、做游戏等活动，力求给小学生创造一个丰富的业余生活环境。

（2）培养小学生良好的行为习惯

良好的行为习惯，是优良性格养成的起点。良好行为习惯的养成，应从吃、喝、拉、撒、穿、睡、讲礼貌、劳动、独立行为等小事抓起，积极鼓励和严格要求。例如，小学生应该养成自己洗脸、刷牙、穿衣、吃饭、睡觉等日常行为习惯；使用完玩具、用具后应当自己整理收拾，养成自己整理物品，自己的事情自己做，自己的事情自己负责的习惯；要使用礼貌用语；要专心致志地学习，保质保量地完成学习任务等。

（3）家长要以身作则

父母的榜样力量是无穷的。对小学生来说，在所有榜样中，父母的榜样作用是最直接、最重要的。我们要求以性格培养性格，父母的言行举止首先要符合自己提出的是非标准，要让小学生感到父母的言语和行为是具有说服力的。如培养小学生的勤劳品质，可以让小学生在家庭生活中承担必要的家务劳动，和父母一起积极参与学校、社区开展的体力劳动；培养小学生坚韧、自制的品质，可以带着小学生爬山、踢球、跑步等。此外，父母在以身作则引导小学生的同时，还应该考虑到小学生的认知特点，循序渐进，因势利导，逐步让榜样的良好性格品质潜移默化地浸润小学生的心田。

拓展阅读 4-4

家庭教育结构对儿童少年性格发展影响的测验研究

家庭中的教育行为对儿童心理的发展起着重要作用，相关研究以小学生为被试，对家庭教育诸因素对性格发展的影响做了较为系统的探索，研究结果如下。

首先，被调查的家庭教育结构各因素对小学生性格结构的发展具有明显的影响，但家庭教育结构的各因素对小学生性格结构的发展产生的影响方面和性质有所不同。

从对性格结构产生影响的方面来说，家庭教育结构的各因素可从大到小排列为：独立性的教育要求、民主性的教育方式、家庭的亲子关系、劳动教育、健康教育、艺术教育、进取性的教育要求、攻击性的教育要求等。

其次，家庭教育结构对不同性格特质的影响程度不同。总的来说，对生活旨趣、认知风格、意志品质和态度倾向四个亚结构的发展具有十分明显的影响。而对其他特质以及情绪特征中的各个特质的影响甚小。进一步分析表明，受到家庭教育结构明显影响的性格特质中，主要可归纳为四个方面：一是生活目标和生活价值，良好的家庭教育结构有助于形成小学生积极健康的人生价值观，促进有意义人生目标的确立；二是认知方式，健全的家庭教育结构有助于培养小学生客观、冷静、全面地看待事物、思考问题的认知方式；三是意志品质，健全的家庭教育结构有助于形成小学生行为的自觉性、毅力和决策的果断性；四是对工作、对他人和对自我的态度，健全的家庭教育结构有助于养成小学生较强的工作责任感和荣誉感。

（资料来源：张锋，李舜，周金碧，等．家庭教育结构对儿童少年性格发展影响的测验研究［J］．当代青年研究，1996（4）：35-38）

2.塑造小学生良好性格的学校教育建议

（1）创设良好的群体氛围

学校教育中的群体氛围，主要是指班级氛围或班级风气。首先，班级氛围的好坏与其所处的学校氛围是密不可分的。班级氛围受到学校氛围甚至整个社会风气的影响。如果某个学校鼓励学生在课余时间积极参加社团活动，那么某个班级学生沉闷的活动风气就会明显地与整体氛围形成反差，并体会到来自外部的压力，而要积极参加课余活动。但是，在这个总的氛围中，每个班级会由于集体目标和集体领导的影响，以及集体成员间的相互作用，形成班集体自身的氛围，这种氛围对于小学生往往具有更直接的影响。创设良好的集体氛围需要依赖以下几点：第一，在集体建立之初，建立民主而规范的班级管理制度；第二，班主任或领导者自身的模范作用和威信的树立；第三，与集体目标相一致的活动的开展，提高班集体成员之间的凝聚力，使之自觉地追求和维护集体目标。

（2）注意小学生中非正式群体的影响

小学生中的非正式群体在很大程度上对个体的行为起到了助长、削弱、限制或诱导等作用。它对于小学生的态度、行为习惯乃至性格形成具有极为密切的关系。小学生一方面学习生活在学校、班级、少先队等正式群体中，另一方面可能与班级内外的某些同学组成一个个非正式群体，彼此之间相互作用、相互影响。同时，非正式群体"具有一定的价值和规范系统，而这种价值和规范系统至少调节着各个成员的行为"①。由于非正式群体有相对稳定的人员、统一的群体行为，谋求协调心理，对小学生在各个方面的发展有着较大的影响。在教育实践中，更好地利用非正式群体进行思想教育、性格塑造方面的疏导是必要且可行的。

（3）以知识孕育和丰富小学生的良好性格

知识是孕育和丰富小学生良好性格的土壤。在小学生的性格教育中，教师要丰富学生的知识，开阔学生的视野，提高学生的认知能力，以知育性。教师在传授给小学生系统化的科学文化知识的同时，要对其进行正确的世界观、人生观、价值观教育，要引导小学生阅读名人传记等，通过这些作品描述的主人公的先进事迹及良好的性格品质潜移默化地影响小学生，培养小学生优良的性格品质。

（4）教师要为小学生树立榜样

除父母外，小学生往往将教师作为自己学习的榜样，教师的言行举止对他们产生了极大的影响。一位关心他人的教师，往往会引导小学生也形成与之相似的热心友善性格；而一位脾气暴躁的教师，往往会教育出同样缺乏耐心、脾气粗暴的学生。因此，教师要热爱、尊重、关心小学生，多与他们进行深层次的交流与沟通。这些教师为小学生树立的榜样行为可以使他们感受到来自教师的温暖，并影响其形成关心他人、热情友善的良好性格；反之，如果教师经常对小学生冷眼相向，忽视他们，小学生就容易形成自卑、敌对等反社会人格。所以，教师要常常进行自我反思，审视自己的言行举止，在培养自身优良性格品质的基础上，展现给小学生积极正面的形象，做出正确的表率。

第四节　小学生的自我意识发展及教育应用

自我意识是小学生个性的重要组成部分，是其自我教育的基础。小学生如何正确认识自己，如何调控自己，如何根据自己的特点确定恰当的发展目标，关系到小学生健康个性的形成与发展。

---

① 黄志林，乐秀峻，陆青萍，等.小学生非正式群体形成特点简析［J］.上海教育科研，1988（6）：34-35.

一、自我意识的含义

自我意识是衡量个性成熟水平的标志，是整合、统一个性各个部分的核心力量，也是推动个性发展的内部动因。自我意识是人对自己身心状态及对自己同客观世界关系的意识，是由知、情、意三个方面统一构成的高级反映形式。"知"即自我认识，主要是指自我概念和自我评价；"情"是指自我的情绪体验，主要包括自尊、自信；"意"是指自我控制和调节。自我意识是人所特有的，是人类区别于动物的主要特征，具有如下特点。

①社会性。自我意识是一个多因素、多层次的整体结构，既包含生物的、生理的因素，又包含社会的、精神的因素，如对自己在社会中所处的经济状况、政治地位、声誉、威信等方面的自我体验和自我评价。

②能动性。自我意识对人的心理活动和行为方式都起着制约作用。例如，个体在日常学习和交往过程中，由于意识到自己在他人心目中的位置和集体中的地位、作用，自己的责任或义务，自己的优缺点，从而能自觉地调节自己的态度和行为，以便形成良好的行为习惯，更好地促进自我教育和自我完善，最终使自己的个性得到健康发展。

二、自我意识的理论

（一）哈特曼的自我心理学

奥地利心理学家哈特曼（Heinz Hartmann）被誉为"自我心理学之父"，对近代自我心理学的建立和发展有着重大影响。在哈特曼的理论中，他谈到自我的综合功能、自我心理过程以及自我防御机制，最重要的是提出了"自主性自我"的概念。哈特曼认为，自我在生命的早期是未分化的，是和本我同时存在的，而且二者在其内在倾向方面都有其各自的根源与独立发展的过程，自我过程并不都是为了满足个体的本能需要，而是有着不同于本能的目标。哈特曼还论述了自我防御机制，认为自我防御机制并不一定都是病态的或消极的，在个体的发展过程中，它也可以是健康的、正常的，有助于个体对环境的适应和自我整合。自我的自主性是非常强的，它并不完全受不能的支配，而是以其拥有的感知、记忆、思维等认知过程自主地支配自己，主要是以非防御性的方式应付现实，适应环境。

（二）奥尔波特的自我论

美国心理学家奥尔波特整理了一些学者关于自我的论述，把自我分为八类：把自我理解为主体的自我，作为被认识到的客体的自我，作为原始的利己心的自我，作为控制冲动的自我，作为精神过程的接受者的自我，作为追求目标者的自我，作为行为体系的自我，作为文化主体的自我。从奥尔波特的分类可以看到两点：一是自我概念内涵的多样性，二是他没有提出分类的根据与标准。

（三）自我认知加工理论

美国心理学家邓纳特（Dennett）提出自我认知加工理论。这种理论的特点在于，对人类自我意识过程的独特理解，以及在此基础上提出的认知流程。

邓纳特在其理论中区分了在人脑自我意识过程中存在的三种信息获取方式。第一种是内隐式信息获取，第二种是外显式信息获取，第三种是自我反省式信息获取。

邓纳特根据自己对自我意识过程的理解，提出了一种个体自我意识的认知加工流程。他认为，个体的自我意识过程大致由输出、控制、记忆、知觉、问题解决、梦六种必要成分组成。

三、自我意识的心理成分

自我意识由自我认识、自我体验和自我监控三种心理成分构成。这三种心理成分相互作用、相互制约，统一于个体的自我意识中。

（一）自我认识

自我认识涉及"我是一个什么样的人"的问题，包括自我感觉、自我概念和自我评价三个方面。其中，自我概念和自我评价是最主要的方面，反映了自我认识的发展水平。

1. 自我概念

自我概念是个体对自身存在的体验，包括对自己生理状态、心理状态、人际关系及社会角色的认识。自我概念是一个有机的认知结构，由态度、情感、信仰和价值观等组成，贯穿整个经验和行动，并把个体表现出来的各种特定习惯、能力、思想、观点等组织起来。自我概念的健康发展对个体的心理健康和成长具有重要意义，一个健康的自我概念可以促进个体的自尊、自信、自爱和自主，从而更好地适应社会和生活中的各种变化和挑战。而一个不健康的自我概念则会导致个体产生自卑、自怨自艾、自我压抑等负面情绪，影响个体的行为和心理健康。

2. 自我评价

自我评价建立在自我观察和自我概念的基础上，是对自己能力、品德及其他方面的社会价值的判断。自我评价有恰当与不当两种。适当的、正确的自我评价使主体对自己采取分析的态度，并将自己的力量与面临的任务及周围人的要求加以恰当的比较。不适当的自我评价可以分为过高评价和过低评价两种。一般来说，人们对自我进行正确的评价和恰如其分的评价是比较困难的。认识自己是比认识客观世界更复杂的过程，除了认知因素外，还会受到需要、动机、能力等其他心理因素的影响，因此，容易过高或过低估计自己。

📖 拓展阅读 4-5

高年级小学生校园欺负特点及其与自我意识的关系

小学五年级至六年级正处在自我意识从具体的、个别的评价向抽象的、概括的评价过渡的关键阶段。相关研究考虑到这一阶段自我意识与欺负现象间的相关性，进一步了解这一时期校园欺负的现状，以及学生自我意识的一般特点和发展路线，探讨了自我意识是否改变学生欺负行为的发生。研究结果如下。

欺负他人的儿童对自我意识各方面的评价都很高。欺负者多脾气暴躁，易被激怒，对一般性的外界刺激反应强烈。同时，欺负者可能缺乏某种基本的自控能力，自身行为缺乏理智，表现出动作化人格，那些经常欺负别人的儿童更可能有一种盲目的"优越感"。这种较高的自我评价与欺负者通常具有的体力优势和较强的自尊与自信是一致的，同时它的产生又是基于同辈群体的社会比较，因而，这种自信常常和对他人的怀疑、低估或歧视相对应，这就构成了欺负发生的心理条件。

与一般儿童和欺负者相比，受欺负者的自我意识水平较低，在对自己的智力、外貌与合群性方面评价偏低。可能与受欺负者通常身体脆弱、有某种身体缺陷或生理特点有关，使他们在其他方面也往往具有较低的自我评价；也可能与其人格特点有关，受欺负者以高神经质和内倾性为典型特征，从而制约其同伴交往与问题解决策略；也可能是受欺负严重摧残了受欺负者的自尊，降低了个人的自我评价或自我价值感。受欺负者在长期遭受同伴的羞辱又无力自卫时，极易产生对现实世界的不安全感，并可能形成习得性无助感。

（资料来源：胡芳芳，桑青松 . 高年级小学生校园欺负特点及其与自我意识的关系 [J] . 中国学校卫生，2011，32（8）：938-940）

（二）自我体验

自我体验，是指自己对自己怀有一种情绪体验，也就是主观的"我"对客观的"我"持有的一种情绪体验。自我体验涉及"对自己是否满意，能否悦纳自己"的问题，包括自爱、自尊、自信、自卑、自豪感、内疚感、成就感、价值感等。其中，自尊是自我体验中最重要的方面。自尊是个人基于自我评价产生和形成的一种自重、自爱、自我尊重，并要求受到他人、集体和社会尊重的情感体验。人们生活在一定的社会群体中，产生一种高级的自尊需要，总希望在群体中具有一定的地位，享有一定的声誉，得到良好的评价。当社会评价满足个人自尊需要时，就产生自尊感。这种自尊感促使自己更加奋发向上，追求实现更高的社会期望。如果社会评价不能满足个人的自尊需要，甚至产生矛盾，就可能产生两种情况：一种是产生自我压力感，从而使自己加倍努力，迎头赶上；另一种是产生自卑心理，自暴自弃，一蹶不振。

（三）自我监控

自我意识在意志和活动方面表现为自我检查、自我监督和自我控制，自我监控涉及"如何有效地调控自己""如何改变现状，成为一个理想的人"等问题，包括自立、自主、自律、自我控制、自我监督和自我教育等。其中，自我控制是最重要的方面。自我控制是主体对自身心理与行为的主动掌握。自我控制表现在两个方面：一是发动作用，例如，坚持做完作业后再看电视、坚持利用课余时间参加一些社会公益活动等，都是自我发动与支配自己行为的结果；二是制止作用，即抑制不正确或在当时情境中不应有的言论和行为，如不乱扔垃圾、公共场合不大声喧哗、不践踏花草等。

四、小学生自我意识的发展特点及教育应用

随着小学生年龄的增长，知识经验不断丰富，社交范围不断扩大，小学生自我意识的发展过程是个体不断社会化的过程，其发展特点随年龄的增长而表现出特殊性；同时，小学生自我意识各成分也呈现出不同的发展特点。

（一）小学生自我意识发展的年龄特点及教育应用

1. 小学生自我意识发展的速度不同

小学生的自我意识总体上是不断向前发展的，但又不是直线的、匀速的，既有直线上

升的时期，又有平稳发展的时期。总体而言，呈现如下趋势。小学一年级到三年级处于上升时期。这是因为进入小学阶段，儿童接受系统的科学文化知识的学习，学校的学习活动进一步增强了小学生对自己的认知。如教师对自己的评价、同辈群体对自己的接纳程度等，都从不同侧面增强了小学生的自我认知。小学四年级到五年级处于平稳阶段。小学五年级到六年级处于第二个上升期。在这一阶段，小学生的抽象逻辑思维逐渐发展，促使他们的自我意识更加深刻，他们将外界的行为准则逐渐内化监督、调节、控制自己的行为，而且开始从对自己表面行为的认识、评价转向对自己内部品质的更深入评价。为此，教师应该通过以下几点引导小学生深化对自我的认知。

第一，抓住小学生自我意识发展的关键期，对其进行适时而正确的引导，如在小学低年级段，考虑到小学生的自我意识发展尚处于初级阶段，教师可以考虑采取多样化的评价方式，如档案袋评价、活动性表现评价等方式相结合，帮助小学生形成有关自我的整体化认知，在认知的基础上不断进行自我调节和自我控制，逐步帮助小学生完善个性发展。

第二，尊重小学生自我意识发展的阶段性特征，做到有针对性地促进其个性品质的完善，在不同的年龄阶段，小学生的自我意识发展速度不同，教师需要了解每个年龄阶段小学生自我意识的发展特点，并根据他们的个体差异调整自己的教育目标，做到"一把钥匙开一把锁"。

2. 小学生自我意识各因素发展不同步

总体来说，小学生的自我意识水平会随着他们与客体互动的增多以及认识能力的增强而提高，但自我意识具体成分的发展并不同步。自我认识是自我意识的主要成分，其发展水平代表了自我意识的发展水平。自我体验与自我认识密切相关。因此，小学生自我体验的发展与自我意识的发展大体一致。小学生自我监控的发展呈现一个显著的特点，表现为小学低年级学生的自我调控分数比小学高年级学生高，这是小学生的外部调控向自我调控发展的表现。出现这种现象的原因是，小学低年级学生比较容易接受教师或家长的控制，他们的自我控制分数高是由外部因素造成的，实际上是"外部控制"的结果。

（二）小学生自我意识各因素的发展特点及教育应用

1. 小学生自我概念的发展

自我概念是自我认识的前提，小学生的自我概念是在经验积累的基础上发展起来的。随着小学生内心世界的发展，他们会越来越多地将自己作为思考的对象，也能够逐渐地将自己的内心世界与外部行为、短期行为和长期行为整合起来，从而认识到自己身上一些稳定的特点。研究表明，8～11岁时，小学生的自我描述发生了重大变化。他们开始提到自己的人格特质，这些描述随着年龄的增长而增多。随着小学生年龄的增长，他们开始认识到人与人的区别不仅在于身体和拥有的物品上，还涉及感情、兴趣等方面，并且会逐渐认识到自我的本质更多地取决于个体内部的心理特点，即小学生的自我认识在逐步变得深刻、全面。

为此，教师需要做到帮助小学生正确认识自我。教师对小学生自我概念的形成与发展具有重要影响，小学生的在校生活是围绕教师和同学两个群体展开的，而教师在学生群体中处于领导地位，小学生在学校环境中是否积极主动学习在很大程度上受到教师的影响，教师看待学生的态度、对待学生的方式都会影响到其对自我的认识。因此，教师应做到尊重学生、热爱学生、平等地对待每一个学生，鼓励后进生，帮他们解决学习和生活上的困难，促进学生积极自我概念的发展。

2. 小学生自我评价的发展

除自我概念外，小学生自我认识发展的特点还体现在自我评价上，而小学阶段学生自我评价发展主要有以下趋势。

（1）从听从别人的评价到自我评价

自我评价的独立性不断发展，自我评价自萌芽起，儿童对自我的评价标准在很大程度上依附于成年人对自己的评价。但从小学三、四年级开始，儿童的自觉性和独立性有明显发展，他们逐步学会把自己的行为和别人的行为加以比较，从而能够独立地对自己的行为做出评价，小学生自我评价的独立程度随年龄的增长不断提高，从听从别人的评价逐步发展到自我评价。

（2）从注重行为结果到考虑行为动机

总体来说，小学生自我评价的全面性、深刻性程度不断提高，从简单的对外部行为的评价到对复杂的内心品质的评价。小学生的自我评价逐渐从注重行为结果向考虑行为动机方向发展。小学低年级学生对自我的评价更多是表面的，不够深刻；到了小学高年级，学生开始将自己的行为动机联系起来，分析自己的个性品质，其自我评价的深刻性和概括性逐渐发生质的变化。

（3）自我评价的稳定性不断增强

一般来说，自我评价的稳定性随着小学生年龄的增长逐渐提高。在小学一年级至三年级，学生自我评价稳定性较差；随后不断发展，到小学六年级以后，学生自我评价的稳定性较高。小学生一方面通过周围的人对自我评价的影响，另一方面通过对自己活动结果的认识，越来越全面、深刻地认识和评价自己。

为此，教师应引导小学生通过学习和交往活动提高其自我评价的能力。对于自我评价过高的学生，教师要引导其选择那些力所能及的任务，在学习和交往活动中遇到挫折时，引导学生更多地将失败归因于主观原因；同时，教师要防止他们骄傲自满，要对他们谨慎表扬，针对问题要适时且适当批评。对于自我评价过低的学生，教师应通过组织一些兴趣活动、文体活动，使其在同辈群体的交往中及时得到关于自我情况的反馈信息，了解自我与他人的距离，发现自己的长处与短处，能够互相取长补短，从而形成正确的自我评价。

📖 拓展阅读 4-6

面向智能时代的中小学生自我管理能力测评指标体系

智能时代对人才培养目标提出了更高的要求，学生需要具备自我发展与终身学习的能力越发重要。如何通过教育培养智能时代所需的人才、满足社会人力资本的新需求，成为各国提高 21 世纪国际核心竞争力的关键。相关研究构建了面向智能时代的中小学生自我管理能力测评指标体系，该指标体系包括 4 个一级指标（自我计划、自我监测、自我反思、自我调整）和 12 个二级指标（见图 4-2）。

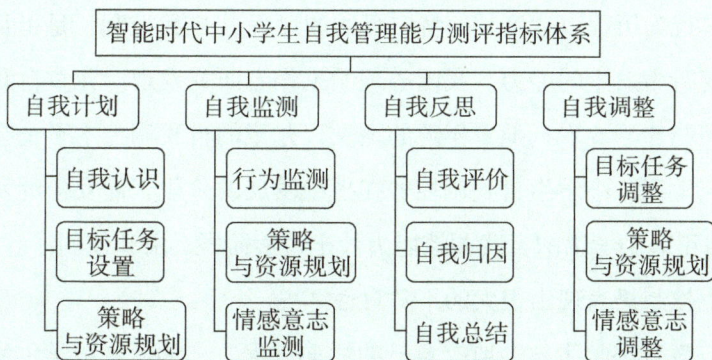

图 4-2 智能时代中小学生自我管理能力测评指标体系

（资料来源：左明章，王勇宏，余树乔.面向智能时代的中小学生自我管理能力测评指标体系构建研究［J］.现代远距离教育，2023（6）：69-83）

3. 小学生自我体验的发展

自我体验是自我意识中的情感问题，包括对自己产生的各种情绪、情感的体验。随着小学生认知能力的发展，他们的自我体验也逐渐深刻。在小学阶段，学生对社会情感与自我认识的发展是比较一致的，都具有较高水平的发展速度。但是，在小学六年级以后，学生的自我情感发展的速度缓慢下降，一直到高中至大学阶段，其自我情感的发展水平才逐渐趋于稳定。自信心是小学生个性发展的重要组成部分，直接影响到小学生个性的发展与成熟。自信心强的小学生，不论是在学习还是社会交往活动中，都能保持比较高的自我成就感，能以饱满的热情投入学习活动，积极地与他人交往，与同伴建立良好的人际关系。小学生的自信心随年龄的增长会出现波动。

为此，教师要促进小学生积极自我的情感体验。良好的人际关系是小学生积极自我的情感体验来源，教师要帮助小学生同他人建立和谐的人际关系。与同学、教师、家长和睦相处，能够真诚待人、与人为善、乐于助人，小学生一旦感受到自己是受大家喜欢和欢迎的，就能产生被大家接受的认同感，从而产生自信心。另外，教师还应该注意激发小学生的学习动机，调动小学生学习的积极性，使其能够体验成功，以促进其形成积极自我的情感体验。

4. 小学生自我调控的发展

自我调控是个体对自己认知与行为的调节和监督，使之达到自我预期的目标，自我调控和小学生的学习、生活、社会交往直接相关，对于小学生良好个性的塑造具有关键作用。自我调节和自我控制是自我调控的两个方面。自我调节，是指在没有外部指导或监控的情况下，个体维持其行为历程以达到某一特定目的的过程；自我控制，是指目标受阻时，个体抑制行为或改变行为发生的能力。我国心理学工作者研究发现，儿童自我控制和自我调节能力的发生时间在 5～6 岁，随着年龄的增长，儿童的自我调控水平也会相应地获得提高。张萍等的研究发现，小学生自我调控处在平稳发展的阶段，但女生的发展水平明显高于男生。[①] 三、四年级小学生的自我调控能力处于过渡阶段，由于他们注意分配能力有限，意志力较差，自我控制仍表现出很大的不随意性。

为此，教师应教育小学生学会监控自己的活动进程。小学低年级学生尚缺乏对行为目的的认识，其行为需要依靠外力的监督。只有在良好的教育下，小学中高年级学生才能逐渐遵守纪律，独立完成活动任务。但是，在小学阶段，学生按照一定原则、观点调节自己行为的能力还是很弱的，需要教师的指导和督促。教师在教学中帮助小学生制订切实可行的行动计划，指导小学生按照预定的计划和目标，采取适当的措施以完成任务。对完成任务的小学生给予一定的鼓励，以强化、促进他们的积极性提升。

① 张萍，梁宗保，陈会昌，等. 2～11岁儿童自我控制发展的稳定性与变化及其性别差异 [J]. 心理发展与教育，2012，28（5）：463-470.

案例讨论

案例 1

小林是一个文静乖巧的女生，五年级的时候，坐在她旁边的男生小张非常调皮，经常和其他男生发生冲突。由于小林很胆小，每次他们发生这样的冲突时她都特别害怕。后来，有一次，小张又和别的男生打架，小林吓哭了就立刻去告诉班主任。在班主任的眼中，小林是一个很爱哭、事多的学生，认为小林是在小题大做，让她不要因为一些小事就哭，随便说了几句就让小林走了。小林回到班级后，他们还在打架，和小张关系好的一个同学就去帮忙一起打另一个男生，慌乱中不小心误伤了其他同学。大家都很着急去喊班主任。等班主任来时事情已经变得非常严重了。

讨论：请从个性差异以及气质类型的角度分析，班主任应如何处理学生之间的矛盾与冲突。

案例 2

项目式学习因注重帮助学生解决真实世界中复杂的、非常规的且具有挑战性的问题，培养学生沟通合作、批判创新的高阶认知能力和工作方式而对世界各国的课堂教学、课程改革产生了极大的影响，而项目式学习通常以合作的形式开展。在某教师布置的一项以"绘制个性化旅游路线图"为主题的项目式学习活动中，学生小王坚持先开展实地调研，通过实地探索获取最佳路线，而学生小梁则持相反意见，他认为，应该先借鉴其他人的经验，在网上查阅资料以及别人的旅游攻略选择最佳路线，二人因此吵得不可开交，影响了该项目式学习活动的开展进度。

讨论：请从性格类型、认知风格的角度分析，教师如何应对项目式学习中学生的个性差异及冲突。

第五章
小学生的社会性发展

本章重点

本章课件

1. 小学生社会性发展理论。

2. 小学生社会性发展的影响因素与教育应用。

3. 小学生人际关系概述。

4. 小学生人际关系发展的种类及其影响。

5. 影响小学生性别角色发展的因素与教育应用。

思维导图

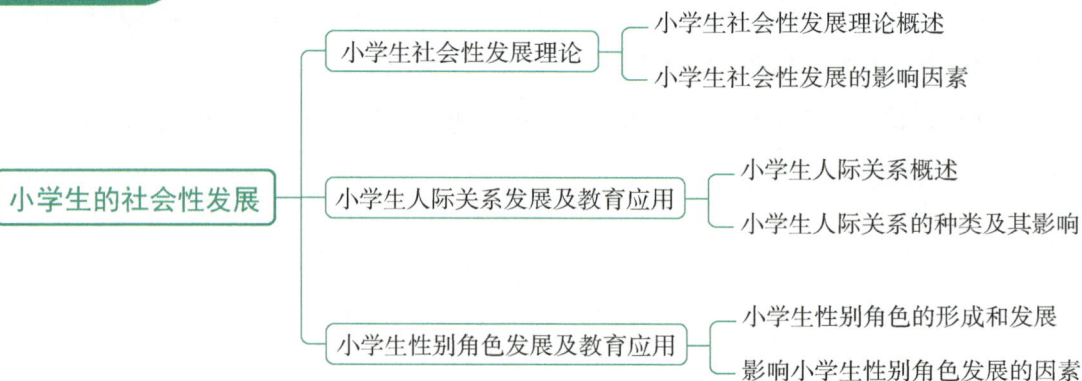

第一节　小学生社会性发展理论

一、小学生社会性发展理论概述

（一）社会性发展的含义

1. 广义的社会性发展与狭义的社会性发展

广义的社会性发展，是指人在社会生活过程中形成的全部社会特性的总和，包括人的社会心理特性、政治特性、道德特性、经济特性、审美特性、哲学特性等。它是和人作为生物个体的生物性相对而言的。

狭义的社会性发展，是指由于个体参与社会生活，与人交往，在他固有的生物特性基础上形成的那些独特的心理特性。它们使个体能够适应周围的社会环境，正常地与别人交往，接受别人的影响，也影响别人，在努力实现自我完善的过程中积极地影响和改造周围环境。

2. 社会性发展的定义

社会性发展，是指个体在其生物特性基础上，在与社会生活环境相互作用的过程中，掌握社会规范，形成社会技能，学习社会角色，获得社会性需要、态度、价值，发展社会行为，从而更好地适应社会环境。社会性发展的实质就是个体由自然人成长为社会人。小学生社会性发展的过程和影响因素是多元且复杂的，社会性发展的现实结构包括社会认知、社会情感、社会行为等多个方面。

（1）社会认知

社会认知，是指个体对自己与社会中的人、社会环境、社会规则等方面的认知，如对他人的行为状态、行为动机和后果认识判断过程，对家庭、学校、社会机构、民族国家等社会环境和现象的认知，对文明礼貌、生活习惯、公共规则、交往规则等社会规则的认识。一些心理学家认为，能设身处地理解别人的观点采择能力是儿童社会认知发展的核心。

①观点采择。美国发展心理学家塞尔曼（R. L. Selman）认为，观点采择在儿童的社会认知发展中处于核心地位。观点采择，是指儿童推断别人内部心理活动的能力，即能设身

处地理解他人的思想愿望、情感等。观点采择的本质特征在于个体认识上的去自我中心化，即能够站在他人的角度看待问题。通过观点采择，可以预测儿童对友谊、权威、同伴及对自我进行推理的概念水平，可以把儿童社会认知发展的不同方面联系在一起。

拓展阅读 5-1

霍莉爬树的故事

塞尔曼采用两难故事法研究了儿童观点采择的发展。其中一个是霍莉爬树的故事。

霍莉是一个 8 岁的女孩，喜欢爬树。在左邻右舍的孩子中，她最擅长爬树。有一天，当她从一棵高树上爬下时，从离地面不高的树枝掉了下来，但没有摔伤。霍莉的爸爸看见了很担心，告诫霍莉以后不能爬树了，霍莉答应了。后来，有一次，霍莉和她的朋友遇见了肖恩。肖恩的猫咪被困在树上了，必须尽快把猫咪从树上救下来，不然猫咪就会从树上掉下来。只有霍莉可以爬树，但是霍莉已经答应过爸爸再也不爬树了……

为了考察儿童对霍莉、爸爸和肖恩观点的理解，塞尔曼向儿童提出四个问题：霍莉知道肖恩的感受吗；如果霍莉的爸爸发现霍莉又爬树，爸爸会有怎样的感受；如果霍莉的爸爸发现霍莉又爬树，霍莉认为爸爸会怎样做；你会怎样做？

根据儿童的回答，塞尔曼把 3 岁到青春期儿童观点采择的发展分为五个阶段：

阶段 0（3～6 岁），自我中心的观点采择。儿童只知道自己的观点，意识不到其他人的观点。他们认为，不管自己认为霍莉应该怎样做，别人都会这样想。

阶段 1（6～8 岁），社会信息的观点采择。儿童认识到人们有自己不同的观点，但相信这是由于个人接受到的信息不同。这一阶段儿童仍然不能考虑别人的想法，并事先知道别人对一件事会做出怎样的反应。

阶段 2（8～10 岁），自我反省的观点采择。儿童知道，即使接收的信息相同，自己和他人的观点也会发生冲突。他们能考虑对方的观点，还能认识到别人也会站在自己的角度看问题，所以，能预期对方对自己行为的反应。但是，儿童不能同时考虑自己和他人的观点。

阶段 3（10～12 岁），相互的观点采择。儿童能够同时考虑自己和他人的观点，并且认识到别人也这么做。到这一阶段，互动的每一方能够站在他人的角度看问题，而且在做出反应之前能从他人的角度看待自己。儿童还能假定存在着一个与互动无关的第三者的观点，并能预期互动的每个参与者（自己和他人）对同伴的观点的反应。

阶段 4（12～15 岁及以上），社会和习俗系统的观点采择。这一阶段的青少年试图通过与他生活于其中的社会系统的观点（概括化他人的观点）进行比较理解另一个人的观点。换言之，青少年期望他人考虑和采纳其社会群体中大多数人所持的观点。

（资料来源：贾林祥. 小学教育心理学［M］. 南京：南京大学出版社，2017：43-44）

张文新等采用经过标准化处理的观点采择故事，分别对幼儿园大班和小学二、四、六年级儿童的社会观点采择能力进行了考察，结果表明：6 岁左右的儿童开始初步克服认识上的自我中心主义，能够初步感知个人对某一事件的观点是取决于获取的特定信息，但是在准确推断他人的观点上存在难度；6 ~ 10 岁的儿童，观点采择能力正在迅速发展，10 岁儿童已经可以根据已有信息准确推断他人的观点，甚至基本具备社会观点采择能力；10 岁之后，儿童的社会观点采择能力表现相对稳定，发展速度减慢。[①]

可见，小学生已经开始能够考虑别人的观点，并且这种能力在小学阶段发展迅速，至 12 岁时已能够站在第三方的角度审视自己和他人的观点与行为。然而，小学生的观点采择能力真正成熟差不多要等到青春期结束。

拓展阅读 5-2

观点采择技能训练

行为分析理论认为，通过特定的训练能够促进更高阶的观点采择能力，进行特定的观点采择技能训练，还可以帮助孤独症谱系儿童弥补观点采择技能的缺陷。Barnes-Holmes 等提出了基于 RFT 的直证关系反应评估和训练方案：Barnes-Holmes Protected（BHP）。

Barnes-Holmes 等提出的 BHP 中的条目涵盖了三个维度的视角转换（人际、空间和时间），以及三种复杂程度（简单关系、一次反转和两次反转）。学习条目的难度按照关系的复杂程度依次递增，如表 5-1 至表 5-3 所示。

表 5-1　简单关系

维度	情境举例	问题
人际	我有一块红色积木，你有一块绿色积木	你的积木是哪块？（绿色） 我的积木是哪块？（红色）
空间	我坐在这里的蓝色椅子上，你坐在那里的黑色椅子上	你坐在哪里？（黑色椅子） 我坐在哪里？（蓝色椅子）
时间	昨天我正在看书，今天我正在看电视	我昨天在做什么？（看书） 我今天在做什么？（看电视）

---

① 张文新，林崇德. 儿童社会观点采择的发展及其同伴互动关系的研究［J］. 心理学报，1999（4）：418-427.

表 5-2　一次反转关系

维度	情境举例	问题
人际反转	我有一块红色积木，你有一块绿色积木	如果我是你，你是我： 你的积木是哪块？（红色） 我的积木是哪块？（绿色）
空间反转	我坐在这里的蓝色椅子上，你坐在那里的黑色椅子上	如果这里是那里，那里是这里： 你坐在哪里？（蓝色椅子） 我坐在哪里？（黑色椅子）
时间反转	昨天我正在看书，今天我正在看电视	如果昨天是今天，今天是昨天： 我昨天在做什么？（看电视） 我今天在做什么？（看书）

表 5-3　两次反转关系

维度	情境举例	问题
人际–空间反转	我坐在这里的蓝色椅子上，你坐在那里的黑色椅子上	如果我是你，你是我，并且如果这里是那里，那里是这里： 你坐在哪里？（黑色椅子） 我坐在哪里？（蓝色椅子）
空间–时间反转	昨天我坐在这里的蓝色椅子上，今天我坐在那里的黑色椅子上	如果昨天是今天，今天是昨天，并且如果这里是那里，那里是这里： 我昨天坐在哪里？（蓝色椅子） 我今天坐在哪里？（黑色椅子）

训练之前，需要对儿童进行基线测试，在测试中包含以上三种难度的问题。测试的问题形式和练习问题保持一致，但是测试题目的描述情境要与训练题目不一样，并且保证整个测试都不给儿童结果反馈。

教学建议：

首先，可以事先规划训练项目的练习顺序，并随机排列同一难度级别的关系项目。

其次，建议不要连续提问同一条目的两个问题，而是将其穿插在不同的条目中，以避免儿童使用排除法回答第二个问题。

最后，随着关系反应训练项目的难度增加，需要的练习项目数量也会增加，因此，需要更多的练习回合。儿童的学习速度可能会减慢，因此教学者需要根据儿童的情况合理安排课程。

（资料来源：ALSOLIFE. 如何提升孩子的观点采择能力？［EB/OL］.（2023-10-24）［2024-04-05］. https://mp.weixin.qq.com/s/iPAujrDuzwT62VaoPtNnYg）

②移情的发展。移情是与道德高度相关的人类社会情感。培养儿童的移情能力，是引

领儿童道德成长，落实立德树人教育根本任务，重构社会生活的应有之义。随着现代心理学和神经科学的深入研究，移情已经从天赋、特质转变为一种可以习得的能力。移情是一个具有三维成分的心理构件：一是情绪移情，涉及分享与被他人情感唤起的能力；二是认知移情，是在没有情绪传染的情况下，识别、理解他人想法的能力；三是关怀移情，涉及移情于"谁"的问题。其中，认知移情和关怀移情是可以后天培养的。

霍夫曼认为，儿童移情的发展需要经历以下四个阶段。

阶段1，新生儿的反应性哭泣（0～1岁）。在这一阶段，移情是对自身和情境感觉的一种模糊不清的混合物。新生儿在听到其他孩子哭声时也会哭泣，可以将其视为移情的最初形态。除此之外，也有研究发现新生儿具备模仿他人面部特征的能力，包括表情模仿能力。所以，霍夫曼认为，新生儿的反应性哭泣是移情发生的第一步。

阶段2，自我中心的移情（1～2岁）。个体自我意识萌芽于出生后的第二年，能把自己与他人相区别，但是依旧无法区分自己与他人的内部状态。在这一阶段，儿童开始对他人的情感做出反应，但这种反应只是减轻自己的不安和痛苦，采用的方式往往也不恰当，然后儿童表现出对他人痛苦的同情。

阶段3，推断的移情阶段（2岁～童年晚期）。霍夫曼认为，这一时期非常关键，因为3岁儿童就拥有了移情的基本成分，不仅能简单识别情境中他人简单的情绪并产生移情，而且在没有亲眼所见的情况下，凭借听到的他人感受也能产生移情，并表现出一些利他主义的尝试。

阶段4，超越直接情境的移情阶段（童年晚期之后）。霍夫曼认为，童年后期是移情发展的最高阶段，在这一阶段，儿童能够注意到他人的生活经验和背景，对他人的情感反应超出了直接情境的局限。

由此可见，小学生已经逐渐具备了基本的移情能力，能够认识到他人的情绪、情感，并对他人的情绪、情感表现出相应的反应，如看到别人高兴自己也高兴，看到别人悲伤自己也悲伤。小学生已能够主动给需要帮助的人提供帮助；开始意识到每个人的境遇、背景不同，遇到相同的事情可能会有不同的认知和情绪反应。此外，培养小学生移情能力可以借助教师移情、换位思考、生活实践、激发情感、情境体验、角色扮演等多种方法。

（2）社会情感

"社会情感"是人在社会活动中产生的一种情感，包括道德感、理智感、美感。社会情感主要依靠对话、交往获得，是人获得意义感、价值感、幸福感的源泉。社会情感能力是个体对自我、他人和社会进行认知和管理，实现个体社会性构建的核心能力，是满足个体可持续发展和人生幸福的必要条件。社会情感能力是可教、可学的，小学阶段正是儿童社会情感能力由低向高逐步发展的关键时期和基础时期。

首先是在低年级阶段，小学生感知事物依赖于事物整体，凭借具体形象的材料进行思维。情绪会随着环境变化而变化，缺少恒心和毅力，更习惯听从教师与家长的指令，所以，这个阶段的关注点应该侧重于对小学生个体的认知与调节，当个体对自身情感有了清楚的了解与掌控时，就能更好地发展自我情感管理能力了。

随着年龄的增长，小学生对长辈的依赖性会逐渐减弱，思维更加独立。这时，他们逐渐可以判断自己的情感表现，伴随出现的结果主动控制、选择、调节自己的情感，保持与他人关系的和睦，实现个体与他人关系的建立与维持，为自身提供一定的社会资源与情感支持。

到了小学高年级阶段，随着自我意识的进一步发展，他们的情感更加丰富，容易陷入矛盾、变化的状态中，常常产生逆反心理。这一阶段的培养重点在于小学生创造性地解决问题和做责任决定的能力，帮助他们思考什么决定是有益于社会和个人发展的，这也是社会情感能力培养的落脚点。

三个阶段虽各有不同，但是彼此关联。只有正确认识小学生社会情感能力的发展规律，才能有助于创设和实施有利于小学生社会情感发展的教育环境并提供科学的教育。

（3）社会行为

社会行为是个体在与人交往及参与社会活动时表现的行为反应。如在与他人交往中表现出的分享、合作、帮助等利他行为，也包括伤害他人身心的攻击行为及以大欺小、以强凌弱的欺负行为等。

（二）小学生社会性发展

1. 小学生社会性发展定义

依据《义务教育道德与法治课程标准（2022年版）》，可以将小学生社会性发展定义为，小学生在社会环境中逐步形成自我意识和社会意识，通过与他人的交往和互动，逐步养成相互尊重、合作、竞争、分享、关心他人和社会责任感等社会行为习惯和价值观念、建立积极的社会关系，培养团队协作和合作精神，增强社会责任感和公民意识的过程。在这个过程中，小学生应当学会尊重他人、团结合作、诚实守信、关爱他人，培养自我管理能力和社交技能，逐步形成健康的人际关系和社会互动模式，为全面发展和成为有益社会成员奠定基础。

2. 小学生社会性发展表现

（1）亲社会行为

①亲社会行为的含义。

亲社会行为，是指准备帮助他人或采取有益他人的行为，是在社会交往中表现出来的友好积极行为，如助人、分享、合作等。一般来说，亲社会行为只是强调对他人或社会有益的行为结果，不关心是否有利于他人的动机。早在婴儿期，儿童就表现出亲社会行为。由于亲社会行为是社会支持和鼓励的，在社会强化下，随着年龄的增长，儿童的亲社会行为增加。角色扮演能力发展良好的儿童因为能够更好地推断同伴对帮助或安慰的需求，会表现出更多的助人行为和同情心。

一方面，社会生物学理论认为，在生物进化过程中，种族与群体的繁衍和进化会导致利他行为的进化。这是因为"族内适宜性"的存在，即个体通过帮助他人促进族群的繁衍和进化。尽管这种利他行为可能会牺牲个体的利益，但能够获得他人的帮助，从而有利于整个群体的繁荣和生存。另一方面，社会学习理论认为，亲社会行为是通过学习和强化形成的结果。儿童通过观察他人的行为，并从中学习到合作、分享和帮助他人的行为模式。这些行为会受到周围环境和社会文化的影响，从而形成儿童的亲社会行为模式。此外，认知发展理论认为，随着儿童智力的发展，他们会逐渐形成对亲社会行为的动机，并能够进行相关的推理。随着认知能力的提高，儿童能够更好地理解他人的需求和感受，从而更愿意帮助他人，表现出更多的亲社会行为。

儿童的亲社会行为表现出以下特点：亲社会行为的动机由外在教育的压力（教育的奖惩）向内在需要转化；亲社会行为在结构上表现出观念和行动的分离，但一致性逐渐提高；社会认知和情境的影响作用日益显著。

②亲社会行为的发展阶段。

艾森伯格（N.Eisenberg）等利用两难故事情境，探讨了儿童亲社会行为的发展过程，并提出了儿童亲社会行为的发展要经历五种水平（见表5-4）。

表5-4　儿童亲社会行为发展水平

水平	年龄段	阶段特征的描述
享乐主义、自我关注取向	学龄前儿童及小学低年级儿童	关心自己，助人与否的理由包括个人利益的得失、未来的需要，或者是否喜欢某人
他人需要取向	小学生及一些正要步入青春期的少年	他人的需要与自己的需要发生冲突时，儿童开始对他人的需要表示出简单的关注，不去助人时不会产生同情或内疚

续表

水平	年龄段	阶段特征的描述
赞许和人际关系取向	小学生及一些中学生	儿童在分析助人与否的理由时，涉及是好人还是坏人、是善行还是恶行的定型印象，以及他人的赞扬和许可等
自我投射的、移情取向	一些小学高年级学生及中学生	儿童在分析助人与否的理由时，开始注意与行为后果相关联的内疚或其他的情绪体验，能够设身处地为他人着想
内化的法律、规范和价值观取向	少数中学生	儿童决定助人与否，要依据内化的价值观、责任、规范以及改善社会状况的愿望

艾森伯格关于儿童亲社会行为水平发展理论提示我们，儿童面临的情境不同，产生的认知与行为都会有所不同，并且上述发展水平不是不可逆的，例如，帮助受伤者是出于移情性的关心，分享行为则视他人的需求而定，儿童也许会因为享乐需要拒绝分享，但是总体上随着年龄的增长，儿童的亲社会行为也会不断增加。

③小学生亲社会行为的培养。

第一，角色扮演法（role-playing）。角色扮演法是一种情境模拟教学方法，通过让小学生扮演特定的角色和身份，模拟真实情境，让小学生暂时处在他人的社会位置进行角色扮演，促进小学生对他人社会角色及自身原有角色的理解，从而有效地履行自己角色的心理学方法。这个方法可以培养小学生的亲社会行为，改善小学生的亲社会动机。

第二，移情训练法（training of empathy）。通过移情训练，让小学生能够体悟他人的情绪和感受，从而与他人产生情感上的共鸣，并主动给予他人帮助。

第三，榜样示范法（method of demonstration by example）。"高山仰止，景行行止"，"见贤思齐焉，见不贤而内自省也"，"人不率，则不从"等都说明了榜样的教化作用，榜样示范法通过设置一定的社会情境，树立示范榜样，让学生进行模仿从而提高其亲社会能力。

第四，行为训练法（training of behaviour）。在行为心理学中，新的行为习惯形成和巩固至少需要 21 天。从刻意亲社会行为表现到自然亲社会表现行为，需要通过各种方法进行强化，如奖励、代币制、偶联契约等。小学生通过不断强化练习，能自然而然地产生亲社会行为。

（2）攻击行为

①攻击行为的含义。

攻击行为是一种经常性有意伤害和挑衅他人的行为。儿童的攻击性具有稳定性。一些研究表明，儿童在 3～10 岁时表现的攻击行为能够预测以后会不会容易出现攻击行为和其他的反社会行为倾向。攻击行为对儿童与青少年的人格和品德发展有着消极的影响，如果没有及时制止和教育引导，严重的会导致儿童、青少年走向违法犯罪。

按照攻击行为的表现方式，可以分为身体攻击、语言攻击和间接攻击。身体攻击，如暴力殴打他人，对他人的身体造成直接伤害；语言攻击，是指口头语言对他人进行辱骂、谩骂或嘲弄，对他人的人格造成侮辱与伤害；间接攻击，是指借助第三方间接对受害者实施攻击行为，如造谣、冷暴力、挑拨离间等。根据最终目的，攻击行为可以分为工具性攻击和敌意性攻击，前者是为了获取被伤害者的物品所行使的攻击行为，最终是为了获得实物而进行伤害行为，后者是单纯的恶意攻击行为，以伤害他人为目的，也更加恶劣和难以控制。攻击行为有时也呈现被动攻击，即反应型攻击，是对主动型攻击者的一种反抗，表现为愤怒、失去理智、发脾气等。在儿童互动过程中，经常对对方做出大量攻击行为的同伴被称为"高冲突性同伴"。

与幼儿期相比，小学生的攻击行为有所减少，因为小学生的社会认知能力在不断提升，他们会越来越善于区分有目的或者偶然的攻击行为，能够更好地推断他人的意图，并给予他人非故意攻击行为的宽恕和忍让，对有意识的攻击行为也更多是进行言语回击而非身体攻击。

欺负作为一种特殊的攻击行为，与一般的攻击行为相比，具有两个根本性特征。一是力量的非均衡性。大多数情况下，欺负是力量强的一方对力量弱的一方进行的攻击，如以大欺小。二是重复发生性。欺负者与受欺负者在一段时间内会形成比较稳定的欺负与被欺负的关系，欺负者会重复欺负同一弱势对象。

②攻击行为的干预和预防。

第一，消退法。通过对儿童攻击行为的无视，使攻击行为得不到强化从而逐渐减少直至消失；同时，对儿童的亲社会行为进行奖励和支持，让儿童意识到攻击行为不可取，进而改变原来的身体攻击和语言攻击，变得友善。

第二，暂时隔离法。暂时隔离法，是指为了抑制某种特定行为发生，将行为者在一段时间内行为得不到强化并使其远离强化刺激的一种干预方法。在攻击行为发生后，立刻把儿童置于一个单调乏味的地方。暂时隔离法意味着令儿童兴奋的活动暂停，是一种更加温和的惩罚方式。值得注意的是，暂时隔离法需要针对最需要解决的一种不良攻击行为作为目标行为，可以通过计算行为发生的频率判断哪种行为最值得特殊关照；同时，在进行隔离时还需要向儿童讲解隔离的规则，最后询问儿童被隔离的原因，让儿童意识到自己的行为错误才能进行纠正和消除。

第三，榜样示范法。利用榜样示范法改变儿童的攻击行为主要通过将有攻击行为的儿童置于无攻击行为的儿童榜样中，减少他们的攻击行为；让有攻击行为的儿童观察其他有攻击行为的儿童是如何被禁止和惩罚的。

第四，角色扮演法。在利用角色扮演法时，要让儿童互换角色，分别体验攻击者和被攻击者的角色，并让他们说出自己的心理感受。多次角色的互换体验，可以帮助儿童提高同理心，共情他人的处境，并对自己的行为进行控制。

（三）社会性发展的相关理论

社会性发展的主要理论可以分为五种主要取向，分别是临床取向、实验取向、相关取向、发展取向以及社会认知取向。临床取向包括弗洛伊德的经典精神分析理论、新精神分析学派的相关理论和人本主义理论。实验取向包括华生的行为主义理论、斯金纳的操作性条件反射理论、班杜拉的社会学习理论。相关取向包括奥尔波特的特质理论、卡特尔的特质因素说、艾森克的人格维度理论。发展取向主要是皮亚杰的认知发展理论。社会性认知取向主要包括信息加工理论与海德的归因理论。

这里主要介绍弗洛伊德的经典精神分析理论、埃里克森的心理社会发展阶段理论、马斯洛的需要层次理论、班杜拉的社会学习理论以及艾森克的人格维度理论。

1.弗洛伊德的经典精神分析理论

弗洛伊德是第一个被认可的人格理论家，他的精神分析理论对心理学的发展产生了极其广泛和深远的影响。精神分析学派是弗洛伊德在毕生的精神医疗实践中，对人的病态心理经过无数次的总结、多年的累积逐渐形成的。精神分析理论主要着重于精神分析和治疗，并由此提出了人的心理和人格的新的独特解释。弗洛伊德创立的经典精神分析理论是儿童心理学历史上第一个关于个体发展的理论。

（1）人格的结构

弗洛伊德早期将人格分为三层。第一层是意识，是指可以觉察的心理活动。第二层是前意识，是指通过集中注意或回忆与联想能浮现于意识领域的心理事件、过程和内容。第三层是潜意识，是指意识层面之外的心理活动，包括个人无法接受的原始冲动与本能欲望，让人们认识到除了意识之外还存在着无意识。后期的人格结构理论出现于1923年，弗洛伊德在《自我与本我》中提出了"三我"论，认为人格系统是由本我、自我和超我三个成分组成。婴儿受本我支配，伴随年龄增长，自我逐渐形成，然后从自我中分化出超我。

本我是儿童心理结构中的潜意识部分，通过遗传方式获得，主要包括先天的本能和欲望，受"快乐原则"支配，追求直接快感，避开痛苦。自我是人格中能够意识到且理性适应的部分，介于现实世界和本我之间，遵循"现实原则"，满足本能需要的同时符合社会规则，调节人格系统与外部世界冲突。超我是道德理想主义部分，包括良心和自我理想，起着监督自我行为的作用，发展于5～7岁。对目标信仰和行为倾注积极情感，掌握内部奖赏和惩罚系统，有助于自我目标实现。本我、自我、超我并没有好坏之分，三者通过冲突达到一种微妙的平衡。本我要求本能的愿望立即得到满足，而这常会与超我的道德标准发生矛盾，本能的冲动会受到自我和超我的控制，自我要平衡本我和超我两个方面的要求，还要使行为符合外部世界的要求。一个人要在社会化过程中保持心理健康，这三部分必须和谐。

（2）发展的动力

弗洛伊德认为，人是一个复杂的能量系统，推动个体行为的内在动力是本能（instinct），也有研究者将其译为"内驱力"。本能又分为生本能（life instinct）和死本能（death instinct）。

生本能，又称"性本能"或者"力比多"（libido），是一种生存、发展或繁殖的力量，是潜伏在生命自身中的一种进取性、建设性和创造性的活力，指向生命的生长和增进，也常常表现在人们的乐观、向上、爱等方面，包含生存、繁衍以及快乐等一系列的内驱力。弗洛伊德认为，生本能是所有本能中最重要和最活跃的因素。

死本能，又称"死与攻击的本能"或"塔那托斯"（Thanatos）。弗洛伊德认为，所有生命最终的目标是死亡，并提出死本能的概念，但死本能的表达常常被生本能阻止，所以，死本能大多是无意识的并很少表现为明显的自毁行为。而在大多数情况下，死本能由于生本能的阻止并不指向自身，而是转向外部，表现为攻击行为。研究者认为，攻击性行为表达的是自我破坏的欲望，只是这种欲望向外投射到了他人身上。

（3）发展的阶段

弗洛伊德将儿童心理发展的阶段称为"心理性欲发展阶段"。心理性欲发展是指生物方面的经验塑造了心理过程。根据在发展过程中身体哪些器官为儿童提供力比多的满足，可以把儿童的心理发展分为五个阶段。

口腔期（0～1岁）：婴儿主要通过口腔活动获得满足，如吮吸、咀嚼等。口腔期满足不足或过度可能导致口腔习惯或依赖。

肛门期（1～3岁）：儿童学会控制排泄，经历肛门控制阶段。父母对儿童排泄行为的态度会影响儿童的个性特征。

性器期（3～6岁）：儿童开始对性器官产生兴趣，男孩对阴茎、女孩对阴蒂感到好奇。这一阶段对性别认同的形成至关重要。

潜伏期（6～11岁）：6岁至青春期前，性欲暂时被压抑，儿童主要投入学习和社会活动。

生殖器期（11岁或13岁开始）：青春期后，性欲再次活跃，个体开始寻求性伴侣，发展成熟的性行为。生殖器期是性欲发展的最终阶段。

弗洛伊德的心理性欲发展阶段理论描述了个体在不同年龄阶段经历的心理发展特点。每个阶段都具有独特性，比如，口腔期表现为吮吸本能带来的快感，后续阶段如肛门期、性器期则展现出对不同身体区域的兴趣和快感。潜伏期呈现出性欲发展的停滞，儿童学会道德观念和自我控制。生殖器期则标志着性欲能量的再次涌现，儿童力求独立自主，摆脱父母控制，追求自我生活的建立。

2. 埃里克森的心理社会发展阶段理论

（1）心理社会发展阶段理论

埃里克森出生于德国，在奥地利受过弗洛伊德的精神分析训练，后定居于美国，是美国现代著名的精神分析理论家。

埃里克森的心理社会发展阶段理论（theory of psychosocial developmental）认为，人格的发展贯穿一生，个体在不断解决人生发展过程的各种矛盾中实现人格的发展。他根据渐成原则（epigenetic principle）将人的生命周期分为八个社会心理发展阶段（见表5-5），每一阶段的发展都有其适宜的时间和主要任务，任何年龄段的教育失误，都会给一个人的终身发展造成障碍。埃里克森的理论为不同年龄段的教育提供了依据和教育内容，揭示了每个人心理品质的形成和多样性。

表 5-5　埃里克森的心理社会发展阶段理论

发展危机（与弗洛伊德的分期对应）	年龄范围	积极品质	消极品质
信任对怀疑	0 至 18 个月	希望	恐惧
自主性对羞愧	18 个月至 3 岁	意志和自我控制	自我疑虑
主动性对内疚	3 至 6 岁	目的和方向	无价值感
勤奋对自卑	6 至 12 岁	能力	无能
同一性对角色混乱	12 至 18 岁	忠诚	不确定感
亲密性对孤独	成年早期	爱	两性关系混乱
繁衍对停滞	成年中期	关怀	自私
自我整合对失望	成年晚期	智慧	失望和无意义感

①信任对怀疑。

埃里克森认为，信任与怀疑是婴儿期最基本的危机。如果婴儿在这个时期能够得到食物、体贴和负责任的照顾，他们就会发展信任感，这种信任感是健康人格的基础。如果婴儿得到较好的抚育，与父母建立良好的亲子关系，婴儿就会对周围世界产生信任感；否则婴儿将会产生怀疑和不安。当现实条件限制我们而无法对某个人的婴儿期发展情况做出评价时，可以通过行为表现获知其是否完全解决了信任与怀疑的危机。

②自主性对羞愧。

儿童在这个阶段开始表现出自我控制的需要与倾向。他们开始学会许多动作，如吃饭、穿衣服和上厕所。儿童表现出更多的目标特定行为，开始用语言与他人进行交流，喜欢自己动手，不想完全依赖他人。所以，父母应该鼓励儿童做力所能及的事情，让儿童通过自己动手做获得自信。如果父母管制过于严格，儿童就会对自己的能力产生怀疑，破坏信任感。所以，埃里克森支持在一定安全范围内给予儿童自主性。

③主动性对内疚。

儿童在这个阶段认知获得快速发展，活动范围扩展到家庭外。儿童开始想象自己扮演成年人的角色，并希望能够获得成年人的欣赏和赞扬。如母亲在做家务时，儿童帮忙就会认为自己做了一件有意义的事情。

父母或教师需要耐心倾听并认真回答这个阶段儿童的问题，及时关心和鼓励儿童，提出有效的建议，提高儿童的主动性。一味批评和惩罚会降低儿童此后参加活动的热情和兴趣，长此以往会使儿童形成退缩、压抑、被动和内疚的人格。

④勤奋对自卑。

儿童在这个阶段进入学校学习，开始发展勤奋，形成一种成功感和对成就的认识。此时，儿童大部分时间是在学校中度过的，因此，与教师和同伴的关系变得非常重要。如果面临比较困难的任务，造成了失败，儿童可能产生自卑，而成就比较微不足道也会导致儿童丧失勤奋。研究表明，这个阶段的儿童重视同伴关系。埃里克森认为，这个阶段的关键在于发展能力感，儿童在这个阶段追求活动中的成就与获得赞扬认可，从而培养勤奋向上的个性品质。父母和教师需要关注到儿童表现出的勤奋，并给予回应，避免儿童自卑人格的发展，学校和社会则要为儿童提供与家庭相适应的挑战，指导儿童处理好学业、群体活动、同伴关系等，给儿童创造机会参与活动并表现自己，提供锻炼的机会。

⑤同一性对角色混乱。

个体在这个时期开始思考"我是谁"的问题，体验着同一性和角色混乱的冲突。个体开始尝试把自己的各个方面，包括自身的能力、性格、信念等的一贯经验和概念结合起来，形成自我形象的整体评价。但是，由于缺乏各方面的经验，个体难以对自身整体形成明确的认知，也难以在实际生活中保持自我的一致性。

青少年通过认识自己，了解自身与周围环境的关系，建立良好的自我同一性（self-identity），会对青少年的职业抉择、人生理想、信念等产生影响。埃里克森认为，个体的自我同一性获得与前面几个发展阶段的冲突能否被顺利解决有着密切的联系。

在学校里，教师的专业特征和人格魅力也对学生的自我同一性获得有着重要影响，师生的课堂和谐互动，师生关系，教师对学生的认可与关注都会影响学生的自我成长以及未来职业的抉择，理解和指导在这个阶段是学生更加需要的。

⑥亲密性对孤独。

在这一阶段，个体直面婚姻问题和家庭问题，个体的活动范围扩大，人际关系也更加复杂，亲密关系的形成依赖于个体与他人的友好互动，但是缺乏与家人、配偶、朋友的互动会使个体产生孤独感，从而逐渐被排斥在周围群体之外。

⑦繁衍对停滞。

在这个阶段，个体基本已经成家立业，面临着培育下一代的重要任务，为社会造福，将下一代视为自己的延续。如果个体事业有成、家庭幸福，则表现出较大的创造力并获得充实感。如果个体更加专注自我，满足私利，则容易产生颓废感，生活消极懈怠、自我放纵，找不到未来的发展方向。他人真诚友善地帮助个体，引导他们熟悉社会规则并为群体规则做努力，将有助于个体解决这个阶段的危机。

⑧自我整合对失望。

在这个阶段，个体步入老年期，如果前面阶段发展顺利，个体在这个时期就会感到满足，接受自我，不会对自己的过去感到遗憾。如果前面阶段不顺利，个体就会感到自己机不再来，有诸多悔恨，在悲观中度过余生。

埃里克森的心理社会发展八个阶段是相互依存、紧密联系的。个体在每个阶段解决危机的方式对他们自我概念和价值观念的形成都有重要的影响。后一阶段任务的完成依赖早期危机的顺利解决，早期冲突也可能推迟到后期发展阶段中得到解决。但是，埃里克森的理论存在忽视了个体的主观能动性、八个阶段的划分合理性存疑、每一个阶段的发展任务或危机缺乏科学界定等问题。

（2）心理社会发展阶段理论的教育价值

埃里克森的心理社会发展阶段理论对心理学研究和教育教学实践具有重要的启发意

义，有助于教育工作者了解教育对象，采取相应的教学指导，帮助学生顺利发展。

根据心理社会发展阶段理论，小学生正处于第四个阶段，主要发展任务是培养勤奋感，消除自卑感。大多数小学生在步入小学后充满自信，期望得到教师的赞许和家长的表扬。教师应该鼓励小学生大胆发挥想象力并进行创造，多给小学生正向的评价和积极的反馈，增强小学生的自信心；也可以通过课堂活动的组织形式，为小学生提供表现其独立自主和增强责任感的机会，帮助他们获得成功的体验。在面对困难和失败时，教师应该引导小学生积极面对，努力克服，不要轻易丧失信心，更不要自卑。

3. 马斯洛的需要层次理论

（1）马斯洛及其需要层次理论

马斯洛（A.Maslow）是美国社会心理学家，人格理论家和比较心理学家，人本主义心理学的主要发起者和理论家，心理学第三势力的领导人。马斯洛18岁时奉父母之命前往纽约市立学院学习法律，因为对法律专业不感兴趣便于第二学期退学转往威斯康星大学学习心理学，1934年获得博士学位，后到哥伦比亚大学做桑代克的助手，1951年任布兰迪斯大学的心理系主任。马斯洛的思想受到了新精神分析学派的影响，其对社会学发展研究的贡献是需要层次理论以及建立在此基础上的自我实现理论。

马斯洛认为，需要是人内心世界核心的东西，人的一切意志和认识都被其统摄。他把人的需求分为生理需求（physiological needs）、安全需求（safety needs）、爱和归属感（love and belonging）、尊重（esteem）和自我实现（self-actualization）五类，依次由较低层次到较高层次排列。在自我实现需求之后，还有自我超越需求（self-transcendence needs），但通常不作为马斯洛需求层次中必要的层次，大多数会将自我超越合并至自我实现需求中。在这些等级层次中，层次越低的强度越大，层次越高的强度就越小。除了人类以外，没有动物能具有高层次的需要，这表现出人的独特性。人的这些需要都是本能的、内在的，属于人的本性。而且，人总是在低级需要得到满足后，再去满足高一级的需要，即高级需要的出现是以低级需要的基本满足为条件的。因此，无论一个人在生活中达到了什么层次，如果食物的需要突然不能被满足，这种低级需要就要再次支配人的生活。自我实现理论是人本主义心理学社会性发展理论的核心。

（2）需要层次理论对教育的启示

在教育教学中，小学教师要善于观察，发现小学生低级需要是否得到满足，并尽可能地满足每一个小学生衣食住行和安全等基本需要，以便让小学生在低级需要得到满足后，产生更高级的需要。

小学生，特别是后进生，在学校相对缺乏爱和归属感及被尊重，教师应该有强烈的事业心和责任感，尽可能地对小学生做到尊重和关爱，使其获得集体的温暖和归属感，得到自尊，体验进步和成功的喜悦，并在此基础上产生更高级的需要。求知和审美是人的重要学习动机，推动人们追求真善美，教育小学生发挥自己的巨大潜能，实现人生的目标。教师应在满足小学生合理需求之外，不强化和避免满足小学生的不合理需要。

4. 班杜拉的社会学习理论

（1）社会学习理论的内涵

班杜拉（A.Bandura）是美国心理学家，社会学习理论的代表人物，新行为主义代表人物之一。20 世纪 30 年代，社会学习理论诞生于耶鲁大学，其重要课题是社会化，研究如何教育儿童掌握社会规范成为社会要求的理想成人。与传统行为主义学习理论强调学习源于强化与惩罚的观点不同，社会学习理论主张学习是由示范过程引起的，个体通过观察他人的行为，学习新的知识、技能和行为。社会学习理论不仅强调外在刺激和反应，还关注认知过程。

观察学习是班杜拉社会学习理论的一个基本概念。观察学习，是指通过观察他人（榜样）表现的行为及其结果进行的学习，和模仿不同，模仿是学习者对榜样行为的简单复制。观察学习也不同于刺激－反应学习，刺激－反应学习是学习者通过实际行动，同时直接接受反馈（强化）完成的学习。观察学习的学习者可以不必直接做出反应，也不需要亲自体验强化，而是通过观察他人在一定环境中的行为，接受一定的强化就能完成学习。观察学习表现为一定的过程。班杜拉认为，这个过程包括注意过程、保持过程、运动复现过程和动机过程。

对榜样观察带来的影响有几种。第一种是模仿学习效应，是指教给学习者一个全新的反应，如儿童在电视上观看拳击手比赛学习到攻击行为。第二种是抑制－释放效应，在观察过程中，如果榜样的行为得到惩罚，那么观察者的行为也会得到抑制；如果榜样的行为得到肯定，则会使观察者的行为得到持续。第三种是反应助长效应，榜样的反应暗示观察者在其已有的基本知识与技能的基础上表现相应类似的行为，比如，观看完拳击比赛的儿童短期时间内会变得具有攻击性，更加活跃。

（2）社会学习在社会化过程中的作用

班杜拉特别重视社会学习在社会化过程中的作用，即社会引导成员用社会认可的方法活动。为此，他专门研究了攻击性、性别化、自我强化和亲社会行为等社会化的目标。

班杜拉认为，攻击性的社会化也是一种操作性条件作用。例如，当儿童用社会容许的方法表现攻击性时（如球赛或打猎），父母和其他成年人就奖励儿童；当儿童用社会不容许的方法表现攻击性时（如打架斗殴），父母和其他成年人就惩罚儿童。所以，儿童在观察攻击的模式时，会注意什么时候的攻击性被强化，而对于被强化的模式便照样模仿。

班杜拉认为，男女儿童的性别品质大多是通过社会化过程，特别是模仿获得的。儿童常常通过观察学习两性的行为，只是因为在社会强化的情况下，他们通常从事的仅仅是适合他们自己性别的行为。有时，这种社会强化还会影响观察过程本身。也就是说，儿童甚至会停止对异性模式细致的观察。

班杜拉认为，自我强化也是社会学习的结果。他曾用实验证明了这一点。让 7 ~ 9 岁的儿童观看滚木球比赛。在比赛中，只有得高分者才可以用糖果奖励自己；否则，将做自我批评。随后，研究者让看过和未看过滚木球比赛的儿童分别独自玩滚木球比赛游戏。结果，看过比赛的儿童将糖果作为自我强化物，而未看过比赛的儿童对待糖果的态度是根据自己是否愿意和喜欢。可见，在儿童评价自我的行为上，即自我强化的社会化方面，社会学习表现出了明显的效果。班杜拉认为，亲社会行为模式的呈现对儿童有所影响，但是仅凭训练是不行的，有时强制的命令可能一时有效，但会反复无常，只有正确的行为模式影响才行之有效，持续时间更长。

班杜拉的社会学习理论强调了观察和模仿的重要性，对小学生的社会化发展有积极影响。教师和家长可以通过提供积极榜样和奖惩机制，引导小学生学习正确的价值观和行为习惯，促进他们的社会化发展。然而，在实际应用中需要结合具体情况，综合考虑各种因素，以更好地帮助小学生发展。

5. 艾森克的人格维度理论

艾森克（H.J.Eysenck）出生于德国柏林，早期在德国接受教育，后移居英国，次年在英国的伦敦大学学习心理学，1940 年获得博士学位，1955 年在该校担任心理学教授。

艾森克将一个人的人格定义为一个人的性格、气质、智力的相当稳定且有持续性的组织，它决定着一个人对环境独特的适应方式。艾森克关心特质群之上更具有概括性的人格维度。他将人格分成类型层次、特质层次、习惯反应层次和具体反应层次。第一个是类型层次，几乎会影响到一个人各方面的行为，使之和其他人在各方面都有明显的差别；第二个是特质层次，影响的范围也很大，但往往只涉及某一个方面；第三个是习惯反应层次，其涵盖的范围更小一些，常只涉及和某方面有关的行为；第四个是具体反应层次，往往只和某一个情境的某一种行为有关。具体反应，是指个体在一次实验情境中或是在日常生活中发生的一次反应，可能是个体的特征，也可能不是。习惯反应，是指在相同的情境下，总会发生的特定反应。特质是决定多种习惯反应的深层因素，而类型是对很多特质的概括，反映了特质之间的关系。例如，一个外倾型的人，具有社会性、冲动性、活动性、兴奋性等特质，这些特质导致了各种习惯性的行为反应，如喜欢热闹场合、办事武断等。

艾森克强调人格由三个基本维度组成，即由外向 – 内向（E）、神经质（N）和精神质（P）组成。每个人的人格特质都位于这三个基本维度的不同位置，但是在某个维度会表现得格外突出，从而成为具有某种类型人格的人（见图 5–1）。

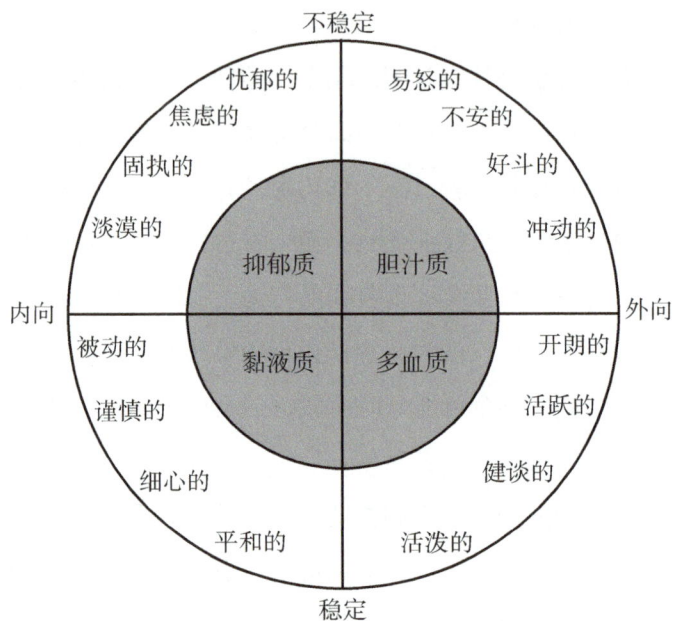

图 5-1 艾森克的人格类型维度

内向和外向是人格的基本维度。外向者的特点是爱好人际交往、善于社交、渴望刺激和冒险，但是粗心大意，爱发脾气。而内向者与之相反，即情绪稳定、喜欢安静、不喜欢交往而喜欢读书、深思熟虑，自我保守。

神经质，又称为"情绪性"。情绪不稳定的人喜怒无常，容易焦虑、激动、敏感，而情绪稳定的人很少出现情绪失控，善于自我控制，不易焦虑，稳重温和。

精神质不是暗指精神疾病，它存在于所有人身上，只是程度因人而异。精神质项目得分高者，表现得比较固执、倔强、粗暴蛮横、性情孤僻、冷漠自私，而得分低者更关怀、同情他人，善良温和。

拓展阅读 5-3

艾森克人格维度理论的教育应用

一位教师欣赏班上的一个学生在学校时会把自己的衣服非常规整地叠起来，而且书包总是很干净，作业也写得非常整洁。教师就号召其他学生家长向这个学生的家长学习。同时，教师也想知道这个学生的家长是怎么教育孩子的。

从心理学的角度来看，排除家长的后天培养，通过对照人格类型维度（图 5-1）我们可以知道，这个孩子的先天气质是黏液质的人，内向更善于控制自己的情绪，所以做事非常规矩。像其他类型的孩子，是学不来的。当教师或者家长都说，你看谁谁谁多好，要向人家学习，要乖，要听话时，本来没有这种气质的孩子被要求这样做是很痛苦的。家长或者教师如果了解这些知识，就可以有教无类，因材施教。

（资料出处：贾林祥. 小学教育心理学 [M]. 南京：南京大学出版社，2017：43-44）

二、小学生社会性发展的影响因素

小学生的社会性发展过程受到生物遗传、成熟、家庭关系、学校教育、社会文化以及自我发展等多元因素的影响，不同因素影响的周期和时间早晚有所不同，可以将其分为内部因素和外部因素进行探讨。内部因素包括生物遗传与成熟因素和学生的自我发展因素，外部因素包含家庭因素、学校教育因素、他人和群体因素、社会文化因素。

（一）内部因素

1. 生物遗传与成熟因素

除了人类，其他物种也具有依恋、胆怯、情绪、攻击行为和亲社会行为等。这在一定程度上证明，社会性的发展具有普遍的生物适应意义，对于种族的繁衍延续有重要作用，例如，蚂蚁与蜜蜂在遭遇危险时做出的牺牲自己保全整个族群的"利他行为"。人类的社会性发展也是在人类漫长的进化过程中演变而来的有助于人类生存和发展的生物适应机制。

部分学者认为，这种适应性本身就包含着基因信息的遗传机制，即某种适应性性状能够通过基因型进行代际遗传得以保存。许多研究发现，以反社会形式存在的神经过敏、焦虑等社会倾向、幻想性、活动性水平与社会性适应不良等特征的基因效应尤为明显。遗传基因还会影响非认知能力，其中，包括毅力、求知欲、自我概念、上进心等。

但是，人们不能仅依靠"基因彩票"度过一生，基因固然重要，环境的影响也十分重要，在教育的过程中，家长和教师要避免走入两个认知误区。

第一个是关于努力的认知，如果一个学生因为基因的影响比较擅长踢足球，在足球比赛中能够取得好的成绩，家长和教师就不应该强调学生在足球运动的成就全部源于自身努力。这样的话，当学生遇到不擅长的活动时，会被容易指责"不够努力"。

第二个是关于随机性与偶然性，有的学生可以一目十行，过目不忘；有的学生需要挑灯苦读，即便花费了更多精力，还是很难记住看到的内容。有的学生可以一天只睡四五个小时就能保持精力充沛。家长和教师应该看到学生本身的长处和短处，盲目跟风一堆人向同一个目标冲去，结果很可能是学生学不好也学不开心。我们不能因此将责任归结到学生不努力上，因为学生未来的发展本就充满各种可能性，无论基因给学生带来何种影响，关爱与责任是永恒不变的。

2. 自我发展因素

（1）自我意识

自我意识，是指个体对自己和自己与周围人关系的认识，包括主体的"我"和客体的"我"。自我意识是个性和社会性发展的核心概念，是身心发展与环境互动的产物，由自我认识、自我体验和自我调节三种心理成分构成，既相互联系又相互制约。自我认识涉及主观的认知与评价，自我体验包括态度和体验，自我调节是自觉调整和控制行为与心理活动。良好的自我意识有助于个体发展和人际关系，教师在教学中应引导小学生正确看待自我，树立积极的人生观和价值观。

（2）自我概念

自我概念，是指个体对自己的认知与信念，涉及个体对自身的观念。许多研究假设自我概念是按照等级组织的。一般自我概念位于等级的上层，其下是一些具体的各个方面的自我概念，从而构成一个自上而下的多维结构。自我概念具有以下特征。

①自我概念随着情境和年龄的改变而变化。在小学阶段，学生对自我的一般自我概念可以分为学业方面的和非学业方面的，其中，学业自我概念至少包括两个方面——语言的和数学的。随着年龄的增长和学业课程的增加，小学生可能形成其他的学业自我概念，如社会科学的自我概念、自然科学的自我概念等。非学业自我概念包括社交的自我概念与身体的自我概念，前者涵盖同伴关系、亲子关系两个方面的认知，后者涵盖外表、身体能力方面的认知。非学业自我概念是在日常生活及体验的基础上逐渐形成的。

②自我概念在不同的情境中通过持续的自我评价得到发展。在学校中的课程选择是影响自我概念的重要方式，与某一特定学科相关的自我概念可能是改变一生的影响因素。刚

入学的小学生，阅读的自我概念已经存在差异。进入学校时已经在语言和文字方面有较好基础的小学生学习更加容易，更容易形成积极的阅读的自我概念。随着时间的推移，这种差异更加明显。因此，与学校重要阅读任务有关的早期经验极大地影响着自我概念。进入小学中年级后，小学生会根据自己的标准进行比较，例如，如果语文成绩被成年人看重，那么小学生的语文自我概念会是最积极的，即使他们的语文成绩并不好。

③自我概念是个体在与他人进行比较的过程中形成的。一个小学生如果觉得比自己过去、比他人在数学上有更好的表现，就会形成良好的数学的自我概念。在普通学校中，数学成绩比较好的小学生比在比较好的学校中同等能力的小学生对自己的数学能力感觉要好。这种现象被称为"大鱼小池塘"（Big-Fish-Little-Pond）效应。

（3）自尊

自尊，是指小学生对自身的评价以及由此产生的积极或消极情感。小学生的自尊会在学校的行为表现中体现出来。举例来说，如果在学校中教师和同学普遍认为数学很重要，那么当一个小学生对自己的数学能力感到满意时，他就会感到自豪，这展现了高自尊的特征。学校生活对小学生的自尊产生影响。小学生对学校的满意度会影响他们对课堂教学的兴趣。教师对小学生的关怀以及对其言行的反馈和评价都会对小学生的自尊产生影响。小学生按照能力分组或分班常常会对自尊产生不利影响。在教学过程中引入团队合作有助于维护小学生的自尊。同时，需要注意的是，教师在维护和增强小学生的自尊时应考虑其年龄差异。

个体与他人的互动关系影响着自尊的发展。随着小学生的成熟，他们开始逐渐评估和考虑他人的意图。在认知发展的基础上，他们开始通过逻辑思维接纳他人的观点，并逐渐获得运用情感的能力

詹姆斯提出，个体在完成任务和达到目标中的成功也会影响自尊。如果一个技能或技艺对个体来说不重要，那么个体在这个领域中的"无能"并不会威胁到自尊水平。哈特也证实了詹姆斯的观点，认为一个活动对个体重要并在该领域中感到胜任的学生比那些怀疑自己能力的学生具有更高的自尊。[①]学生需要在重视的领域逐步取得成功，培养技能。教师的主要挑战是帮助学生认识自我并获得技能。值得一提的是，个体解释成功或失败的方式也至关重要。只有将成功归因于自身行为而不是运气或他人帮助的小学生，才能建立自尊。

小学生的自尊也受到集体自尊的影响。集体自尊，是指小学生对自己所属群体价值的

---

① 谢弗.社会性与人格发展［M］.陈会昌，译.北京：人民邮电出版社，2012：191-193.

认知和情感。如果小学生因为进入重点学校或实验班而感到自豪，那么他们的自尊水平会相应提高。

教育心理学家古柏史密斯（Coopersmith）在《自尊心的养成》一书中提出了培养学生自尊心的三个先决条件，这三个先决条件对应满足三个心理需求。只有这三个心理需求得到满足，自尊心才会产生。这三个先决条件分别为重要感、胜任感、力量感。首先是重要感，即个体感到自己的存在是重要和有意义的。小学生的重要感主要来自社会关系中与他人的互动，在家庭中得到父母的关爱，在学校中受到教师和同学的认可。其次是胜任感，即个体能够在具有挑战性的工作中取得成就，并达到自己设定的目标。小学生在学业上的胜任感对于形成正确的自我概念至关重要。最后是力量感，即个体感到自己有能力处理事务和应对困境。对小学生来说，能够承受学业压力并独立完成日常任务会带来力量感。力量感是促使人面对挑战和克服困难的重要心理特征，也是获得成功的关键。与力量感相对应的是无力感，是小学生多次失败后形成的结果，也可能成为他们在未来学习过程中畏缩和失败的原因。

（二）外部因素

1. 家庭因素

（1）家庭教养方式

家庭教养方式，是指父母对子女抚养教育过程中表现出来的相对稳定的行为方式，是父母各种教养行为的特征概括。父母是儿童第一交往对象，也是他们习得社会规则的重要来源。父母教育观念和教养方式直接影响他们对儿童的态度，对儿童进行教育的期望、目标、途径、策略及行为，是影响儿童社会化的重要因素。家庭教养方式对儿童社会性发展的影响是多方面的，家庭中提供的支持、教导、模范和情感表达方式都会对儿童的社会性发展产生重要影响。因此，家长在教养儿童时应该注重培养积极的社会交往技能、情绪管理能力和适应能力，以帮助他们更好地融入社会中和获得发展。

（2）父母教养观念

父母教养观念，是指父母在教育和抚养儿童的过程中，对儿童的发展、教育儿童的方式和途径，以及儿童的可塑性等问题持有的观点和看法。父母教养观念包括父母的儿童观、发展观和父母观。儿童观，是指父母对儿童在发展过程中是被动接受外界影响还是积极主动地获得发展这类问题的基本看法；发展观，是指父母对儿童发展的规律及其影响因素的观点或看法；父母观，是指对父母在儿童发展过程中的作用问题的看法。

父母教养观念与儿童发展之间存在着密切的关系，这种影响是通过父母的教养行为起作用的。陈会昌等关于家长教育观念和儿童发展的关系研究表明，父母家庭教养观念、父母对学校教育的看法和儿童的社交能力之间有一定程度的相关性；家长对儿童独立性、礼貌及整洁等个性品质培养的重视程度与儿童社会交往能力的发展呈显著相关关系。[①]

（3）家庭结构

家庭结构，是指家庭内成员的组成以及他们之间的相互作用和相互影响状态，以及由此形成的相对稳定的关系模式。家庭结构存在多种类型，典型的包括我国的核心家庭，即父母与一个孩子。然而，随着社会的发展，单亲家庭数量逐渐增多；"二孩"政策的实施，使多子女家庭也将再次兴起。在西方国家，再婚家庭和同性恋家庭逐渐成为不可忽视的家庭组织形式。我国的再婚家庭和留守儿童家庭等特殊家庭结构值得深入研究。

家庭结构的不完整或变化对儿童的社会性发展整体上并不利，然而任何形式的家庭结构都有可能培养出身心健康的儿童。这表明，儿童的身心发展不是单一因素作用的结果，而是多种因素相互作用的产物。举例来说，离婚通常对儿童的社会性发展产生负面影响，但也有研究表明，与长期陷入激烈冲突的婚姻相比，离婚对儿童的发展可能是更有益的选择。

（4）夫妻关系

夫妻关系在家庭情绪氛围中扮演着至关重要的角色，对其有着决定性的影响。当父母之间频繁争吵、挑剔、冲突较多时，他们向子女传递的消极情感也会增加，导致子女表现出更多的攻击性和犯罪行为，同时，同伴关系的发展也会受到负面影响。父母在受到婚姻矛盾的困扰时，往往会忽视子女或试图通过过度溺爱子女弥补对婚姻的遗憾。然而，无论是忽视还是溺爱，都会对儿童的健康发展产生不利影响。相反，婚姻关系良好的父母往往采用更一致的教育方式，给予子女更多的赞赏和积极反馈。这些父母的子女表现出更多的自信和独立性，以及更健康的同伴关系。

2. 学校教育因素

学校教育在小学生社会性发展中扮演着至关重要的角色。首先，学校是小学生社会化的重要场所，小学生在学校中能够与同龄人和教师建立密切的互动关系。这种社会互动为小学生提供了学习合作、分享、沟通和解决冲突的机会，帮助他们培养良好的人际交往技能。其次，学校教育提供了丰富多样的学习和活动机会，促进了小学生的认知和情感发展。

[①]　陈会昌. 儿童社会性发展的特点、影响因素及其测量：《中国3—9岁儿童的社会性发展》课题总报告 [J]. 心理发展与教育，1994（4）：3.

通过参与各种团体活动、课堂讨论和项目合作，小学生学会了尊重他人、倾听别人的意见、合作解决问题，这些都是社会性发展的重要组成部分。此外，学校教育也有助于培养小学生的自我意识和自我管理能力。在学校里，小学生需要适应规则、遵守纪律、管理情绪，这些经历有助于他们建立积极的自我认知和情绪调节能力，从而更好地适应社会环境。

总的来说，学校教育对小学生社会性发展有着深远的影响，它不仅传授了知识和技能，更培养了小学生的社会交往能力、情感管理能力和自我意识，为他们未来的社会生活打下了坚实的基础。

教师在小学生社会性发展中扮演着至关重要的角色，他们不仅是知识的传授者，更是小学生社会化和情感发展的引导者。他们通过建立良好的师生关系、提供积极的榜样、促进社会交往和合作、提供情感支持和引导等方式，对小学生的社会性发展有着积极的影响。教师的关怀和指导能够帮助小学生建立健康的人际关系，促进小学生自信心和自尊心发展，培养积极的社会交往技能，为小学生未来的发展奠定良好的基础。

作为小学生的榜样，教师的言行举止会对小学生产生深远的影响。教师的正能量和积极态度能够激发小学生的学习热情和社会责任感，帮助他们建立正确的人生观和价值观。教师在课堂上组织各种合作活动和小组讨论，为小学生提供了与同龄人互动的机会。通过这些活动，小学生学会了团队合作、倾听他人意见、尊重他人差异，培养了他们的社会交往技能。教师在小学生面临困难或挫折时，能够给予他们情感上的支持和安慰，引导他们正确处理情绪。这种情感支持有助于小学生建立积极的情绪管理能力，提高社会适应能力。

3. 他人和群体因素

他人和群体，尤其是同伴，在小学生社会性发展中扮演着至关重要的角色。同伴关系对小学生的社会性发展至关重要。通过与同龄人相处，小学生学会了分享、合作、尊重他人等社会交往技能。同伴关系也为小学生提供了情感支持和安全感，帮助他们建立良好的人际关系。

同伴群体是小学生建立社会认同和归属感的重要来源。在同伴群体中，小学生学会了接纳他人、尊重差异、建立共同价值观，从而形成自己的社会身份和认同感。同伴关系也是情感表达和情感管理的重要场所。在同伴群体中，小学生学会了如何表达自己的情感、倾听他人的感受、理解情绪的变化，从而培养了情感表达和情感管理的能力。同伴群体中存在各种社会规范和价值观，小学生通过与同伴互动，学会了遵守规则、尊重他人、分享资源等社会行为准则。同伴群体的影响有助于小学生建立正确的行为准则和价值观。通过与同龄人相处，小学生学会了社会交往技能、情感表达和情感管理能力，建立了社会认同和归属感，塑造了正确的社会规范和价值观。因此，家庭、学校和社会都应该重视小学生的同伴关系，为他们提供支持和引导，帮助他们建立健康的同伴关系，促进社会性发展的全面成长。

4. 社会文化因素

社会文化对小学生社会性发展有着深远的影响，社会文化是小学生社会化的主要背景和环境。在特定的社会文化背景下，小学生接受和内化了该文化中的价值观、行为规范和社会规则。社会文化为小学生提供了认同感、归属感和社会身份，塑造了他们的社会性发展。

小学生从一出生便置身于特定的文化环境中，这种文化环境构成了小学生成长发展的宏观背景。文化主要是通过对社会、家庭、父母的养育方式以及同伴相互作用方式等方面对小学生产生间接影响。文化对小学生发展的影响无所不在，小学生的生活习惯、价值观念、社会情感等社会性发展的各个方面都受到社会文化的影响。

与小学生发展密切相关的是他们所处的亚文化。亚文化，是指在主文化或综合文化的背景下，属于某一地区或特定群体独有的观念和生活方式。一种亚文化不仅包含与主文化相似的价值观和观念，也具有自身独特的价值观和观念。对小学生社会性发展影响最深远的是他们同伴群体的亚文化。随着小学生年龄的增长，他们的交往范围逐渐扩大，同伴对他们的发展影响日益显著，其价值观、行为方式、兴趣爱好等都会影响小学生自身的社会性发展。

在各种社会文化因素中，大众传媒对小学生社会性发展的影响应该被强调。相较于其他文化因素，大众传媒对小学生社会性发展的影响更直接。大量研究表明，小学生观看暴力电影或电视节目会显著提高其攻击暴力性。近年来，随着网络媒体的兴起，学者开始关注网络游戏对小学生社会性发展的影响。一些研究发现，儿童和青少年容易沉迷于网络且难以自拔，这严重影响了他们的学习和社会性发展。女生更容易沉迷于社交媒体，而男生则更容易沉迷于网络游戏。网络沉迷直接减少了现实生活中的社交互动，阻碍了小学生的社会性发展。同时，沉迷于暴力性网络游戏也会显著提高小学生的攻击性，对其社会性发展造成不利影响。

拓展阅读 5-4

家校协同干预引导小学生社会性转变的案例研究

1. 案例背景

小主人公宁是一个三年级的女生，个子高高的，被称为"野丫头"。她在课余时间喜欢炫耀家人对她的宠爱，经常在课堂和课间捣乱，导致同学都远离她。宁渴望成为教师关注的焦点，一旦遇到挫折就情绪失控，严重影响上课秩序。表现为难以安静做事，不按要求完成作业，在不感兴趣的课上做出不理智的行为吸引注意力。故意扰乱他人，寻找乐趣并引起别人注意。通过建立家校协同干预机制对宁的表现行为进行分析和改善，宁最终取得成长和进步。宁的案例代表了缺乏家庭教育指导的学生群体，在学生、家长、教师三方合作下建立家校共育机制，为学生社会性转变提供平台，具有推广意义。

2. 案例分析

宁的反常行为最初是为了引起同学和教师的关注。她在被宠爱的环境中长大，以自我为中心，无法很好地控制情绪，但又渴望他人关注，只能通过异常行为吸引注意力，导致问题逐渐加剧。她缺乏社会性，不擅长与同学、教师和家长沟通和交流。家庭环境中缺乏亲子互动和情感指导，导致她以自我为中心，难以融入社交环境。需要外界干预和家校共育帮助她建立社交能力。

3. 改善措施

在解决宁的反常行为和个性特点方面，采取了"两干预一跟踪"的综合措施。首先，通过班级环境的调整和对待方式的改变，帮助宁融入班级，展现自己的优点，增强同学对她的认可和支持。其次，在家庭方面，通过与宁的父母进行面对面谈话，鼓励他们参与并支持宁的改变，还使用微信平台随时关注宁的情况，促进家校合作，共同为宁的成长和发展制订计划。最后，每天进行 5～10 分钟的跟踪谈话，肯定宁的进步，引导她改变不良行为，培养良好的行为习惯，帮助她养成健康的生活方式和积极的心态。

4. 成效分析

在第一个星期，宁在新的环境和同桌的影响下，减少了上课捣乱的次数，逐渐参与到课堂中，但与同学争吵仍时有发生。放学的谈话一开始有些不情愿，但逐渐开始表达开心的事情，尽管对不好的事情还有所保留。

一个月后，宁在语文课上的捣乱减少，但在其他课程中仍有不良行为。在学校积极帮助教师，但作业质量有待提高。放学谈话从不情愿到主动留下，宁开始大胆表达各种事情。

经过一个学期的努力，宁在语文课上基本没有捣乱，但插嘴仍时有发生。在自习和不喜欢的课程中仍会有不开心的行为，但情绪控制有所改善。与同学的关系有所缓和，能够简单分析不开心的事情并表达自己的想法。这一过程展示了宁在行为和情绪管理方面的进步，为她的成长和发展奠定了基础。

宁的案例告诉我们，对于小学生社会性发展的良性干预和纠正，不能急于求成或灰心，应循循善诱，展现小学生优点，培养小学生自信心，通过家校合作培养小学生感恩之心，规划目标，认识不足，逐步改变，养成良好习惯。

（资料来源：姜轶婷.家校协同干预引导小学生社会性转变的案例研究［EB/OL］.（2022-06-06）［2024-04-05］.https://mp.weixin.qq.com/s/diG11kFvby34D0bHyZ5F4A）

第二节　小学生人际关系发展及教育应用

一、小学生人际关系概述

人际关系，是指人与人在彼此交往过程中形成的心理关系或心理距离。社会中，人际关系大体可分为血缘关系、地缘关系、业缘关系和政治关系。

由于小学生的社会活动场所主要集中在家庭和学校，他们的人际关系主要表现为亲子关系、同伴关系、同学关系和师生关系。通常，小学生的交往对象主要是父母、教师和同伴。随着小学生独立性、批判性不断增强，小学生与父母、与教师的关系从依赖转向自主，从对成年人权威的完全信服到开始富有批判性的判断和思考，同时，与同伴的交往越来越频繁，具有更加平等关系的同伴交往日益在小学生生活中占据重要地位，并对小学生的发展产生重大影响。

二、小学生人际关系的种类及其影响

（一）亲子关系及其影响

家庭不仅是小学生最先接触的社会环境，而且是小学生生活时间最长的地方，约占其全部生活时期的 2/3。显然，家庭是亲子关系发生的主要场所，亲子关系是家庭中的一个主要关系。父母是小学生最先建立的人际交往关系，因此，父母的教养方式直接影响小学生的个性发展。

国外学者广泛关注的观点，一是鲍姆令德提出的"养育三型说"，即权威型、专断型、宽容－放纵型；二是斯特内伯格等提出的权威、专制、放任和溺爱"四型说"；三是由麦考比和马丁提出的权威型、专断型、放纵型和忽视型的"教养方式四型说"。国内则有研究者把家长教养方式分为溺爱型、专断型、纵容型和民主型。随着研究的深入，近年来，有关亲子关系研究的成果和见解越来越多。

1. 不同的家庭教养类型

①权威型。这种教养方式的父母会给孩子立下清晰的规矩，解释为什么要这么做，并贯彻始终，虽然父母说了算，但会尊重孩子，讲民主。

②专制型。这种教养方式的父母会给孩子提出很多规矩，要求严格遵守，孩子没有丝毫讨价还价的权利。如果孩子出现稍许的抵触，父母就会采取体罚或其他惩罚措施迫使孩子服从。

③民主型。这种教养方式的父母对孩子提出合理要求，设立恰当的目标，坚持要求孩子服从并达到这些目标；同时，关注孩子的成长，耐心地倾听孩子的观点，鼓励孩子参与家庭决策。

④忽视型。这种教养方式的父母对孩子的成长表现出漠不关心的态度，他们既不会对孩子提出什么要求和行为标准，也不会表现出对孩子的关心，甚至拒绝孩子的需求，忽略做父母的责任。

⑤溺爱型。这种教养方式的父母视孩子如掌上明珠，娇生惯养，一切都满足孩子，迁就孩子，很少对孩子提出要求或施加任何控制，使孩子形成"自我中心"的意识和无限的物质欲望。

⑥对抗型。这种教养方式的亲子关系表现为父母和孩子之间是针锋相对的，只要是父母希望的，孩子都故意不做，经常和父母之间有语言冲突，甚至有时候还会有肢体冲突。

⑦顺从型。这种教养方式的亲子关系表现为父母喜欢听话的孩子，常常以自己的孩子听话为骄傲。孩子对父母的话言听计从。表面上看没有什么冲突，实际上孩子的创造力不足。

⑧平等型。这种教养方式的父母能够把孩子当作一个独立的个体对待，遇事会征求孩子的意见，哪怕孩子的意见是错的，也会让孩子自由地表达出来，之后再进行讨论，亲子关系融洽。

⑨期待型。这种教养方式的父母常常会无视孩子的性格、素质、能力、兴趣、爱好等，希望孩子按照自己的要求和标准去做，甚至把自己未完成的心愿强加到孩子身上。

⑩依恋型。这种教养方式，是指个体在早年与主要抚养者（大多为母亲）建立的情感

联结。建立良好的依恋关系不仅有助于亲子关系，还有利于孩子社会化发展，孩子会有更多精力投入学习。

⑪ 财产拥有型。这种教养方式的特点是父母将孩子作为自己的私有财产，认为自己对孩子有绝对的权威，可以凭自己的意愿和情绪对待孩子，如批评、指责、命令孩子。

⑫ 养育型。这种教养方式的父母，特点是养育孩子，其他功能明显不足。父母对孩子的教育存在很大的思想误区，他们认为，养育孩子是他们的责任，而教育孩子是学校的任务。

2. 父母间关系的影响

（1）健康婚姻家庭下的亲子关系

一个完美的家庭，民主和睦的家庭氛围是孩子健康成长不可缺少的条件。如果父母之间关系和睦，并且能够开明地对待孩子，孩子性格就会受到良好的培养，并终身受益。许多调查研究表明，处于有口角家庭、暴力家庭或离婚家庭的儿童，其行为问题出现率均比和睦家庭者要高得多。

（2）单亲家庭下的亲子关系

单亲家庭，是指有父无母或有母无父的家庭。这种家庭中的儿童缺少父爱或母爱，容易形成自卑、抑郁、孤僻、不合群等性格。如果由父母离异造成，而且在离异的过程，父母感情不和，经常争吵和互相侵害，甚至把孩子当作"出气筒"，说成是"累赘"，孩子就会不信任父母，仇恨首先提出离婚的父亲或母亲，并且可能形成感情冷漠、孤独乖僻、粗暴内向、愤世嫉俗等人格上的缺陷。

研究表明，单亲家庭的女孩对单亲生活的适应情况优于男孩。男孩显示出更多认知、情绪和社会行为问题，往往变得更富有攻击性、冲动、依赖和焦虑。另外，父母离婚过程和儿童单亲生活时间也是影响单亲家庭儿童适应的因素。

（3）隔代抚养家庭下的亲子关系

在隔代抚养家庭中，由于父母不能完全承担孩子的抚养责任，祖辈在孩子的成长过程中承担了一定或者是全部的抚养教育责任，这使亲子之间的相处互动变少，亲子之间的关系必定会受到影响。可能会造成亲子亲密度较低，亲子双方信任不足，影响双方在沟通上的主动性，亲子冲突时有发生。

有学者在意大利访问了 30 位抚养 12 ~ 48 个月儿童的祖母。结果显示，隔代教养中的祖母倾向于扮演有限（narrow）、被动（passive）和薄弱（tenuous）的角色，并且隔代教养会对祖母、母亲及孙子（孙女）的心理及互动关系造成不良影响。

3. 亲子关系的变化

小学生的亲子关系在不断地发生变化。进入小学阶段，父母对儿童的控制程度也在变化，由直接控制逐步转为引导、教育儿童自我控制、自我监督。研究表明，随着儿童年龄的增长，儿童越来越多地自己做出决策，心理学家麦考比将父母对孩子的控制变化分为三个阶段。

第一阶段（6岁以前），父母控制。这个阶段大部分重要决定由父母做出。

第二阶段（6～12岁），共同控制。这个阶段父母主要有三个职责：在一定距离监督和引导儿童的行为，有效地利用与儿童直接交流的时间，加强儿童的自我监督行为（如解释行为标准，说明如何减少危害）和教儿童知道何时寻求父母的指导。

第三阶段（12岁以上），儿童控制。儿童自己做出更多的重要决定。

总之，父母主要通过自己的教养观念、教养方式和教养行为影响儿童的社会性发展，特别是对儿童的一般能力、社会交往能力、亲社会行为及学业成绩的发展产生重要的影响。妥善处理好这一阶段的亲子关系，不仅要求做父母的理解和关心儿童，而且在教育儿童的过程中应努力做到宽严有度。

拓展阅读 5-5

小学生家长自我成长小组应用初探

研究者开展家长自我成长小组的原因有三：第一，"知行合一"的要求促使家长具备自我成长意识；第二，团队效能的发挥是解决家校共育困惑的重要途径；第三，家庭教育的责任需要家长自我成长小组的护航。

小学生家长自我成长小组的运行模式为：通过互助学习分享，激发团队动力，认识孩子的身心特点，接纳理解孩子，确立成长小组活动方案，科学组织实施。具体流程为：第一，明确小组设置、主题和方案，招募组员；第二，科学分组，组建微信群；第三，活动实施，营造氛围；第四，及时反思，分享交流。

小学生家长自我成长小组的实践意义在于，为小学生营造了温暖的港湾，让家长成为小学生的良师益友，开创了家校共育新时代。

随着家庭教育受重视程度越来越高，针对家庭教育的研究越来越多，但以成长小组为模式的研究仍然主要集中在社会工作或者小学生成长方面，将家长作为成长小组主体的研究比较少。家长通过参加成长小组，开始认识到孩子的问题其实就是家长的问题，从而对孩子有了更多的包容和接纳，并主动从自身找原因，积极探索解决办法，向着自我导向的"问题解决者"迈进。

（资料来源：文庆．小学生家长自我成长小组应用初探［J］．当代家庭教育，2023（17）：60-62）

（二）同伴关系及其影响

同伴，是指小学生年龄相当、社会地位平等、认知和行为处在同一水平的交往对象。同伴关系，是指年龄相同或相近的儿童之间的一种共同活动和相互协作的人际关系。同伴关系是小学生除亲子关系外的一种重要社会关系，是小学生实现社会化的重要手段。

友谊是同伴关系中的最高级形式，是一种特殊的亲密人际关系，表现为友谊的双方经常接触、相互依恋。友谊是人际关系深化发展的结果。小学生同伴交往的一个重要特点是开始建立友谊。

1.友谊及阶段性变化

友谊是小学生之间建立的一种特殊的亲密朋友关系。友谊对小学生的发展非常重要。研究表明，小学生缺少友谊，会变得孤独和寂寞，甚至会产生心理障碍。友谊可以满足小学生人际交往的需要，给他们的学习与生活带来快乐。

低年级小学生间的友谊常常是建立在外部条件或偶然兴趣一致的基础上，如空间距离——住在同一街道、同一幢楼房，坐在同一课桌前，父母相互熟识、互相做客等。后来，他们逐渐确立了新的友谊标准，把朋友能为自己做什么作为评价的基础。如有些儿童说某人是他的朋友，因为"他听我的话""他帮我系鞋带""他借给我铅笔"等，均属于以自己为中心的单向接受关系。这时候的小学生还不懂得真正的友谊应该建立在相互帮助和平等相待的基础上。

中年级小学生开始出现互惠的萌芽，并能以此原则处理一些具体问题，主要表现为，儿童认为朋友应该"你对我有帮助，我对你也有帮助"。这种友谊的准则并不等于互相帮助，而是一种"顺利的合作"。

高年级小学生已经具备一定的集体生活经验和认识能力。他们开始认识到友谊是一种持久和共享的关系，开始注意到友谊的交互性，即互相帮助的重要性。儿童间友谊的稳定性明显增强，排他性开始出现。同时，小学高年级儿童开始关心自己在集体中的位置以及集体对他们友谊的评价。从以上分析可以看出，小学生之间人际关系的发展是有阶段性特征的，这种阶段性特征又是互相重叠、逐步演化的。

小学时期同伴交往比较明显的特点是，小学生之间可以建立比较亲密的、稳定的友谊关系。美国心理学家塞尔曼对儿童友谊做了专门研究，根据儿童对友谊的理解将其友谊发展分为五个阶段。

第一阶段（3～7岁），无友谊概念阶段。这个阶段的儿童还没有形成友谊的概念，儿童间的关系还不能称为"友谊"，而是短暂的游戏同伴关系，很难做到稳定的友谊关系。

第二阶段（4～9岁），单向帮助阶段。这个阶段的儿童要求朋友能够服从自己的愿望和要求。如果顺从自己就是朋友；否则，就不是朋友。

第三阶段（6～12岁），双向帮助阶段。这个阶段的儿童能互相帮助，但还不能共患难。儿童对友谊的交互性有了一定了解，但仍具有明显的功利性特点。

第四阶段（9～15岁），亲密共享阶段。儿童发展了朋友的概念，已能认识到友谊的持续性、稳定性，朋友之间可以相互倾诉秘密，讨论、制订计划，相互帮助。但这一阶段的友谊具有强烈的排他性和独占性。

第五阶段（12岁以后），友谊发展的最高阶段。双方互相提供心理支持和精神力量，以相互获得自我的身份为特征。由于择友更加严格，这时候能对自己的朋友进行分享，也能为他人考虑，建立起来的朋友关系持续时间比较长。

在友谊关系上，小学生的友谊大多在同性同学中展开。男女小学生的友谊存在显著差异。3～5年级小学女生的好朋友比男生多。在描述朋友关系时，女生比男生更多地描述到朋友的关心、亲密、个人效度、冲突解决等方面的内容。男生在与朋友活动和游戏上明显多于女生；在对朋友之间的冲突解决上，女生认知高于男生。

2. 小学生的择友标准

在班级中，小学生选择朋友时通常采用四种类型的标准，分别是直接接触关系、接受关系、敬慕关系以及其他关系。

①直接接触关系，用儿童的话说就是"一起玩"，很多年龄较小的儿童认为，经常在一起玩的就是朋友。这是同伴关系发生的最初形式，也是友谊得以延续的基本条件。

②接受关系，反映同伴对自己的帮助，小学中低年级的儿童普遍认为对自己有帮助的就是朋友。随着儿童认知能力的发展和交往活动的增加，采用这种择友标准的比率迅速下降，人际交往质量有所提高。

③敬慕关系，反映择友的出发点是对同伴的行为特点或心理品质的赞赏。这种敬慕关系有时表现在儿童的直接表达中，如"他什么都好"；也可以表现在对同伴行为的肯定中，如"她成绩好""他上课发言积极"等；还可以表现在对同伴心理品质的喜爱中，如"他

整天笑呵呵的""他有办法"等。

④其他关系，反映小学生择友过程中采用的其他非本质关系，包括空间距离、传统关系（两家关系好）、传递关系（朋友的朋友）或一些其他关系。

这四种关系在不同年龄的小学生中表现不同，但均有所体现。以直接接触关系和接受关系为择友标准的比例，随年龄（年级）的增长而下降；而以敬慕关系为择友标准的比例随年龄（年级）的增长而上升。说明小学生在择友时，随着年龄的增加，越来越注重对同伴行为和心理品质的评价，人际交往的层次加深，质量提高。

3. 小学生择友的特点

总体来说，小学生在班级中选择朋友，表现出明显的同质性和趋上性的特点。

择友的同质性，是指儿童倾向于选择与自己兴趣、习惯、性格和经历相和谐的人做朋友。因此，小学阶段的儿童均倾向于选择跟自己同性别的同伴开展交往，发展为朋友关系。这种现象直到青少年期才开始发生变化。小学生同伴关系的同质性也表明这一时期的儿童已经产生了性别认同，对自身的性别有了正确的认识。

择友的趋上性，是指儿童倾向于选择品行得到社会赞赏的人为朋友。在小学阶段，那种经常得到教师表扬的儿童，人际吸引力普遍较强，而学习成绩好的儿童就是其中的一种。此外，儿童还喜欢挑选能力比自己强、身体比自己高大的同伴作为朋友，这也是一种趋上性的表现。

择友的同质性和趋上性，是小学生社会交往积极性的表现，也是实现人际关系的保证。儿童年龄越大，这两个特征表现得越明显。

学习行为对小学生择友的同质性和趋上性具有关键影响。小学生把学习的好坏当作衡量一个人能力的强弱和在班级中地位高低的标准。学习好的儿童容易得到教师的赞扬和家长的嘉奖，以及集体的承认，因而，容易成为同学敬慕的对象。择友的同质性和趋上性，也是教育实践必须关注的心理学内容。教师应善于在具体工作中加以利用和调节。

4. 同伴团体

同伴团体是一伙共同活动的人组成的群体，也是小学生遵循一定的规则、完成共同的目标、执行一定行为标准的多人结合体。同伴的接纳性包括两个方面的含义：一是儿童受欢迎的程度，二是儿童在同伴中的地位。一些调查和研究表明，影响同伴接纳的因素主要有以下几种。

①行为特征。儿童之所以具有不同的同伴地位，主要是因为这些儿童具有明显的行为特征。儿童之所以受欢迎，是因为他们具有外向的、友好的人格特征，擅长双向交往和群

体交往，不具有攻击性。被排斥的儿童在同伴交往中是比较笨拙和不明智的，经常表现出攻击性甚至是反社会行为。被忽视的儿童在同伴交往中的行为是害羞的、逃避的，很少见到他们表现自己或对他人显示攻击性行为。

②能力和学习。小学生首先重视学习好、兴趣广泛的同伴；随着年级的升高，扩展到更喜欢独立活动能力及交往能力强，会出主意的同伴。

③良好的性格特征，如幽默风趣、热情开朗、真诚坦率、富有同情心和会照顾别人及刻苦勤奋，也是吸引同伴的重要因素之一。

④身体特征，主要是指一个人的相貌。长相漂亮、有吸引力的小学生更易受同伴和教师的喜欢。

⑤姓名。名字比较好听的小学生，可能更容易受到同学和教师的关注。

⑥教师的影响。一个小学生在教师心目中的地位如何，会间接地影响同伴对这个小学生的评价。

📝 **拓展阅读 5-6**

同伴教育在预防学生欺凌行为中的应用

同伴教育作为一种新兴的教育方法，目前多运用于解决一些特殊问题，例如，关于同伴教育的研究多集中于预防艾滋病、控制药物滥用等实践领域，旨在通过转变其认知行为帮助其回归正常的成长方向。将同伴教育理论运用到预防校园欺凌中，从青少年中选取部分人进行反欺凌同伴小组的教育，利用组员自身的主观能动性，使其回到同伴群体中后用自己的行动和正向价值观影响和推动更多同学主动积极改变，学会对欺凌行为说"不"，对于校园欺凌有正确的认识和处理方式。通过这样的方式影响更多同学，像滚雪球一般扩大群体内影响力，推动整个群体间文化氛围的正向改变。

目前，同伴教育应用于实践主要有以下两种形式。一是在外来人士（社会工作者或是其他专业人士）的帮助下，将有共同需求的同伴聚集在一起参与活动。通常这种方式服务的人数较多，难以深入且具体地影响到同伴。二是通过选拔合适的同伴教育者，经过一定的培训和训练，形成同伴群体中教育自助式的力量，以同伴群体为目标进行同伴教育。后一种同伴教育方式在前期能够较为深入和有针对性地对教育者进行锻炼，能为后期向更广范围人群覆盖和传播打下坚实基础，以此达到同伴教育中影响和改变集体氛围的目的。具体活动过程为同伴教育者的确定、小组学习活动的展开、情境模拟实践、开展预防校园欺凌活动。

通过培养校园内的同伴教育者，可以促进个体、朋辈甚至是学校环境生态系统的改变。在个体层面上，教育者成为积极反对校园暴力的倡导者，学习并掌握了校园欺凌预防与应对的方法技巧。在同伴群体中，个人会影响其所处的社会网络，通过这样信任十足的朋辈关系改变同学、朋友对于欺凌行为的错误认知，鼓励他们对校园暴力说"不"，并带动身边的朋友和同学参与预防与阻止校园欺凌行为。对于欺凌者来说，同伴的正向引导有利于对自我进行反思，促使其错误行为的改变，树立正确的价值观。

（资料来源：骆秋霖，谢鑫. 同伴教育在预防学生欺凌行为中的应用 [J]. 产业与科技论坛，2022，21（12）：212-213）

（三）师生关系及其影响

师生关系是小学生人际关系中的重要部分，师生之间彼此影响，相互促进。师生关系是在教师和学生的交往中形成、维持和发展的，是学校环境中最基本的一种人际关系，不仅影响师生双方的心理及个性发展，而且直接影响教师的"教"和学生的"学"。师生关系的好坏反映了教师和学生双方需要得到满足的程度。

师生关系随年级的提高会发生微妙的变化。小学低年级的学生对教师充满崇拜和敬畏，绝对服从教师。大约从三年级开始，学生不再无条件地服从、信任教师，开始对教师做出评价，对不同的教师表现出不同的喜好，对喜欢的教师报以积极反应，并重视教师的评价；对不喜欢的教师予以消极反应，甚至有时产生对抗。学生的各种表现影响着教师对学生的认识与评价，而教师的教学水平、个性特点、期望等因素也以直接或间接的方式影响着学生。

1. 小学生对教师的态度

随着年龄增长、知识增加和社会经验丰富，小学生对教师的认识和态度均有不同程度的发展，即师生关系的特点随着小学生年龄的变化而变化，不以人的意志转移。几乎每个学生在刚跨入小学校门时都对教师充满了崇拜和敬畏，教师的要求甚至比家长的话更有威力，常以教师的是非标准作为自己的是非标准。在这个时期，师生关系比较平稳，小学生对教师的绝对服从心理有助于他们很快学习、掌握学校生活的基本要求。

二、三年级的小学生开始把教师是否公正放在首位。小学生最敬佩公正的教师，并开始评价教师是否善良，开始从具体水平上评价教师业务能力是否强。三、四年级的小学生除了继续坚持是否公正的标准外，更能从抽象概括的水平上客观地评价教师工作。五、六年级的小学生开始注重教师的人品、精神面貌，并力图对教师做全面的了解。总的来看，小学生最喜欢的教师往往是讲课有趣、平和开朗、严格、耐心、公正、知识丰富、尊重学生、能为学生着想的教师。

2. 教师对小学生的期望

期望是对人或事物的未来状况做的推断。1968年，美国心理学家罗森塔尔（R.Rosenthal）对小学一年级至六年级学生进行"预测未来发展的测验"。他来到一所乡村小学，给各年级的学生做语言能力和推理能力的测验。测完之后，他没有看测验结果，而是随机选出20%的学生，告诉教师这些学生很有潜力，将来可能比其他学生更有出息。8个月后，罗森塔尔再次来到这所学校。奇迹出现了，他随机指定的那20%的学生成绩有了显著提高，社会化的程度更高。罗森塔尔把这个结果称为"皮格马利翁效应"。这个效应的实质是，教师在与那些"很有潜力"的学生互动时，投入了更大的热情，对他们抱有更高的期望，给予了他们更多的信任和鼓励，最后促使他们获得更好的发展。

罗森塔尔的研究证实，教师的期望可能至少会影响一年级和二年级学生的学习。小学低年级学生比高年级学生的改善更明显，有几个可能的原因：第一，低年级学生关于学业的自我表象较为肤浅，对教师的不同对待方式更敏感；第二，低年级学生没有累积的背景信息，教师更相信测验的结果。许多有关研究指出，教师期望具有广泛的影响，如学习能力很弱的学生，教师以积极的态度教他们，可以使他们比教师以消极态度进行教学的学生学得更好。若一个学生受到教师对其智商分数的过高评价，则其阅读能力显著高于那些被教师评价智商过低的学生。尽管对这一研究存在争议，但后来许多研究结果表明，教师对学生的期望具有重要的影响作用。因此，教师应在教育过程中针对学生的个别差异，寄予恰当的期望。

教师应该充分理解每个学生，并对他们建立积极的期待。首先，教师要善于发现学生的优点，并给予其积极的赞扬和引导；其次，教师要树立公平意识，以免因偏心贻误学生的发展；最后，教师要以移情的态度设身处地地了解学生的感情与行为。在教师对学生的指导方面，教师在完成教学目标的过程中，要对学生的各个方面进行指导。教师对学生的指导主要有认知示范和说教式。教师的认知示范和说教式的指导对学生自我效能感都有着重要影响，但示范性的讲解比说教式的指导更有效。因为，认知示范包括示范性的讲解、用言语说明榜样的思路及采取某种行动的理由，学生可以在教师示范性的讲解中，明确容易犯错误的原因，掌握识别和处理错误的方法。

师生互动在学校生命教育中的价值意蕴与应用

人的生命分为自然生命、精神生命和社会生命三个层面，相应地，学校生命教育力求促进生命这三个层面的发展。作为学校生命教育中的一个重要环节，师生互动对生命三个层面的发展有着独特的价值意蕴，师生互动促进学生自然生命成长，精神生命完善，社会生命发展。

师生互动具备的独特生命教育价值，可以通过教师角色、情境创设和对话艺术三个方面有效发挥，实现生命教育促进学生全面和谐发展和富有个性成长的目的。在教师角色方面，增强学生生命意识，教师要学会倾听学生生命，对学生的生命成长充满期望；在情境创设方面，需要让学生切身感受生命，互动情境要贴合学生生活实际，互动情境要与体验相结合；在对话艺术方面，需要启发学生生命思考，并且巧妙利用对话智慧，在对话中融入生命情感。

总之，学校生命教育是师生共同感悟生活与体会生活的过程，是师生创造价值和实现美好生活的途径之一，是学生人格养成、生命成长的过程。只有真实有效的师生互动，才能最大限度地促进学生思维的发展，触及学生的心灵，感化学生的生命。通过教师角色、情境创设、对话艺术，充分发挥师生互动在学校生命教育中的价值，使学生形成适应未来生活的意志、情感、动机等积极的心理品质，实现对远大理想的追求。

（资料来源：张洁，顾聪.师生互动在学校生命教育中的价值意蕴与应用 [J].基础教育研究，2023（4）：1-3）

第三节　小学生性别角色发展及教育应用

一、小学生性别角色的形成和发展

（一）性别角色的定义

性别角色（gender role），是指社会按照人的性别赋予人符合社会期待的社会行为模式。刚出生的婴儿，性别差异体现在生物意义上，男孩和女孩有着不同的外生殖器官。随着成长过程推进，儿童逐渐获得了自己所属社会认为的适于男生或女生的价值、动机、性格特征、情绪反应、言谈举止和态度。生物学上的性别与社会对不同性别的要求融进个体的自我认知和行为中，就是儿童性别角色发展的过程。

1. 性别角色的社会文化意义

早期人类社会中的劳动分工促使性别角色产生。在当时的社会，男女在体力上和生理能力上有所区别，狩猎、采集、耕种土地、养育子女、照料家务等职责日益分化，在不同岗位上劳作使男女拥有了不同的生存经验，分工的不同推动了人格倾向以及地位的分化。男性在劳动经验中发展了攻击性、果断性、独立性等心理品质，女性则在劳动经验中发展了亲和性、依赖性、合群性等心理品质。不断重复的劳动，以及比较固定的劳动分工逐步形成了社会秩序。人们根据男女分工时被提出的要求和指令，形成了约束不同性别成员的各种规范秩序，这些规范秩序代代相传，趋向稳定。

性别角色不是性别本身固有的，而是社会文化的产物，是社会文化的投影，社会文化通过教育、书籍、环境布置、大众传媒等多种途径把对不同性别角色的要求自觉或不自觉地传递给儿童。因此，不同文化背景下的同一性别可以获得截然不同的性别角色。如摩梭人，是唯一现存的母系社会群体，摩梭人男不娶、女不嫁，所有人住在自己的母系大家庭中。在他们的社会中，女性角色的关键词是"权力"与"独立自主"，而男性角色具有依附性，通过走婚的方式与女子产生感情，后代由女方家庭抚养。

不同文化背景对性别角色有着不同的要求，性别角色主要是一种文化现象。我们理解和认为男人应该扮演什么样的角色，女人又应该扮演什么样的角色都是因为我们所处的时代，我们当前文化背景里的"特定"想法，不能适应全部的时代和文化。

作为一种社会文化现象，性别角色具有相对稳定的特征。尽管在现代科技高度发达的社会中，个体体力的重要性显著降低，人们却深深根植于代代相传的性别角色分配中，对于这种模式的任何调整都可能导致社会心理上的适应困难。性别角色在复杂的社会生活中扮演着建立和维持性别区分秩序的角色，有助于社会的稳定。在工作、家庭和社会互动中，男性和女性之间的合理性别角色互补，有助于个体健康、团队工作效率和社会良性运转。然而，这种模式也存在负面影响，如强化性别刻板印象，影响对男女行为和特征的期望，以及对性别行为的评价和成功归因。这可能抑制某些性别的自信和创造力，限制其发挥潜能，并导致性别歧视，妨碍社会的文明进步。传统性别角色定型已为人熟知，不论是成年人还是儿童，都普遍认为男性应具备独立、竞争性和自信的特质，是环境的主导者；而女性则被期望具备教养、被动、依赖和非攻击性的特质。这些期望反映了人类文化的历史演变。然而，在过去几十年中，强大的社会力量正在改变性别角色定型，尤其是对女性角色的期望。

2. 性别角色定型

性别角色定型，是指社会对男性和女性赋予的特定行为、角色与特征的期望及规范。这些期望及规范是基于文化、社会和历史因素形成的，影响个体在社会中的行为、态度和认知方式。性别角色定型涉及对男性和女性在家庭、工作、社交等方面行为表现的认知和评价，塑造了社会对性别的认知和期望。性别角色定型在个体发展和社会互动中发挥着重要作用，但可能存在性别歧视、刻板印象和限制个体发展的负面影响。

近年来，许多家长意识到在婴儿时期就应该拒绝性别刻板效应，他们还让儿童选择自己热爱的颜色与玩具，女孩不一定要喜欢芭比娃娃，也可以喜欢玩具车；男孩不一定要喜欢战争游戏，也可以喜欢过家家。无论男孩还是女孩，都是独立而自由的个体，不应该用固定的社会模板套在儿童的肩膀上，坚强、勇敢、独立、担当不独属于男性，温柔、善良、勤劳、柔和也不特属于女性。

📝 拓展阅读 5-8

假小子 Laure——性别刻板印象的"受害者"

法国电影《假小子》（*Tom Boy*）讲述了一名叫 Laure 喜欢男孩装扮的小女孩，跟随父母搬家至新的公寓后，与周围小孩儿融入的故事。与 Laure 的小伙伴不同，作为观众从始至终都知道她的性别，这部电影讨论的不是对性别认知的障碍，而是对性别二元论社会对于性别角色刻板印象的讨论。在性别二元论的社会中，无论男女都被刻板的性别角色观念所桎梏，男性需要这样做，女性不能那样做；男孩天生喜欢蓝色，女孩就应该喜欢粉色；男孩要果敢刚烈不能哭哭啼啼，女孩要沉稳雅致不能大声说话。于是当 Laure "成为"男孩后，她被接纳进入男孩的游戏，而其他和她有着传统社会定义下典型女孩特征的孩子被男孩子的游戏排斥在外。小女孩 Laure 正是通过女扮男装打破性别角色的刻板印象和固有性别角色认知，从而引导人们重新审视对于社会文化下性别角色的固执与偏见。性别刻板印象是由文化构建的，在性别刻板印象形成初期，家庭成员尤其是父母是儿童相处时间最久的人，儿童会模仿和学习父母的言行；当他们走出家门时，外界他人的行为和言行也在潜移默化地影响他们的看法；

当他们浏览电子产品时，媒体的力量也不断影响他们的认知……性别刻板印象影响的不只是女性，男性也深受其害。

（二）小学生性别差异的具体表现

1. 认知差异

（1）男女性别差异的年龄倾向和具体表现

研究认为，男、女两性在认知上存在年龄倾向性的差异。在学龄前阶段，男女儿童的认知差异并不明显，尽管在幼儿时期，女孩的智力发展略微优于男孩，但这种差异并不显著。进入小学阶段后，性别之间的智力发展差异变得更加显著，女性的智力表现优于男性。然而，在青春发育期间，这种优势开始下降。随着男性进入青春高峰期，他们的智力逐渐超越女性，并且随着年龄增长，这种优势逐渐显著。直到青春发育期结束，这种优势开始减弱。男女两性认知差异的年龄倾向反映了男女儿童在认知差异整体上的平衡性。这种平衡性还表现在，男性在智力发展的极端上，智商较高和较低的个体比例都比女性多，而女性的智力发展分布相对均匀。许多研究表明，男女两性的平均智商没有明显差异，但男性的智商分布范围较大。在学习成绩方面也存在类似情况，一般来说，男生中既有学习成绩优异者，也有成绩较差者，而女生的学习成绩主要集中在中等水平，男女平均成绩并无明显差异。在事业成就方面，男女智力差异在整体上呈现平衡状态，表现出创造力强、在事业上取得卓越成就的多为男性，但也有许多男性由于视听和阅读能力等缺陷在事业上无所作为。

（2）男女智力有不同的优势领域

1905 年，法国心理学家比奈和助手西蒙首次制定了智商测试表，也叫作"比奈 - 西蒙智力量表"。研究者认为，评估个体智商水平的标准在于将其实际年龄与智力年龄进行比较，比值越大代表智商越高，比值越小则表示智商越低。然而，"比奈 - 西蒙智力量表"存在一定局限性，因此，近年来，研究者更倾向于采用更科学的离差智商作为评估工具。研究者通过离差智商曲线图观察到，受染色体和性激素影响，男性出现极端聪明的概率高于女性，同时智力障碍者出现的概率也高于女性。相比之下，女性的智商分布相对均匀，极端案例出现概率较低。总体来说，男女之间的智力水平并无明显差异。

尽管男女之间的平均智商没有显著差异，但由于生理机制不同，男性和女性在智力优势领域上存在差异。具体表现如下。

①语言领域。国内学者的研究表明，女孩在语言方面比男孩表现出更早的发展，展现出更好的语言流畅性，阅读、写作和拼写方面也具有优势。然而，在言语理解、言语推理甚至词汇方面，女孩的表现却不如男孩。研究发现，小学生在语言能力上存在性别差异，主要体现在语言表达能力方面。女生的语言表达能力优势从小学四年级开始显现，尤其是到了六年级，女生的优势更加显著，表明随着年龄增长，性别差异在语言表达能力上逐渐扩大。在高水平的语言表达能力方面，女生在各年级都展现出明显且稳定的优势。相比之下，男生在复述课文、造句、回答问题等需要语言表达能力的活动中常常表现出困难、吃力、语言组织不当以及缺乏修辞性等问题。

②空间认知能力。大量研究表明，男性在空间认知能力方面具有更强的优势。有专家在对广泛的空间能力研究资料进行分析后发现，随着年龄增长，空间能力的性别差异逐渐增大。不同类型的空间能力在不同年龄段展现出性别差异。例如，在空间知觉方面，男生在 7 岁左右显示出优势；在心理旋转能力方面，男生在 10 岁左右显示出优势。总体来说，男性在空间认知方面的能力明显优于女性。[1]

③记忆与注意。男性在理解记忆和抽象记忆方面表现较强，而女性在机械记忆和形象记忆方面具有优势。研究指出，在小学阶段，女性的机械记忆和形象记忆普遍优于男性。此外，小学生的注意力存在明显的性别差异。通常来说，女性的注意力稳定性较男性更强，而男性更容易分散注意力。在小学课堂上，常见的情况是男生不遵守纪律，有些人会说话，有些人会玩文具或玩具，还有些人会与同学发生冲突等。男生通常更活跃，注意力不够集中，维持注意力稳定的时间较短，这也是小学男生学习成绩落后的原因之一。然而，男生在注意力转移方面优于女生，主要是因为男性的注意力稳定性较差，在课堂教学中对原有的专注度不如女性，所以男性的注意力转移速度更快。女性的注意力更多地集中在人身上，而男性的注意力更多地集中在物体上。

④思维。男性和女性自幼时起在思维活动上展现出各自独特的特点。女性更倾向于从事一些较为安静的活动，如连接玩具、绘画、泥塑、剪纸等，而男性则表现出极大的好动性，喜欢操作实物或者跳跃奔跑。男性喜欢探索周围环境、拆卸组装玩具，富有创造性想法，女性在这方面表现不及男性。

在小学阶段，男女生在思维方式上呈现显著差异。男性在逻辑思维方面具有优势，而

---

① 黄月胜.小学儿童心理学［M］.北京：北京师范大学出版社，2012：179-180.

女性则在形象思维方面表现出色；女性更倾向于模仿，在问题处理时注重局部和细节，但对整体和部分之间的关联性理解较差，而男性更倾向于独立思考，具有较强的分析与综合能力，处理问题时更注重整体和部分之间的联系，但对细节关注不够。在小学阶段，男女学生在语文和数学学习方面存在一定的性别差异。尽管在学习基础知识和基本技能时，男女生的思维方式尚未明显分化，但在运用这些知识和技能时，差异开始显现，并随着年级的增加，对知识的综合运用和灵活性要求逐渐提高，简单的模仿已经不够。因此，受思维方式的影响，相当数量的女生无法适应学科新知识的要求，导致学习成绩逐渐落后于男生。

📝 拓展阅读 5-9

男孩真的差吗？——具身认知帮助儿童实现差异取代差距的改变

数学课上，教师说："这里有几道题，看谁做得又快又准确。"不一会儿，很多女生举手表示完成。语文课上，教师说："现在开始默读课文，看谁记得又牢又快。"不一会儿，不少女生又完成了。科学课上，教师说："看谁能用最快的速度搭出最牢固的桥梁，谁先搭完有奖品。"好了，女生又完成了。连续三节课上完，班上总有几个男生"拖后腿"。同伴开始抱怨，甚至教师也可能认为这几个男生总是不专心听讲，学习不用功。这样连续一学期，"拖后腿"的男生就变成了班上学习困难的学生。

为什么会出现这样的情况，为什么总是女生又快又准最先完成，男孩是真的差吗？并不是。问题出在我们依然处于工业社会惯性的教育体系中，忘记了男孩的特点。男孩的特点，是认定一个明确目标，然后一件事接着一件事去完成。这个年龄段的男孩还无法同时兼顾"快"和"准确"这两个目标。其实，我们面临的不仅仅是"男孩危机"的问题，隐藏在背后的是一个更大的命题：究竟应该让孩子适应教育体系，还是教育体系主动适应每一个不同的孩子？无论他们是男孩还是女孩。

我们评价"表现不佳"的男孩时，总是认为男孩都晚熟，跟同年龄的女孩相比，心智不成熟；现代社会更需要会沟通、有情商，而这些天然都是女孩擅长的，男孩可表现的机会越来越少。晚熟也好，表现不佳也罢，这两个理由都有一个共性，笔者把它称为"差距视角"。教育体系是确定的，标准线也是设定好的，我们通过统一的入学时间，统一的纪律规则，统一的教学流程，要求所有孩子努力适应。这样一来，女孩可能普遍达标了，男孩离这个标准有差距，差距一大就出现了"男孩危机"。我们要实现人之为人的教育目标，就再也不能让孩子适应教育体系了，而必须探索教育体系如何更适合每个孩子，用差异取代差距，这才是解决"男孩危机"的根本所在。

怎么做呢？全球教育的解决方案是"把性别差异作为一种教育资源"，通过学习空间、学习方式和学习内容的改变支持不同的孩子差异而又健康地成长。在美国的HTH学校，笔者已经看到了这样的空间场景，选择工程与技术的初中男孩每天最喜欢去的就是厂房一样的学习社区，他们可以在室内设计图纸，可以把组装好的半成品推到户外草坪上，离草坪不远的地方就有一条河道。最终，他们真的制作了一艘能在河上自由行驶的动力船。在学习方式和学习内容方面，全球当前最流行的趋势，就是鼓励具身认知，就是让学生能动起来，用肢体语言学习，从而加深体验、促进理解。具身认知让孩子亲身体验了自然环境。这样的学习方式和学习内容，能达到支持不同孩子学习成长的目的。

（资料来源：上海思姚培训学校.为什么总是女孩又快又准先完成？男孩是真的差吗？［EB/OL］.（2024-11-01）［2024-12-05］. https://mp.weixin.qq.com/s/3H07RdeucWrj8jEVnamgiA）

2. 个性与社会性方面的差异

过去一直有一种观念认为，女性在个性发展方面比男性更胆怯和害羞，然而研究者发现，在应对各种紧张情境时，并不存在明显的性别差异。相反，女性更倾向于坦诚地报告和表现她们可能感受到的懦弱、胆小和焦虑等情绪，这并不意味着她们在面对挑战时比男性更脆弱。此外，在支配性和竞争力方面，研究并未发现明显的性别差异。

女性参与社交活动的频率通常高于男性，男性倾向于对物体和事物产生兴趣，而女性则更关注人际关系。男性展现出更多的攻击性行为，女性的攻击方式主要是口头谩骂，而男性则倾向于使用肢体动作，如拳打脚踢等。

在合作活动方面，女性更愿意与同伴合作，而男性则更倾向于与年龄较大的同性伙伴合作，甚至尝试参与比自己年长的人组织的竞赛。女性通常会选择与比自己年龄小的同伴一起玩耍，并对比自己年幼的人表现出关心和帮助。男性则更倾向于与年龄较大的同伴合作，对同伴的困扰或不适表现出较为淡漠的态度。总体来说，无论是成年人还是儿童，都倾向于与同性进行交往。

📝 **拓展阅读 5-10**

来自 455 名小学生的"儿童认知风格"调查

该调查以问卷调查的方式，对二年级至六年级的 455 名儿童进行调查，通过对儿童喜爱的学习手段、学习环境、思维方式、接收信息的方式、处理信息的方式、记忆方式、多种知识输入的处理方式七个方面进行调查分析，寻找儿童认知的共同特征，并给出教育启示。

（一）持续观察学生发展，科学诊断学生的认知风格

在教育实践中，教师需要精心观察学生的学习过程，通过课前预习、课堂表现、交流互动、笔记记录等环节深入了解学生的个性和认知方式。同时，教师应当善用有效工具，系统诊断学生的认知风格。这是一个持续的过程，通过每个学期的观察和诊断，建立"儿童认知风格"档案。

（二）根据学生认知差异，采用不同的指导策略

针对"场独立型"和"场依赖型"学生，教师需要灵活运用不同的指导策略。在教学过程中，教师应在适当的时机给予学生指导和支持，鼓励他们尝试学习；在指导结束后，教师应主动提供辅导，清晰解释解题步骤，鼓励学生模仿学习。在教学策略上，对于前者，教师应给予自主思考的机会，鼓励他们独立探究和发现；而对于后者，教师应提供细致的课程计划和明确的讲解，营造团体学习氛围。

（三）强调学生认知优势，弥补学生认知不足

教师应逐步建立符合学生认知风格的教学流程，包括两个主要方面：一是采用与学生认知优势相匹配的教学策略，二是有意识地补充学生认知不足的教学策略。例如，"整体型"学生擅长把握整体，但可能会忽视细节，教师应注意帮助学生提高分析能力。另外，"场独立型"学生擅长辨别相似或易混淆的概念，但不擅长整体把握，教师可以采用归纳法等方法，弥补其概括能力的不足。

综上所述，教师应尽力适应学生的个性差异，构建基于"学生认知风格"的教学模式，以问题解决为主线，融合学生自主探究和教师有效指导，创设和谐的教学环境。

（资料来源：荀步章.来自455名小学生的"儿童认知风格"调查［J］.中小学管理，2013（9）：42-44）

（三）小学生性别角色的发展

1.性别角色发展的理论

心理学家提出了多种理论解释性别差异和性别角色的发展。考虑到性别角色的形成对个体个性发展的影响，了解性别角色形成的理论有助于更清晰地认识社会文化对性别角色发展的影响。这种理解有利于有针对性地进行性别角色教育，促进男女两性的健康发展。

性别角色的相关理论流派主要包括生物学解释、精神分析、认知发展、社会学习和性别图式等。

（1）生物学解释理论

最早提出生物学解释理论的代表人物是弗洛伊德。生物学研究认为，男女之间的心理差异以及儿童性别角色的形成主要受遗传和生物因素的影响。根据生物模型，男女行为的性别差异反映了他们生理上的不同。进一步地，包括对双胞胎人格特质遗传和荷尔蒙与人格特质相关性的研究，表明男女在控制和攻击性行为方面的性别差异主要是由性激素的差异引起的。染色体差异和荷尔蒙的作用等因素导致男女展现出不同的特征。

近期的生物社会模型理论将生物因素和社会环境因素融合起来，以解释性别差异问题。该理论认可社会文化模型对性别差异的解释是合理的，但同时主张生物因素仍然可以直接导致性别差异。后天环境和教育只能加强儿童性别角色的表现，而不能改变性别角色发展的走向。

（2）精神分析理论

精神分析理论认为，性欲（性本能）是天生的。个体的性别认同和对某种性别角色的偏好从性器期开始形成。这时，个体开始模仿并认同父母的性别，特别注重亲子关系中的角色认同。儿童通过模仿同性别父母学习性别概念。在这一过程中，他们内化了父母的男性化或女性化特征，并接受了父母关于性别的许多价值观，表现出与其性别相符合的男性特征和女性特征。精神分析理论过分强调个体的模仿作用，忽视了外部环境的影响。然而，从社会学理论的角度来看，模仿也是性别角色社会化的重要机制，在模仿的基础上最终形成性别认同和内化。

（3）认知发展理论

科尔伯格是认知发展理论的重要提出者。他认为，儿童是自我社会化者，必须在建立性别认同、获得对性别稳定的认知之后才能理解性别恒常性。一旦儿童理解了性别恒常性，他们就会开始选择关注性别榜样，并形成性别的典型特征。科尔伯格的理论强调了性别恒常性对性别角色形成的重要性。性别恒常性，是指基于生物属性的永久特性，不受时间、服装、活动或个人意愿等因素的影响。性别恒常性由性别同一性、性别稳定性和性别一致性三个不同成熟度的性别理解组成。

性别同一性要求儿童简单地识别自己是男性还是女性；性别稳定性，是指对性别的恒定认知，即一个人的性别无论年幼还是年长都是一致的；性别一致性，是指尽管外表、服装和活动发生变化，但儿童仍能意识到性别是不变的，这种能力通常在 6 ～ 7 岁时获得。

这些不同层次的性别理解对于儿童性别角色的形成和性别认同的发展起着重要作用。科尔伯格的理论强调了儿童认知发展对性别认知和性别角色形成的影响，突出了性别恒常性对于性别认知的重要性。

（4）社会学习理论

社会学习理论认为，儿童形成性别认同和性别偏好的过程可以通过两种途径实现。首先是性别角色的直接教导或分化强化，即儿童与其性别特征相符的行为会受到鼓励和奖励，而与其性别不符的行为则会受到惩罚和阻止。其次是通过观察学习，儿童会模仿同性别榜样的行为和态度。社会学习理论认为，性别是社会建构的产物，而非生物遗传的结果。性别差异源于社会实践和文化习惯的差异，而非个体固有属性的差异。

许多社会学家反对性别二元论观点，认为男性和女性之间的相似性远远超过差异。随着社会的变迁，性别之间的差异逐渐减少，性别并非一种明确而固定的分类方式。男性和女性之间的差异取决于他们在社会中的地位、种族、教育水平、职业等因素。社会学习理论强调了社会环境对性别认同和性别偏好的塑造作用，并指出性别角色的形成受社会因素影响。

（5）性别图示理论

性别图式理论探讨了个体对自己是男性化还是女性化的定义，结合了社会学习和认知发展理论的观点。与认知发展理论不同的是，性别图式理论并不要求获得性别恒常性，而是要求掌握性别认同。该理论认为，儿童标识男性和女性性别的能力是性别图式发展的必要条件。一旦性别图式形成，儿童就会被期望按照传统性别角色的行为准则行事。

在认知发展理论中，引导与儿童性别相关的行为取决于儿童期望与同性别标签的匹配。这意味着，儿童会倾向于展现与他们认同的性别角色相一致的行为。性别图式理论强调了个体对自己性别认同的重要性，以及社会对性别角色行为的期望。通过性别图式的建构，儿童学会了如何表现出符合其认同性别的特征和行为，进一步影响了他们对自我和社会的认知。性别图式理论为理解性别认同和性别角色的形成提供了一个有益的框架，强调了个体对性别认同的塑造和社会对性别行为的引导。

2. 小学生性别角色发展阶段及特点

（1）小学生性别角色发展阶段

科尔伯格认为，儿童性别角色的发展主要表现为性别恒常性的分阶段发展。第一阶段是基本的性别认同阶段（3岁左右），儿童知道自己与他人的性别。第二阶段是性别稳定阶段（3～6岁），儿童对自身性别的认知不随时间、年龄的变化而变化。第三阶段是性别一致性阶段（7岁左右），儿童的性别认知不随自身的发型、衣着以及活动变化而改变。

根据科尔伯格的理论我们发现，小学生已经兼具以上三个阶段的特点。

首先，能够区分自己与他人的性别，区分男女的外貌特征和生理特征，并开始意识到性别是一个重要的社会身份，开始寻找和模仿同一性别者的行为和特征。比如，同班级的女生看见其他女孩在戴发夹，自己也会买发夹戴在头上；看见电视里女性角色的台词也会跟着模仿。

其次，逐渐接受并内化了社会对于男性和女性在家庭、学校和社会中扮演角色的期望与要求。他们开始表现出明显的性别特征和行为，如男孩喜欢玩具枪和运动，女孩喜欢穿裙子、玩洋娃娃或者扮演家庭角色。

最后，可能会表现出对自己性别身份的深刻认同，并开始意识到性别是一个永久且不可改变的特征。他们开始更加强化和巩固自己所属性别的特征与行为，同时对于异性的行为与特征产生排斥和厌恶。例如，一个小学男生可能会拒绝穿裙子或玩女孩玩具，而一个小学女生可能会拒绝参加男孩运动队或玩男孩玩具。

在上小学后，学生在性别角色发展过程中，可能会经历更多的社会化和个体化的影响，性别角色表现也会受到更多因素的影响，如社会环境、家庭教育、同伴关系等，儿童的性别角色发展会呈现更多表现。

①性别角色弹性。随着年龄的增长，一些儿童可能会表现出更多的性别角色弹性，即不拘泥于传统的男性或女性行为和特征。他们可能会展现出更多的跨性别行为或兴趣，如男孩喜欢跳舞或女孩喜欢运动。

②性别角色探索。在青春期和青少年时期，儿童可能会更加主动地探索和思考自己的性别身份与角色。他们可能开始对性别认同与表达进行反思和探索，寻找符合自己内心感受的性别表现方式。

③性别角色自我认同。随着成长和发展，儿童会逐渐建立起独立的性别角色自我认同。他们会更加清晰地认识和接受自己的性别身份，并在行为和表现中展现出更加成熟和自信的性别角色特征。

随着年龄增长，儿童在性别角色发展中可能会呈现出更多的多样性和个体化。他们会更加自主地探索和建构自己的性别认同，也会受到社会环境和个人经历的影响。因此，我们应该尊重和支持儿童在性别角色发展中的个体差异与多样性，为他们提供积极的性别教育和支持。

（2）小学生性别角色发展特点

①小学生性别角色认知的发展。

性别角色认知，是指儿童对于男性和女性各自适宜的行为方式和活动的理解。研究儿童的性别角色认知，常常向他们列举一系列典型的男性或女性行为活动，如打斗、玩具娃娃、骑马、烹饪等，以便让儿童指出哪些活动适合男孩做，哪些活动适合女孩做。通过这些方法，研究者发现，儿童在很早阶段就开始形成了对男性和女性行为特征的认知。库恩等曾进行一项有趣的实验，向儿童朗读一些陈述，如"我很强壮"或"我长大后要开飞机"，同时给予两个洋娃娃，一个男性、一个女性，要求儿童选择出适合自己的那个。研究结果表明，儿童在两岁时已经具备了一定的性别固定认知，证实了婴幼儿期儿童已经初步形成了性别角色认知。在3岁甚至更早的阶段，儿童已经了解到男孩应该坑车子、刀枪，女孩应该玩娃娃、模拟烹饪等，尽管这种认知相对固定。到5岁时，儿童已经认识到一些与性别相关的心理特征，如男孩应该勇敢、不应该哭泣，女孩应该文静、细心。[①]

随着年龄增长，儿童的性别角色认知逐渐提高。到了小学阶段，他们的性别角色观念已经相当稳定。然而，这并不意味着随着年龄增长，个体的性别角色认知变得更加刻板。研究表明，从婴幼儿期到青少年期，儿童性别角色成见的发展呈现出"U"形趋势。年龄较小的儿童由于认知能力的限制，往往将规则视为必须绝对服从的要求，对不符合性别行为的出现缺乏容忍度；而年龄较大的儿童则能意识到规则只是一种社会习俗，在性别角色认知上表现出相对灵活的态度，性别角色成见比年龄较小的儿童更少。然而，需要指出的是，青春期的青少年由于性意识的觉醒，可能会产生与性别相关的强烈期望，重新陷入早期对性别角色的刻板认知状态。

②性别偏的变化。

性别偏爱，是指个体对男性或女性角色的倾向。通常情况下，儿童更喜欢与自己同性别相关的角色或活动，但并非绝对。研究显示，男孩更倾向于喜欢男性特质的活动，并对这类活动感兴趣，而女孩有时会在某些阶段偏爱男性化的活动，接受男性特质，特别是在小学阶段。这一现象可能与社会上对男性更多的尊重有关。

比如，男孩通常喜欢玩具汽车、超级英雄等与男性角色相关的玩具，而女孩则倾向于选择玩具娃娃、厨房玩具等与女性角色相关的玩具。然而，在某些情况下，女孩可能会对男性角色的玩具表现出兴趣，如对机械玩具或建筑积木感兴趣。这种阶段性的性别偏爱可

---

① 黄月胜.小学儿童心理学［M］.北京：北京师范大学出版社，2012：183-184.

能受到周围环境和社会期望的影响。

③性别角色行为的选择。

儿童在早期就展现出性别特征的行为。随着性别概念和性别角色知识的发展，他们会更有意识地接受和选择符合自身性别的角色行为，从而加深男女性别角色行为的差异。男女儿童正是通过这几个方面的发展逐步形成符合自身性别角色特征的。

二、影响小学生性别角色发展的因素

（一）基因与性别角色认同

1. 生物基因对性别角色的影响

性别角色，是指一个人在社会中扮演的男性或女性角色。这种角色表现出来的特征包括行为、态度、兴趣、价值观等。遗传因素在个体发展中起到关键作用。遗传因素，是指那些与遗传基因联系的生物有机体的内在因素，对发展的影响主要通过染色体内的遗传物质实现。研究表明，生物基因对性别角色的表现具有重要作用。

首先，生物基因对个体性别的确定具有决定性作用。在人类的性染色体系统中，男性的性染色体是 XY，女性的性染色体是 XX，这意味着一个人的性别是从父母那里继承的性染色体决定的。男性和女性的生物基因在胚胎发育过程中会引导出不同的生理和生化特征，从而影响其性别角色表现。

其次，生物基因可以影响个体在性别角色表现上的差异。研究表明，某些基因可以影响人们对于特定行为或兴趣的偏好，这些行为或兴趣通常与特定的性别角色相关联，例如，男性更偏向于体育和竞争，女性更偏向于情感交流和护理。这些基因的影响可能与环境因素相互作用，从而影响个体对性别角色的表现。

此外，社会文化因素也会影响个体对性别角色的表现，如性别角色期望、社会规范和文化传统等。这些因素可能与生物基因交互作用，从而影响个体对性别角色的表现。因此，要深入了解生物基因对性别角色的影响，需要同时考虑生物学和社会文化因素。

总之，生物基因对于个体性别角色的表现具有重要作用，但其影响需要与社会文化因素相互作用才能实现。深入了解生物基因和社会文化因素对于性别角色的影响，有助于推进性别平等和性别多元化的发展。

拓展阅读 5-11

性别认同因基因影响不能轻易改变

1966年4月27日，加拿大男婴布鲁斯在一次医疗事故中失去阴茎。1年后，在一名美国医学专家约翰·曼尼的强烈建议下，布鲁斯的父母同意替这名男婴实施了变性手术，他的名字被改为"布兰达"。这起"变性实验"被称作"约翰 / 琼"（JOHN/JOAN）案例，闻名医学界。主张"性别不是天生决定、可由后天环境塑造"的美国医学专家约翰·曼尼从此一举成名，蜚声海外。不为人知的是，多年前的"变性实验"给"布兰达"造成了巨大的心灵痛苦。最后，他终于不堪生活打击自杀身亡，成为美国医学界30年前"性别实验"的一个牺牲品。

然而，最近一项研究表明，性别认同可能受到基因的影响，并且这种影响是不可轻易改变的。研究人员通过对成年人和儿童的基因进行分析，发现存在一种基因变异，这种变异与跨性别人士的性别认同相关。这意味着，跨性别人士的性别认同可能是先天的，并且不是后天环境因素造成的。这项研究结果引起了广泛争议，有人认为，它能够帮助人们更好地理解跨性别人士的身份认同；也有人认为，这样的研究结果可能会被用于歧视跨性别人士。不管怎么样，这项研究表明，性别认同是一个复杂的议题，不能简单地归结为环境因素或个人选择。对于跨性别人士来说，他们的性别认同是他们身份的核心部分，应该得到尊重和支持。

（资料来源：美国史上最残忍人体改造实验：双胞胎婴儿被迫变性［EB/OL］.（2020-04-17）［2024-04-30］. https://m.thepaper.cn/baijiahao_7018686）

2. 文化塑造与性别角色认同

文化对性别角色认同的塑造起着非常重要的作用。在不同的文化背景下，人们对性别角色的认知和表述方式有着很大的差异，这也反映在了不同的社会行为、价值观和社会规范中。

首先，文化传统是塑造性别角色的重要因素。在某些文化传统中，男性被赋予了更多的社会地位和权力，而女性则被赋予了更多的家庭责任和照顾家庭的角色。这种传统观念被认为是塑造性别角色的主要因素之一。

其次，文化媒体在塑造性别角色中发挥了重要作用。在电视、电影、广告和音乐等媒体中，男性和女性往往被呈现出不同的形象和角色。例如，男性往往被描绘成强壮、果敢、坚毅和独立的形象，而女性则被描绘成温柔、敏感、依赖和柔弱的形象。这种性别角色的呈现方式会影响人们对性别角色认同的形成。

最后，人们的家庭和社交环境对性别角色的塑造起着重要作用。在家庭中，父母往往会对孩子的性别角色进行期望和培养，这种期望和培养会对孩子的性别角色认同产生影响。在社交环境中，人们的行为和价值观也会对性别角色的认同产生影响。

综上所述，文化塑造了人们对性别角色认同的形成，其中，文化传统、文化媒体和家庭社交环境都起着重要作用。了解这些因素对性别角色认同的影响，有助于我们更好地理解不同文化之间的差异，促进性别平等和性别认同的多样性。

（二）家庭环境与性别角色认同

1. 家庭社会化与性别角色传递

家庭社会化，是指家庭对孩子的社会化过程进行引导和塑造的过程，涉及各种价值观、信仰、文化以及行为准则的传递。性别角色则是社会对男女不同的期望和要求，包括行为方式、职业选择等。

家庭社会化与性别角色传递密切相关。家庭是孩子最初的社交场所，父母作为孩子最亲近的人，他们的行为和观念会对孩子的性别角色形成产生深远影响。在孩子成长过程中，父母通过言传身教、榜样示范、奖励惩罚等方式，不仅传递了他们持有的性别角色认知，而且影响了孩子的自我认知、社交能力以及价值观念等方面。例如，父母普遍认为，男孩应该粗线条、勇敢、自信、强壮，女孩应该柔美、细腻、柔顺、依赖性强，这种认知会影响孩子对自己与性别角色的认识和塑造。

此外，家庭社会化还可以通过社会学习理论解释性别角色的传递。社会学习理论认为，孩子通过对家庭成员的观察、模仿和经验反馈学习性别角色。例如，父母在孩子面前做出男性和女性应有的行为方式，孩子通过观察和模仿父母的行为学习与形成性别角色。如果孩子表现出符合性别角色的行为，父母就给予奖励；否则，就给予惩罚。孩子通过经验反馈确定自己的行为是否符合性别角色。

还有研究发现，家庭的经济条件、住房面积等是家庭稳定性的重要指标。家庭稳定性和儿童行为问题之间存在相关性。比较宽裕的家庭、良好的居住环境、父母健康的身心以及支持性家庭氛围都会为儿童提供良好的成长环境，促进其更好地社会化，有利于儿童心理行为的健康发展；反之，则容易增加儿童违背社会规范的行为，如表现出不符合所在文化要求的性别角色行为模式，出现性别角色异常和行为问题。还有研究表明，家庭作业负荷较重的儿童，花费在作业上的时间过多，进而可能缺乏充分的社会活动和社会交往，影响其社会性行为的健康发展。

因此，家庭社会化在性别角色传递中扮演着重要角色，父母应该注意自己的行为和语言，避免对孩子造成不良的性别角色认知影响。同时，家长应该给孩子更多的自由和选择，让孩子在不同的领域探索和发现自己的兴趣与优势，帮助孩子形成积极健康的性别认知。

2. 家庭教养方式与性别角色认同

家庭教养方式与性别角色认同之间有着紧密的联系。家庭教养方式，是指父母对子女的教育方式和方法，其中，包括言传身教、处事方式、行为规范等。性别角色认同，是指个体对自己性别表现的社会角色的接受程度和认同程度。

研究表明，父母的教育方式和方法对子女的性别角色认同具有很大的影响。比如，父母在教育子女时，经常用"男孩子应该这样做""女孩子不应该做那些事情"等话语强化男女角色的刻板印象，这样会让子女认为男女有固定的行为方式和特定的社会角色，从而影响其性别角色认同。

此外，父母对子女的期望和态度会影响其性别角色认同。比如，父母往往对儿子更加宽容和支持，对女儿则更加保守和严格，这样会让子女认为男女在能力和行为上存在着不同标准，从而影响其性别角色认同。

因此，父母在教育子女时，应该尽量避免对男女角色的刻板印象，要尊重子女的个性和特点，给予他们平等的机会和待遇。同时，父母要注意言传身教，以身作则，为子女树立正确的性别观念和价值观念，培养他们健康的性别角色认同。

拓展阅读 5-12

论家庭早期教育中的性别认同教育

有一个小孩名叫李鑫，今年4岁。据他母亲说，李鑫没什么大问题，角色意识非常明确，角色行为也十分清楚，对男女性别差异有着清晰的认识，但他经常对母亲说长大后要变成一个女孩。母亲对此忧心忡忡，认为孩子性别认同出现障碍，有易性癖倾向。其实李鑫母亲这种看法是不正确的。性爱有五个层次：性别认同、性取向、性偏好、性别角色、性功能。五个层次中，由外向内，越往内越不易调整改变。最不易改变的就是性别认同。何为性别认同？性别认同就是个体对自己作为男性或女性的觉察。性别认同与生殖器具有一致性，有男性生殖器就认为是男性。性别认同障碍是性别认同分裂，即性别变态。性别认同障碍有以下表现：对自己的生物学性别有着持久的、严重的不适应，认为自己或期望自己是异性。以该指标为参照，显然，李鑫不具备该行为特征。李鑫的问题不属于性别认同障碍，但他的行为表现具有代表性，说明了家庭教育中性别认同教育的不到位。故在实践过程中，家长一定要掌握相关知识，有的放矢地进行性别认同教育。

家庭在进行性别认同教育时，为了让孩子有更清晰的性别角色意识，可以从以下几个方面着手。观念上，树立正确的性教育观；实践中，多渠道地进行性别引导与强化，父母要树立正确的性别角色模范，在适当的时机以适当的方法进行引导，从生活或者历史人物中为孩子选择适量的异性与同性朋友，使其角色行为正确社会化。

总之，家庭作为孩子最初的成长环境，对其性别认同的形成起着决定性的作用。虽然绝大多数孩子会顺利地完成性别角色的认同，但这毕竟是孩子人格健全的重要方面，家长也不可小视孩子的性别认同问题。

（资料来源：龙波.论家庭早期教育中的性别认同教育［J］.家庭与家教（现代幼教），2007（Z1）：50-52）

（三）学校环境与性别角色认同

1.教师对学生性别角色的影响

教师对学生性别角色的影响是一个复杂的问题，与社会、文化、心理和教育等方面都有关系。

首先，教师的性别角色观念对学生的性别认同和性别角色建构具有重要影响。教师的言行举止、态度和价值观表现出的性别角色模式会被学生模仿和吸收，从而影响学生对自己与他人的性别认同和性别角色建构。教师对学生的性别角色有刻板印象或性别歧视，会给学生带来负面影响，导致学生自我价值感和自我认同受到损害。

其次，教师的性别角色观念会影响对学生的评价和期望。如果教师认为男生应该比女生更优秀，或者女生应该比男生更注重外貌等方面，那么他们可能会在教育教学中对不同性别的学生采取不同的态度和期望，这样会导致性别不平等，也会影响学生对自己未来发展的期望。

最后，教师可以通过教育教学内容、教学方法和教学环境等方面对学生的性别角色建构产生影响。比如，在教育教学内容中，教师可以充分考虑男女生的特点，避免强调和加强性别差异；在教学方法上，教师可以采用多元化的教学方式，让学生充分发挥特长和潜能，避免过度关注性别；在教学环境中，教师可以创造一个平等和包容的学习环境，让学生树立性别平等的观念和价值。

总之，教师对学生性别角色的影响是复杂而微妙的，需要教师从自身出发，认真思考和反思自己的性别角色观念，避免性别歧视和刻板印象，创造一个平等和包容的学习环境，帮助学生树立正确的性别观念，促进他们健康成长。

2. 同伴群体与性别角色认同

同伴群体是一个人在社交生活中所处的一群人，对于个体的成长和发展具有非常重要的影响。在同伴群体中，一个人的性别角色认同也会受到影响。随着个体的成长和发展，性别角色认同会逐渐形成和巩固。

同伴群体对性别角色认同的影响主要体现在两个方面。首先，同伴群体对个体的性别角色认同形成和巩固起到了重要作用。同伴群体中的行为模式和社交规范会对个体产生影响，从而塑造个体的性别角色认同。例如，同伴群体中存在的性别刻板印象和期待会影响个体对自己性别角色的认知和态度。其次，同伴群体对个体性别角色认同的变化和调整起到了推动作用。同伴群体中的不同行为模式和社交规范可以让个体意识到他们在性别角色上可能存在的问题，并且促使个体对性别角色认同进行反思和调整。

因此，同伴群体对个体的性别角色认同具有重要影响。对于个体来说，适当地调整和平衡同伴群体的影响可以帮助他们更好地认知和接受自己的性别角色；对于社会来说，需要创造一个包容和尊重不同性别角色认同的环境，避免同伴群体对个体性别角色认同的不当影响。

拓展阅读 5-13

我国儿童青少年性别认同现况及其影响因素研究

了解我国儿童青少年性别角色认同现况及其影响因素，可以为开展儿童青少年性别认同教育、促进儿童青少年身心健康发展提供借鉴。笔者采用整群分层随机抽样方法，抽取我国 13 个省份的 6～16 岁城市中小学生共 14719 名，采用儿童行为量表和环境因素问卷进行问卷调查。结果显示，性别角色认同异常的总检出率为 12.87%，其中，男生检出率为 9.8%，女生检出率为 16.02%。非条件 Logistic 回归分析显示，影响儿童青少年性别角色认同的因素有个体、家庭和学校三个方面。结论表明，我国儿童青少年性别角色认同异常的发生率高于国外同类研究结果，并且女生高于男生。儿童青少年性别角色认同异常需要从个体、家庭环境和学校环境三个方面进行早期综合预防和干预。

（资料来源：朱冬梅，余晓敏，严海辉，等.我国儿童青少年性别认同现况及其影响因素研究[J].医学与社会，2016，29（5）：101-103）

（四）媒体与性别角色认同

1. 广告和媒体形象对性别角色的塑造

广告和媒体形象是现代社会中不可避免的元素，对塑造性别角色具有重要影响。广告和媒体形象往往通过不同的方法塑造男女形象，这些形象可能是刻板化的、不真实的，并且常常会加剧性别歧视。

首先，广告和媒体形象往往采用男性和女性典型的外貌特征塑造性别角色。男性在广告中通常被描绘为强壮、自信、野心勃勃的形象，而女性则更多地被描绘成柔弱、敏感、优雅的形象。这种刻板印象会导致人们对男女角色的认知和期待存在巨大差异。

其次，广告和媒体形象会利用性别歧视的文化价值观塑造性别角色。这些形象往往会表现出对女性的歧视，暗示女性应该依赖男性、被动、无能，而男性则应该具有支配性和控制性。这种歧视和偏见对社会的影响十分深远，会影响人们的价值观和行为方式。

最后，广告和媒体形象会利用消费主义文化塑造性别角色。广告和媒体形象往往会把男性和女性定义为不同的消费者群体，为了获取更多利润，引导人们购买符合男女特定形象的商品。这种商业化的性别刻板化会进一步加剧性别角色的刻板印象和社会歧视。

总之，广告和媒体形象对性别角色的塑造具有重要影响。我们应该更加关注广告和媒体形象对性别角色的刻板印象与社会歧视的影响，拒绝歧视和刻板印象，推动社会性别平等进步。

2. 网络媒体与性别角色认同

近年来，随着互联网技术的不断发展，网络媒体在人们的生活中扮演着越来越重要的角色。网络媒体以丰富的内容和多样的娱乐形式，吸引着越来越多的用户。但是，网络媒体中存在一些与性别角色认同有关的问题。

首先，网络媒体中的性别角色刻板印象比较严重。在一些电视剧、电影、游戏和网络小说中，女性往往被描绘成柔弱、依赖、被动的形象，而男性则被描绘成勇敢、坚强、积极的形象。这不仅会影响女性的自我认知和自尊心，也会对男性产生一定的心理压力和身份认同问题。

其次，网络媒体中的性别歧视问题比较突出。在一些网络社交平台和弹幕评论中，经常出现对女性的侮辱性和攻击性言论。这种言论不仅会对女性造成伤害，也会对整个社会产生负面影响。

此外，网络媒体中的性别刻板印象和歧视问题也会影响青少年的性别角色认同。青少年在网络媒体中获取信息和娱乐的过程中，容易被网络媒体中的性别刻板印象影响，从而对自己的性别角色认同产生困扰和认知偏差。

因此，网络媒体的内容制作和管理者应该注意到这些问题，采取相应的措施消除性别刻板印象和歧视问题，增强用户的性别角色意识和认同感。同时，家长和教师也应该引导青少年正确地认知、理解性别角色，提高青少年的性别意识和性别平等观念。

拓展阅读 5-14

电视媒介对当代中国 3～7 岁男童性别角色的影响

儿童性别认同的完成过程与儿童成长的物理环境有直接关系。而家庭成了完成性别认同的第一场域，父母成了这一时期儿童模仿的主要性别对象。然而，绝大多数中国家庭，男性家长在儿童处于 3～7 岁时间段时多半不在其身边，男孩由母亲教养，不易从母亲身上观察、模仿男性的性别角色，这就造成家庭中性别榜样的缺失。幼儿园、小学成为儿童完成性别认同的第二场域。在中国的幼儿、小学教育师资配置中，男女比例极为不平衡，女性教师占绝大多数，男性教师只占很小一部分。这就造成了儿童完成性别认同过程中学校教育性别榜样的缺失。因此，很多儿童会将自己性别模仿对象建立在大众传媒基础上。于是，电视媒介在今天的儿童性别角色认同过程中发挥了举足轻重的作用。然而，电视在这方面的引导作用显然不尽如人意。

首先，电视作为一种传播媒介，从传播意图来看，传播效果分为预期效果和非预期效果。比如，在大部分儿童动画片中，为了营造可爱氛围，男性角色配音大多数由女性担任，并配以娇气可爱的声音。处在性别角色认同期，并且缺乏监护人的正确引导儿童观看之后，很容易对语音语调的模仿行为。

其次，一些媒体为了提高收视率，打造各种选秀类节目。为了突出其标新立异，选出大量中性气质的男性明星。然而，在这个过程中，观众看到的仅仅是一个"拟态环境"，即观众看到的只是传播媒介通过对象征性事件或信息进行加工选择，重新加以结构化以后向人们提示的环境，并不是现实环境"镜子"式的再现。而这些具有中性气质的男性明星又经过大众传媒的广泛报道，很快成为社会瞩目的焦点，并获得很高的社会地位和知名度。儿童看不到媒体背后对其加工、选择和结构化活动过程，很容易对其进行表面化的模仿，从而造成其对于性别认同的模糊判断。

通过以上分析我们可以得出结论，作为电视媒介的大众传媒对于男性儿童性别认同有着极大的作用。但是由于很多电视从业人员对此缺乏足够的思考和认识，滥用媒体身份赋予的功能，对男性儿童性别角色认同过程造成了很大的障碍。媒体从业人员应该提高警惕，在保证栏目收视率的同时不忘肩负的一份社会责任。

（资料来源：张卫东. 电视媒介对当代中国3～7岁男童性别角色的影响 [J]. 商品与质量，2011（S2）：141）

案例讨论

案例 1

在学校环境中，学生的性别行为往往容易受到教师偏见的影响。有许多教师普遍认为，女孩应该听话、安静、文雅，但可能思维不够灵活，喜欢死记硬背；相比之下，男孩则被视为调皮捣蛋、好动，但思维敏捷、聪明。一些教师常常会鼓励女孩某些消极的个性特点，同时批评甚至惩罚男孩某些积极的个性特点。在批评方面，教师对男孩的比例通常高于女孩，因此，在小学阶段，女孩的学习成绩往往超过男孩，担任班级职务的女孩也比男孩多。然而，到了中学阶段，男孩的学习成绩往往会超过女孩。这是因为一些教师在女孩遇到解决问题困难时，往往会认为是女孩能力不足，而同样遇到困难的男孩则被认为是学习动机问题或其他非智力因素导致的。这种态度可能会对男女生产生不同的影响。随着时间的推移，学生会根据教师和他人对他们成功和失败的反应调整自我认知与行为，发展出被认为适合各自性别的活动和能力。

（资料来源：黄月胜. 小学儿童心理学 [M]. 北京：北京师范大学出版社，2012：185）

讨论：教师应该怎样培养学生的正确性别概念，什么样的教育理念才有利于学生性别角色塑造？

案例 2

飞飞是一个天真可爱的男孩子。个性不强，也从来不举手发言，以至于开始我没有过多地关注他，甚至忽略他。在一节课上的百科卡游戏环节中，我准备提问飞飞，可是飞飞却不知道我刚刚问的问题。之后的课堂上我有意识地观察他的表现。发现飞飞人坐得很端正，可是眼睛却毫无目的地盯着一处，看来这孩子走神了。第二节课上，我先是在全班面前强调上课的常规："上课的时候专心听讲，不仅要会听老师的话，还要会听同学的回答，这样就能得到老师的奖励了。"随后，又在全班同学面前对飞飞提出了期望："看，咱们班的飞飞，现在坐这么端正，相信他马上就能得到奖励了。"我期待着飞飞能有好的表现，但心里还是没有把握。值得高兴的是，我的激励见效了。一堂课下来，他的注意力特别集中，而且基本能跟上课堂节奏，每个游戏都特别认真专注。一下课，我还没来得及表扬他，他已经跑到我身边问奖励的事情。我鼓励他："刚才这节课表现非常好，相信我们飞飞能够继续保持住，是吗？老师相信你。"听我这么一说，飞飞笑了。我仍然期待着他的继续进步。后面的几次课，由于每周良好的表现，我每次都在课上表扬飞飞，飞飞每次都笑得很灿烂，对自己更加自信了。

（资料来源：智慧 1 + 1，严琳 . 提出教师期望，促进孩子进步 [J] . 人生十六七（家教指南），2013（6）：30）

讨论：请结合案例分析，教师期望应如何有效传递给学生？

第六章
小学生道德品质的发展

本章重点

1. 小学生道德品质的定义。
2. 小学生道德品质发展理论与心理结构。
3. 小学生道德品质的形成过程。
4. 小学生优良道德品质的培养途径与策略。
5. 小学生不良道德行为及矫正。

本章课件

思维导图

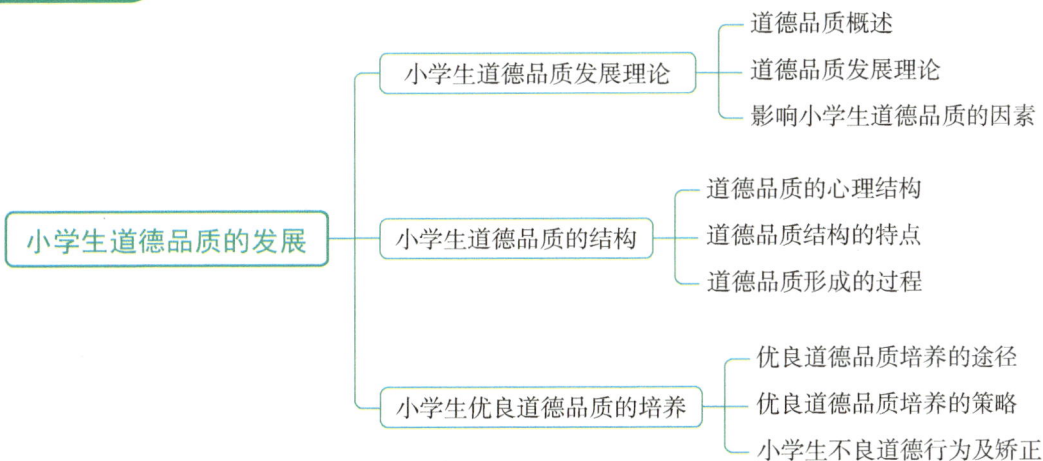

第一节　小学生道德品质发展理论

一、道德品质概述

（一）道德品质及其基本特征

1. 什么是道德品质

道德品质，也称"品德"，是指一个人在道德行为中表现出来的较为稳定的特征。它是个人在道德方面的内在素质和修养，是一个人道德意识、道德观念、道德情感、道德意志、道德信念和道德习惯的综合体现。

具体来说，道德品质包括个人的思想、情感、行为和价值观等多个方面，涉及个人的道德关系、行为规范、道德标准和人际准则等。道德品质不仅反映了个体在道德方面的内在素质和修养，也表现为个体在社会和个人生活中遵循的道德准则和行为规范。一个人的道德品质是在长期的生活和实践中逐渐形成的，受到家庭、学校、社会环境等多方面因素的影响。良好的道德品质包括正直、诚实、勇敢、勤奋、谦虚、宽容、尊重他人等。这些品质有助于个人在社会中建立良好的人际关系，成为一个有价值的公民。培养良好的道德品质需要从多方面入手，包括家庭教育、学校教育、社会教育等。

2. 道德品质的基本特征

（1）稳定性

道德品质是个体身上具有的相对稳定的特征，这种稳定性意味着一个人的道德品质不会轻易改变。例如，一个人在为人处世时从不弄虚作假、失信于人，人们往往称他是个讲诚信的人。这种"诚信"的道德品质在这个人身上具有比较稳定的表现。

（2）社会性

道德品质与一定社会道德规范相联系，是社会道德规范的个性化体现，同时，个人道德品质的形成、发展也受到社会环境等客观条件的制约。

3. 个体性

道德品质体现在个体身上的道德素质，由于个体差异性，当社会道德规范内化为个人道德品质时，个人道德品质会呈现出个体独特性。

（4）内在性

道德品质的内在性主要体现在它是个人内心深处的价值观和道德观念，这些价值观和道德观念在个人的思想、行为和情感中起着决定性的作用。

（5）可变性

虽然道德品质具有稳定性，但这种稳定性不是绝对的，可能会随着个体的成长、经验和环境的变化而发生变化。

综上所述，道德品质的基本特征是一个多维度的概念，既包括个体的内在特质，也包括其与外部环境的关系。培养良好的道德品质对于个人的成长和发展至关重要。通过培养良好的道德品质，个人可以树立正确的价值观，增强自身的道德意识，提高自身的道德修养，成为一个有德行的人。同时，良好的道德品质也有助于个人在社会中树立良好的形象，获得他人的尊重和信任，为个人事业的发展和社会进步做出贡献。

（二）品德与道德、态度的关系

1.道德与态度的概念

"品德"是"道德品质"的简称，与道德有着紧密的联系，但二者在概念上有区别。品德与道德是两个不同的概念。品德，是指一个人在道德行为中表现出来的较为稳定的特征。道德属于上层建筑的范畴，是一种社会意识形态，是人们共同生活的准则及其行为规范。

道德往往代表着社会的正面价值取向，起着判断行为正当与否的作用。道德，是指以善恶为标准，通过社会舆论、内心信念和传统习惯评价人的行为，调整人与人之间以及个人与社会之间相互关系的行动规范的总和。顺理则为善，违理则为恶，道德以善恶为判断标准，不以个人的意志为转移。

道德是一种思想，涉及精神层面，是人们对事物的一种正向性理解和认知，集合了人们对事物的观点、看法、判断等，基于人们的家庭、教育、社会地位、思维逻辑、价值判断而产生，对人们的思维、言语、行动等产生影响。道德也是一种价值取向，是人们基于自身立场在面对矛盾、社会事务、社会现象时，因自己的内在逻辑、思维方式、理性信念做出的一种判断，是人们在面对冲突和某种关系时坚持的一种立场和态度，影响着人们的思维方式，支配着人们的价值选择。

从心理学的角度来看，态度是个体对特定对象（人、观念、情感或者事件等）持有的稳定的心理倾向。这种心理倾向蕴含着个体的主观评价以及由此产生的行为倾向。

态度包含认知成分、情感成分和行为倾向成分。认知成分，是指个人对特定对象的认知和评价，包括对事物的了解、判断和评价等。认知成分是态度的基础，如果对特定对象缺乏正确的认知，就不可能形成正确的态度。情感成分，指个人对特定对象的情感体验，包括喜欢、厌恶、支持或反对等情感倾向。情感成分是态度的核心，直接影响个人的行为倾向。行为倾向成分，是指个人对特定对象的行为准备状态，即个体是否愿意采取行动或准备采取何种行动。行为倾向成分是个体行为的预测指标，反映了个人态度对行为的影响。这三种成分相互影响、协调一致，形成稳定的心理倾向。

2. 品德与道德的关系

品德与道德之间既存在着紧密的联系，又相互区别。

（1）品德与道德主要联系

①品德是道德在个体身上的体现，离开道德就谈不上个人的品德，社会道德只有通过个体品德才能真正发挥作用，个人品德在某种意义上影响着社会的风貌和风气。

②品德与道德具有共同的研究范畴，如社会关系的调节，以及社会伦理行为规范的完整体系等。

③品德与道德的形成和发展都受到社会发展规律的制约。

④品德是道德的部分表现，是个体行动时依据一定的道德行为准则表现出来的稳定倾向和特征。

（2）品德与道德的主要区别

①二者形成和发展的条件不同，道德的形成和发展受社会发展规律的制约；而品德的形成和发展不仅受到社会发展规律的制约，也受到个体生理、心理活动的制约。

②在研究范畴上，道德是伦理学的研究对象，而品德是教育学、心理学的研究对象。

③在内容上，道德是关于社会伦理行为规范的完整体系，而品德是道德的部分表现。

④在表现上，品德是一种个体现象，是社会行为准则在个体身上的反映；而道德是一种社会现象，是社会调整人们相互关系的行为准则和规范。

⑤在根源上，品德的直接根源是社会道德，而道德的直接根源是社会规律。

3. 品德与态度的关系

品德与态度之间既存在密切的联系，又相互区别。

（1）品德与态度的主要联系

①品德和态度都是个体在社会化过程中形成的，都受到家庭、学校、社会环境等多方面因素的影响。

②品德和态度都是个体对某种价值观或行为规范的认同和内化，都涉及认知、情感和行为三个方面的因素。

③品德和态度都可以通过教育和环境进行培养、塑造。

（2）品德与态度的主要区别

①范围不同：品德是道德规范在个体身上的内化，是个体行动时依据一定的道德行为准则表现出来的比较稳定的心理特征；而态度是人们对某一事物的认知、情感和行为倾向，涉及的范围更广。

②稳定性不同：品德具有相对的稳定性，不容易受到环境变化的影响；而态度则相对容易受到环境变化的影响，有一定的可变性。

③社会性不同：品德是一种社会道德现象，具有社会性，要求个体行为符合社会道德规范的要求；而态度则没有这种社会性的要求。

📝 **拓展阅读 6-1**

中外优秀道德品质概说

在古希腊时代，智慧、勇敢、公正、节制被视为全体公民的四大主德。中世纪神学家托马斯·阿奎纳把人的道德品质分为尘世的德行，即智慧、勇敢、公正和神学的德行，也就是博爱、信仰和希望，并认为"理智与实践的德行只能使人的理智与意欲达到完善"。而神学的德行，则能使人接近上帝，获得至善和幸福。这就是中世纪讲的主要德行。在资本主义上升时期，为适应市场经济的需求，他们便把惜时、守信、节俭、进取、公平作为社会倡导的道德品质。

在中国古代，往圣先贤除了倡导仁、义、礼、智、信"五常德"之外，还有智、仁、勇"三达德"。明清时代，流行礼义廉耻、孝悌忠信的德行说。民国之初，孙中山先生提倡忠孝、仁爱、信义、和平所谓"八德"。

当代美国哲学家弗兰克纳把德行加以分类。他说："许多道德家，其中，叔本华也和我一样，把仁慈和公正看作基本德行。我认为，所有通常的德行，如爱、勇敢、节制、诚实、感恩和体谅，至少就其作为道德的美德而言，是可以从这两种德行中引申出来的。"

（资料来源：魏英敏.试论道德行为与道德品质［J］.湖南师范大学社会科学学报，2009，38（5）：42-45）

二、道德品质发展理论

道德品质发展理论是关于人的品德形成和发展的理论，影响较大的是精神分析理论、认知发展理论和社会学习理论。本节主要从认知发展理论的视角分别介绍皮亚杰的道德认知发展理论和科尔伯格的道德认知发展阶段理论，以及对现代道德教育做出卓越贡献的价值澄清理论。

（一）皮亚杰的道德认知发展理论

皮亚杰的道德认知发展理论是一个阐述人类道德发展进程的理论，他通过观察儿童的行为，将道德发展划分为四个阶段。

1. 自我中心阶段（2～5 岁）

自我中心阶段，也称为"前道德阶段"，是儿童道德发展的最初阶段，出现在儿童 2~5 岁。在这一阶段，儿童的道德认知和行为主要表现为以下几个方面。

（1）缺乏规则意识

儿童尚未形成对规则的明确认识，他们通常按照自己的想象和意愿执行规则，而不是按照规则本身的要求行动。因此，规则对他们来说不具有约束力。

（2）自我中心化

儿童在自我中心阶段往往以自我为中心考虑问题，他们难以区分自己与外界环境，常常把外界环境看作自身的延伸。因此，他们可能会按照自己的意愿改造环境，而不考虑他人的感受和需要。

（3）缺乏合作与义务感

由于以自我为中心，儿童在自我中心阶段通常缺乏真正的合作意识和义务感。他们在游戏中往往选择个人独立活动，缺乏合作意识。

（4）道德判断受直觉支配

儿童的道德判断在自我中心阶段主要受到直觉和感性经验的支配，他们通常根据行为的直接后果或自身的感受评价行为的好坏，缺乏对这些规则的理解和认同。

2. 权威阶段（6～8 岁）

权威阶段，又称"他律道德阶段"。该阶段儿童表现出对外在权威绝对尊重和顺从，把权威确定的规则看作绝对的、不可更改的，在评价自己和他人的行为时完全以权威的态度为依据。在这一阶段，儿童的道德认知和行为发生了显著变化，主要表现为以下几个方面。

（1）尊重权威和规则

儿童开始尊重外在的权威和规则，认为这些规则是绝对的、不可更改的。他们倾向于服从成年人的命令和权威，将成年人的标准看作评价自己和他人行为的唯一准则。

（2）遵守规则但不理解

尽管儿童在权威阶段会严格遵守规则，但他们通常并不理解这些规则的内在逻辑和原则。他们只是机械地遵守规则，而不是基于对这些规则的理解和认同。

（3）以惩罚和服从为导向

儿童的道德判断在权威阶段主要以惩罚和服从为导向。他们认为，遵守规则是为了避免受到惩罚，而不是因为规则本身具有道德价值。

（4）缺乏灵活性和独立性

由于过于依赖外在的权威和规则，儿童在权威阶段往往缺乏灵活性和独立性。他们难以独立思考和解决问题，而是倾向于依赖成年人的指导和帮助。

3. 可逆性阶段（8～10岁）

可逆性阶段，又称"初步自律道德阶段"。该阶段儿童的思维具有了守恒性和可逆性，他们已经不把规则看成一成不变的东西，而是逐渐从他律转入自律。在这一阶段，儿童的道德认知和行为发生了重要变化，主要表现为以下几个方面。

（1）出现守恒性和可逆性思维

儿童开始具有守恒性和可逆性思维，即他们能够理解事物的本质特征，不会因外在形式的变化而改变，也能够理解自己和他人的行为，可以从不同角度考虑与评价自己和他人的行为。这种思维的出现标志着儿童道德认知的重要进步。

（2）不再盲目服从权威

与权威阶段相比，儿童在可逆性阶段不再盲目服从外在的权威和规则。他们开始根据自己的内在标准判断、评价自己和他人的行为，对规则的理解与遵守也更加灵活和自主。

（3）初步的道德推理能力

儿童在可逆性阶段开始具有初步的道德推理能力，能够根据一定的道德原则与规范进行推理和判断。虽然这种推理能力不够成熟和稳定，但已经为他们的道德发展奠定了重要基础。

（4）公正感和平等意识萌芽

随着可逆性思维出现，儿童开始关注公正和平等问题。他们不再仅仅关注自己的利益和需求，而是开始考虑他人的感受和权利。这种公正感和平等意识的萌芽是儿童道德发展的重要里程碑。

4. 公正阶段（10～12岁）

公正阶段，又称"自律道德阶段"。该阶段的儿童继可逆性之后，公正观念或正义感得到发展，儿童的道德观念倾向于主持公正、平等。在这一阶段，儿童的道德认知和行为发展达到了一个新的高度，主要特点如下。

（1）道德观念倾向于主持公正与平等

在公正阶段，儿童不仅仅根据规则判断行为的好坏，还从更加公正和平等的角度评价。他们开始理解并尊重每个人的权利和平等地位，对不公平和不公正的行为表现出强烈的反感。

（2）不再刻板地按固定规则判断

与之前的阶段不同，儿童在公正阶段不再刻板地按照固定规则判断行为。他们开始理解规则是可以根据具体情况和需要进行调整的，而且规则本身应该是为了维护公正和平等存在的。

（3）从关心和同情出发判断

在公正阶段，儿童的道德判断开始更多地基于关心和同情。他们开始考虑他人的感受和需要，而不仅仅是自己的利益。这种从关心和同情出发的道德判断是儿童道德发展的重要表现。

（4）独立的道德判断能力

在公正阶段，儿童逐渐形成了独立的道德判断能力。他们不再完全依赖成年人的指导和权威判断行为的好坏，而是能够根据自己的道德原则和价值观做出独立的判断。

📝 **拓展阅读 6-2**

皮亚杰道德认知发展理论对小学德育的启示

1. 学校应从思想上重视德育工作

皮亚杰认为，道德教育在儿童的认知发展过程中是必不可少的。目前，在学校教育中，德育的主体地位不高，小学德育工作应引起学校各级领导和部门的重视。小学生整体上处于心智不成熟的阶段，易受社会不良风气的侵蚀。他们不能正确地区分是非善恶，自我保护意识淡薄，小学德育工作的开展迫在眉睫。正是由于小学阶段的德育处于启蒙时期，可塑性极强，德育工作才能更有效地进行。学校要从思想上重视小学生的德育工作，认真组织、开展各种德育活动，切实把小学生的德育工作落到实处。

2. 学校德育要符合学生的认知水平

皮亚杰认为，儿童的道德发展是一个连续的整体发展过程。儿童在每个阶段都会有一些特殊的变化，这些变化符合儿童的道德认知水平。并且，相邻阶段之间只能渐进，不能跳跃和倒退。因此，学校德育必须符合学生的认知水平，采取循序渐进、由浅入深的原则。例如，对低年级的学生不能采用空洞的说教方式，而是要采取一些生动、直观的方法，讲小故事或者是拿身边小伙伴的例子给他们讲解。而对于高年级的学生来说，他们的认知已经达到了一定的水平，可以采用说服教育与榜样教育相结合的方式，提高他们的道德认知，唤起他们的道德情感。

3. 发展道德思维，提高道德认知

皮亚杰认为，道德认知的提高是道德发展的前提。因此，德育工作必须从学生的认知着手，采取以下对策。

①通过交流，提高道德认知。"亲其师，信其道"，学生自觉接近教师，实际上师生关系已经达到了融洽。教师可以在交流中让学生自觉接受教导，提高其道德认知。

②开展活动。比如，可以通过时事政治课、知识竞赛、参观爱国主义教育基地等活动，营造教育氛围。

③榜样的力量。"榜样的力量是无穷的。"可以通过身边的教师、同学等，让学生感受到美好与伟大，从而发展学生的道德思维，提高学生的道德认知。

（资料来源：赵红莉. 皮亚杰道德认知发展理论对小学德育的启示 [J]. 当代教育理论与实践，2015，7（11）：16-17）

（二）科尔伯格的道德认知发展阶段理论

科尔伯格的道德认知发展阶段理论是在皮亚杰的道德认知发展理论基础上进一步的拓展和完善。他利用道德"两难"故事对儿童的心理发展水平进行分析，从而将道德发展划分为三个水平，每个水平包含两个阶段，共六个阶段。

1. 前习俗水平

（1）惩罚与服从的定向阶段

在这一阶段，儿童认为行为的正确与否完全取决于是否会受到惩罚或奖励。他们遵循规则主要是为了避免惩罚或获得奖励。

（2）工具性的相对主义的定向阶段

在这一阶段，儿童开始认识到规则并不是绝对的，而是可以根据具体情况进行调整的。

他们开始考虑行为的后果，并基于个人利益的考量做出决策。

2. 习俗水平

（1）人与人之间的定向阶段

在这一阶段，儿童开始关注他人的需求和感受，并愿意为了维护良好的人际关系做出让步。他们开始理解并尊重他人的权利和感受。

（2）维护权威或秩序的道德定向阶段

在这一阶段，儿童开始认识到社会规则和权威的重要性，并愿意遵守这些规则和权威以维护社会的稳定和秩序。

3. 后习俗水平

（1）社会契约的定向阶段

在这一阶段，儿童开始理解社会规则和权威并不是不可改变的，而是可以通过社会契约的方式进行调整和改变的。他们开始关注社会的公平和正义，并愿意为了维护这些价值观做出努力。

（2）普遍的道德原则的定向阶段

在这一阶段，儿童形成了独立的道德判断能力，他们基于普遍的道德原则和价值观评价自己与他人的行为。他们的道德判断不再受到外界规则或权威的束缚，而是基于内在的道德认知和价值观。

科尔伯格的道德认知发展阶段理论为我们理解人类道德发展的过程提供了重要的理论框架。它强调了道德认知发展的连续性和阶段性，同时指出了道德发展的复杂性和多样性。这一理论对于道德教育和实践具有重要的指导意义，可以帮助教育者更好地了解儿童的道德发展水平，从而制定更加有效的道德教育策略。

拓展阅读 6-3

经典的道德"两难"故事——海因茨偷药

海因茨偷药是一个经典的道德"两难"故事，最早由心理学家劳伦斯·科尔伯格提出。在这个故事中，海因茨的妻子患有一种特殊的疾病，只有镇上医生新开发的药才能救治。然而，这种药的价格高昂，远远超出了海因茨的经济承受能力。尽管他尽力筹集资金，但只筹到了药价的一半。

绝望之际，海因茨向医生请求能否先支付一半的药费，拿到药后再支付剩余的部分。然而，医生拒绝了他的请求。面对这种情况，海因茨最终选择了偷药救治妻子。

这个故事引发了关于道德、法律和生命权的广泛讨论。一方面，偷盗是违法的，应该受到惩罚；另一方面，为了挽救妻子的生命，海因茨可能认为自己的行为是合理的。

科尔伯格通过这个故事探讨人们的道德认知发展阶段。他认为，人们的道德判断会随着年龄的增长和经验的积累逐渐发展。在前习俗水平，人们可能会基于惩罚和奖励做出决策；在习俗水平，人们开始考虑他人的需求和感受，以及遵守社会规则的重要性；在后习俗水平，人们能够基于普遍的道德原则和价值观评价自己与他人的行为。

海因茨偷药的故事是一个经典的道德"两难"故事，它挑战了人们在面对生命和法律的冲突时如何做出决策。同时，这个故事为我们提供了一个探讨道德认知发展的框架。

（资料来源：KOHLBERG L.The development of modes of moral thinking and choice in the years 10 to 16 ［D］.Chicago：University of Chicago，1958）

（三）价值澄清理论

价值澄清理论是一种指导、促进价值观形成的方法，强调个人价值观的形成和澄清对于个人行为与决策的重要性。该理论在美国价值澄清学派（价值观辨析学派）对传统价值观进行分析研究的基础上提出。价值澄清理论的主要代表人物是纽约大学教授路易斯·拉斯。该理论认为，价值观的形成不是通过灌输而是通过澄清的方法，在选择、珍惜和具体行动的过程中进行自我理智的选择，其实质上也是一种自我内化反省的过程。

价值澄清理论包括选择、珍视和行动三个阶段七个子过程。

1.选择阶段

①自由选择：只有在自由的选择中，才能根据自己的价值观行事，被迫的选择是无法使这种价值整合到他的价值体系中的。

②从多种可能中选择：提供多种可能让学生选择，有利于学生对选择的分析思考。

③对结果深思熟虑的选择：对各种选择都做出理论的因果分析、反复衡量利弊后的选择，在此过程中，个人在意志、情感以及社会责任等方面都受到考验。

2.珍视阶段

①珍视与爱护：珍惜自己的选择，并为自己能有这种理性选择而自豪，看作自己内在能力的表现和自己生活的一部分。

②确认：以充分的理由再次肯定这种选择，并乐意公开与别人分享，不会因这种选择而感到羞愧。

3. 行动阶段

①依据选择行动：鼓励学生把信奉的价值观付诸行动，指导行动，使行动反映出选择的价值取向。

②反复地行动：鼓励学生反复坚定地把价值观付诸行动，使之成为某种生活方式或行为模式。

价值澄清理论提倡尊重人们的个性，通过暗示、询问、激励、说服、树立榜样等手段引导个体进行分析、评价，理性地做出合理的选择，在内化与外化的过程中逐渐形成适合自己发展和需要的价值观。

📝 拓展阅读 6-4

基于价值澄清理论视角构建小学高年级语文课程思政教学模式

以价值澄清理论的价值形成过程为依据，整体上以选择、珍视、行动"三阶段七个步骤"为依托，构建"三阶段七环节"小学高年级语文课程思政教学模式。但价值形成过程的"三阶段七个步骤"与小学高年级语文课程思政"三阶段七环节"教学模式不是完全对应的。按照时间顺序，将本教学模式的教学过程划分为课前、课中、课后三个阶段，并依据师生双方的教学活动将其细分为七个环节。其中，课前阶段仅一个环节：课前预习，初读感知。课中阶段分为以下四个环节：讨论交流、精讲感悟、熟读分享、拓展活动。课后阶段包括两个环节：任务延伸和具体实践。其中，小学高年级语文课程思政教学"三阶段七环节"模式与价值澄清理论中价值形成的"三阶段七个步骤"过程对应如表 6-1 所示。

表 6-1　教学模式设计

教学阶段	教学环境	价值形成过程的步骤	价值形成过程阶段
课前	课前预习，初读感知	自由选择	
课中	讨论交流	从多种可能中选择	选择
	精讲感悟	对结果深思熟虑地选择	
	熟读分享	珍视与爱护	珍视
	拓展活动	确认	
课后	任务延伸	依据选择行动	行动
	具体实践	反复地行动	

　　基于对教学实践和相关资料的分析与探讨，笔者认为"三阶段七环节"小学高年级语文课程思政教学模式不仅在全面提升学生语文学科素养的基础上有突出影响，还集中表现出如下几个方面的效果：第一，促进学生思政认知，丰富学生价值选择；第二，促进学生思政情感体悟，引导学生珍视自身选择；第三，提升学生思政分析能力，培养学生价值澄清技能；第四，促进学生价值观的发展，激励学生价值行动。

　　（资料来源：李舒情.小学高年级语文课程思政教学模式构建与实践研究［D］.青岛：青岛大学，2023.）

三、影响小学生道德品质的因素

　　小学生的道德品质发展是一个逐步成熟的过程，低年级的小学生道德判断主要基于个人的行为和需要，而不是社会习俗和规范，他们还没有形成对道德行为的正确评价，往往只关注行为的结果，而不是行为的动机和意图。高年级小学生道德判断开始基于社会习俗和规范，并意识到个人行为应该符合社会的期望和标准。他们开始理解行为的动机和意图，并能够区分好与坏、对与错。在这个过程中，小学生的道德品质发展受到了多种因素的影响，除了遗传与成熟的影响之外，主要关注外部环境对小学生道德品质发展造成的影响以及小学生个体内部因素造成的影响。

（一）外部因素

　　将影响小学生道德品质发展的外部因素进行划分，可以分为家庭氛围、学校环境和社会影响三个维度。

1.家庭氛围

　　家庭是社会的基本细胞，是人生的第一所学校。个体从出生到成长的绝大多数时间都是在家庭这个环境中度过的，家庭的氛围在很大程度上决定了小学生道德品质的发展。

　　（1）家庭环境及家长教育方式对孩子道德品质的养成尤为关键

　　家庭氛围是否和谐、融洽，对孩子的道德品质发展具有重要影响。在家庭氛围良好的环境中，孩子能够感受到父母的关爱和支持，容易形成积极、健康的道德观念。相反，家庭氛围紧张或不和谐，容易导致孩子产生焦虑、叛逆等不良情绪。家庭教育方式对孩子道德品质的影响也至关重要。父母的教育方式直接决定了孩子能否形成正确的道德观念和行为习惯。父母采取过于严厉或放任的教育方式，容易导致孩子产生恐惧、焦虑、自卑等不良情绪，不利于其道德品质的发展；相反，父母能够适当地引导和鼓励孩子，培养他们的责任感，以及尊重他人、关心社会等良好品质，将有助于孩子形成积极、健康的道德观念。

（2）父母的表率作用是塑造儿童道德品质的关键要素

父母是孩子最直接的模仿对象，他们的言行举止、行为习惯和道德准则都会直接影响孩子的道德品质。父母的正确引导和鼓励，可以帮助孩子建立正确的人生观和价值观，养成良好的道德行为习惯。在良好的家庭环境中，家长通常会通过言传身教的方式向孩子传递道德知识和价值观，如孝顺父母、诚实守信、尊重他人等。这些行为都将潜移默化地影响孩子的道德观念。孩子通过观察并效仿父母行为，习得待人接物的规则与准则，故此，父母行为示范的重要性不言而喻。

（3）家庭教育过程中的沟通及教育策略具有不可忽视的影响力

父母与孩子之间的沟通方式和质量可以直接影响孩子的道德认知、情感和行为。家庭沟通能够丰富孩子的道德认知。父母通过与孩子进行交流，可以向孩子传递正确的道德观念，如诚实、尊重、公正等。这种有意识的引导和教育可以帮助孩子形成对道德问题的正确理解与判断。家庭沟通能培养孩子的道德情感，通过情感交流，孩子能够感受到父母的关爱、理解和支持，从而培养出积极、健康的道德情感。这种情感基础能够帮助孩子在面对道德抉择时，更加坚定地选择正确的行为。家庭沟通还能促进孩子道德行为的发展。在良好的沟通环境中，父母能够了解孩子的需求和想法，从而有针对性地引导孩子形成良好的行为习惯。例如，父母可以鼓励孩子分享自己的玩具和食物，培养孩子的慷慨和分享精神；通过与孩子共同制定家庭规则，培养孩子的责任感和自律性。家庭沟通不畅，或者父母与孩子之间存在矛盾和冲突，可能会给孩子带来负面影响，如焦虑、抑郁、攻击性等。因此，父母应该注重建立良好的沟通氛围，尊重孩子的意见和感受，以促进孩子道德品质的健康发展。

总之，家庭对小学生道德品质的影响是多方面的，父母应该注重家庭环境、教育方式和自身行为的影响，创造良好的家庭教育环境，促进孩子良好道德品质的发展。

2. 学校环境

学校教育在人的身心发展中起着主导作用。在小学生的成长生涯中，绝大部分时间是在学校度过的，学校各方面的环境都在塑造小学生的道德品质。学校对小学生道德品质的影响主要体现在学校教育内容和方式、教师、同伴关系、校园文化、课外活动等方面。

（1）学校教育内容和方式

在学校教育内容和方式上，学校通过系统的道德教育课程，向小学生传授道德知识和行为准则，引导学生树立正确的价值观和道德观念。这些课程的内容和深度会对小学生的道德观念产生影响。例如，通过学习社会公德、法律法规等内容，小学生可以更好地理解社会规范和道德要求，形成良好的道德品质。

（2）教师

在学校环境中，教师对小学生道德品质的影响是最深刻的。学生具有模仿、接近、趋向于教师的心理倾向，这种心理倾向被称为"向师性"，小学生的向师性尤其明显。教师对小学生道德品质的影响是多方面的，教师在小学生道德品质发展中起着重要的引导作用。首先，教师的行为是小学生学习和模仿的重要对象。如果教师具备良好的道德品质，如诚实守信、宽容友爱、勤奋进取，那么小学生会在耳濡目染中受到积极的影响，形成正确的道德观念。其次，教师的教育方式会影响小学生的道德品质。如果教师注重言传身教，通过自己的行为引导小学生形成良好的道德观念，那么比单纯的口头教育更具有说服力。例如，教师在教学中引导小学生认真严谨、精益求精，自己也要做到身体力行，这样才能真正培养小学生良好的学习态度。此外，教师的评价和反馈也会影响小学生的道德品质发展。教师对小学生的评价和反馈会成为小学生自我认知的重要依据。如果教师能够给予小学生积极的评价和鼓励，帮助小学生认识到自己的优点和进步，就会有助于增强小学生的自信心和自尊心，从而促进小学生道德品质的发展。

（3）同伴关系

学校中的同伴关系也会对小学生的道德品质发展产生一定影响。在同伴群体中，小学生会互相模仿、学习和交流，形成一定的道德认知和行为模式。如果同伴群体中存在不良的行为习惯和道德观念，那么小学生可能会受到负面影响，形成不正确的道德观念。因此，学校应该加强对同伴群体的引导和管理，培养小学生正确的道德观念和行为习惯。同伴之间的互动对小学生道德品质的发展也有积极的作用。在同伴互动中，小学生可以学会如何处理人际关系、如何解决冲突，从而培养团结、互助、合作的品质。学校可以通过组织各种团队活动、进行小组合作等方式，促进小学生同伴之间的互动和合作，培养他们的团队合作精神和协作能力。在同伴关系中，一些具备良好道德品质和行为习惯的小学生，行为、言论和态度会对其他同学产生影响，甚至会成为其他同学的榜样，促使同学向他们学习，从而形成正确的道德观念。学校应该加强对同伴群体的引导和管理，促进同伴之间的互动和合作，发挥榜样的积极作用，为小学生良好道德品质的发展创造更优质的环境。

（4）校园文化

校园文化作为一种隐性课程，是影响小学生道德品质的重要因素。良好的校园文化可以营造出积极向上的学习氛围，促使小学生形成正确的道德观念和行为习惯。首先，校园文化能够塑造小学生的道德观念。学校的校风、学风、教风等文化氛围会影响小学生对道德观念的理解和认知。在一个强调诚信、勤奋、友爱的校园文化中，小学生更容易形成正确的道德观念，懂得尊重他人、关心集体、积极向上。其次，校园文化能够培养小学生的道德情感。通过参与校园文化活动，小学生可以体验到集体的力量和温暖，增强对学校的归属感和荣誉感。这种积极的情感体验能够促使小学生更加关注他人的需要，培养同情心和爱心，形成良好的道德情感。此外，校园文化还能规范小学生的道德行为。学校的规章制度、行为准则等都会对小学生的行为产生影响。在校园文化的熏陶下，小学生能够自觉地遵守道德规范，养成良好的行为习惯。同时，校园文化中的榜样力量也能激励小学生积极向上，追求卓越的品质。校园文化对小学生道德品质的影响是全方位的。学校应该注重校园文化建设，营造积极向上的文化氛围，引导小学生形成正确的道德观念、培养良好的道德情感、规范道德行为，从而促进小学生良好道德品质的发展。

（5）课外活动

除了校园内的课堂教学活动，课外活动也可以培养小学生的道德品质。例如，学校可以组织志愿服务、社区实践活动等，让小学生在实践中体验道德品质的价值，培养社会责任感和公民意识。课外活动对小学生道德品质的影响是多方面的。首先，课外活动能够丰富小学生的道德体验。通过参与各种课外活动，小学生可以接触到更广阔的社会和生活场景，了解社会规范和道德要求。这种多样化的体验能够帮助小学生更好地理解道德品质的意义，培养道德意识和社会责任感。其次，课外活动能够培养小学生的团队合作和社交能力。许多课外活动需要小学生以团队的形式进行，可以培养小学生的合作精神和集体荣誉感。在团队中，小学生需要学会尊重他人、沟通协调、解决问题等社交技能，这些社交技能对于小学生的道德品质发展具有积极的作用。此外，课外活动还可以培养小学生的自主性和创新性。在课外活动中，小学生有机会自主选择、组织活动，可以培养小学生的自主性和独立性。同时，通过解决活动中遇到的问题和挑战，可以培养小学生创新思维和解决问题的能力，这些品质也能促进小学生道德品质的发展。

3. 社会影响

社会对小学生的道德品质发展也有重要影响，主要包括社会价值观念、社会文化、社会交往以及媒体和网络的影响四个方面。

（1）社会价值观念对小学生道德品质的影响

小学生处于道德品质形成的关键时期，对社会价值观念的理解和接受程度直接影响其道德品质的发展。社会环境中的各种价值观念，如诚信、尊重、公正、责任等，都会通过家庭、学校、媒体等渠道传递给小学生，成为他们道德观念的重要组成部分。如果社会环境中存在价值观混乱、道德失范等现象，就可能导致小学生道德观念的混乱和模糊，从而影响其道德品质的健康发展。

（2）社会文化对小学生道德品质的影响

社会文化是小学生道德品质形成的重要背景。社会文化中的传统习俗、道德规范、价值观念等都会对小学生的道德行为产生深刻影响。尊老爱幼、诚实守信、勤劳节俭等传统美德，如果得到社会的广泛弘扬和传承，就会对小学生的道德品质产生积极影响；相反，如果社会文化中存在拜金主义、享乐主义等不良倾向，就会对小学生的道德观念产生负面影响。

（3）社会交往对小学生道德品质的影响

小学生在社会交往中会形成一定的道德认知和行为习惯。社会环境中的人际关系、社会规范、公共秩序等都会对小学生的道德行为产生影响。如果社会中存在普遍的诚信缺失、冷漠心态等现象，就可能导致小学生在社会交往中形成缺乏信任感、责任感等不良的道德品质。

（4）媒体和网络对小学生道德品质的影响

媒体和网络已经成为小学生获取信息、交流思想的重要渠道。然而，媒体和网络中存在着大量不良信息和价值观念，如暴力、色情、虚假广告等，这些都可能对小学生的道德品质产生不良影响。如果小学生缺乏正确的信息筛选和价值判断能力，就会受到不良信息的影响，导致道德品质下滑。

（二）内部因素

影响小学生道德品质发展的内部因素主要包括小学生个人的价值观、小学生的情感和意志力以及小学生的道德判断能力。

1. 小学生个人的价值观

小学生个人的价值观是其道德判断和行为选择的重要依据。正确的价值观能够引导小学生做出符合道德规范的行为，而错误的价值观则可能导致其偏离道德轨道。价值观是个体对事物价值的基本看法和态度，决定了人们的行为取向和选择。对于小学生来说，正确的价值观是他们道德品质发展的基石。

首先，正确的价值观可以引导小学生形成积极向上的道德观念。例如，尊重他人、诚实守信、关心他人等价值观，都是小学生应该具备的基本道德品质。这些价值观能够帮助小学生建立正确的道德观念，明确什么是对的，什么是错的，从而在日常生活中做出正确的道德选择。

其次，正确的价值观可以激发小学生的道德情感。当小学生理解并认同某种价值观时，会产生相应的道德情感，如同情心、责任感等。这些情感能够推动小学生主动做出符合道德规范的行为，而不是仅仅在外界的压力下被动遵守。

此外，正确的价值观还可以促进小学生的道德实践。价值观不仅是理论上的认知，更是要在实际行动中得到体现。小学生在践行正确的价值观时，会不断地锻炼自己的道德意志和道德实践能力，从而形成良好的道德习惯。

2. 小学生的情感和意志力

小学生的情感和意志力是道德品质发展的基础。情感是人们内心的一种体验，能够驱动人们的行为，并对道德判断和行为选择产生影响。意志力是人们为了实现目标而克服困难和诱惑的能力，对小学生的道德品质发展起到关键作用。

首先，情感对小学生道德品质的影响体现在道德行为的动力上。当小学生体验到积极的情感（如同情、关爱、尊重等）时，他们更有可能产生积极的道德行为，如帮助他人、分享、合作等；相反，当小学生体验到消极的情感（如愤怒、厌恶、自私等）时，他们可能会产生消极的道德行为，如欺负他人、破坏公共财物等。因此，培养小学生积极的情感是提升其道德品质的重要途径。

其次，意志力对小学生道德品质的影响体现在对道德行为的坚持和控制上。在面对困难和诱惑时，拥有强大意志力的小学生能够坚守道德原则，从而表现出高尚的道德品质；相反，意志力薄弱的小学生可能会在困难和诱惑面前动摇，放弃道德原则，表现出不良的道德行为。因此，培养小学生的意志力是提升其道德品质的关键。

3. 小学生的道德判断能力

道德判断能力是小学生道德品质发展的重要组成部分，影响着小学生如何理解和处理道德问题，以及如何形成和维持良好的道德行为。道德判断能力对小学生道德品质的影响包括以下几个方面。

（1）形成道德认知

道德判断能力帮助小学生理解和分析复杂的道德情境，从而形成正确的道德认知。这种认知不仅包括对是非、善恶的基本认识，还包括对道德原则、道德规范和道德价值观的理解。

（2）指导道德决策

在面对道德问题时，道德判断能力帮助小学生进行理性的思考和判断，从而做出符合道德规范的行为决策。这种决策能力不仅体现在日常生活中的小事上，也体现在面对重大道德抉择时的决策上。

（3）塑造道德行为

道德判断能力强的小学生更有可能在实践中坚持道德原则，表现出良好的道德行为。他们能够在遇到道德冲突时，坚持自己的道德立场，不受外界不良因素的影响。

（4）培养道德责任感

道德判断能力能够帮助小学生认识到自己行为的后果和影响，从而培养道德责任感。他们能够理解自己的行为对他人和社会的影响，愿意为自己的行为负责，并主动承担应有的道德责任。

（5）增强社会适应能力

具有良好道德判断能力的小学生，能够更好地适应社会生活，与他人建立良好的人际关系。他们能够理解并尊重他人的权益和感受，从而在社会生活中表现出良好的道德品质和行为。

第二节　小学生道德品质的结构

一、道德品质的心理结构

道德品质的心理结构是一个具有多要素、多系统、多层次，渐进性的、交叉的、动态稳定的主体结构，包括心理表层系统、心理深层系统两个部分。

（一）道德品质的心理表层系统

道德品质的心理表层系统是一个复杂而多维度的概念，涉及个体在道德方面的认知、情感、意志和行为等方面。

1. 道德认知

道德认知是品德形成和发展的基础，是指个体对道德规范、原则和价值观的理解与认知。道德认知是品德心理结构的重要组成部分，包括道德印象的获得、道德概念的掌握、道德评价和道德判断能力的发展、道德信念的产生及道德观念的形成。其中，道德概念的掌握、道德评价和道德判断能力的发展是道德认知形成与发展的重要阶段及主要标志。

道德认知的形成和发展是一个在道德实践的基础上，通过教育、训练和社会影响，不断掌握道德概念、逐渐提高道德评价和道德判断能力的过程。它涉及个体如何判断是非、善恶，以及如何理解自己和他人的行为是否符合道德规范。道德认知是道德品质发展的基础，指导着个体的道德行为和决策。

2. 道德情感

道德情感是品德形成和发展的动力，是指个人根据一定的道德标准，对现实的道德关系和自己或他人的道德行为等产生的爱、憎、好、恶等内心体验。道德情感是个人道德意识的构成因素，也是道德行为的动力之一。例如，爱国主义情感、集体主义情感等，这些情感反映了主体对社会客体的态度，并在不同的历史条件下有不同的内容。

当道德情感与道德判断一致时，会出现积极稳定的内心体验；当道德情感与道德判断矛盾时，会产生消极的、不稳定的内心体验。道德情感要在社会实践和教育基础上逐步形成。道德情感涉及个体对他人的关爱、同情、尊重等积极情感，以及对不道德行为的厌恶、愤怒等消极情感。道德情感是道德行为的重要驱动力，能够激发个体做出符合道德规范的行为。

3. 道德意志

道德意志是品德形成和发展的关键，是指个体在面临道德冲突和困难时，能够坚持自己的道德原则和价值观，并做出正确道德决策的能力。道德意志涉及个体的自律性、毅力和决心等方面，是道德品质发展的关键环节，能够帮助个体在面对挑战和诱惑时保持道德立场。

道德意志是个人在道德情境中，自觉地调节行为，克服内外困难，实现道德目的的心理过程。具体来说，道德意志体现在使道德动机战胜不道德动机、利他动机战胜利己动机，以及排除困难，将道德行为进行到底的过程中，尤其突出地表现在抗拒不良环境的诱惑、抑制不道德行为的过程中。

4. 道德行为

道德行为是品德的外在表现，是指个体在实际生活中表现出的符合道德规范的行为。

道德行为涉及个体如何将自己的道德认知、情感和意志转化为具体的行动。道德行为是道德品质的最终体现，反映了个体在道德方面的实际表现和水平。道德行为是人的道德认知外在的具体表现，是实现道德动机的手段。道德行为包括道德的行为和不道德的行为两大类。道德行为是品德形成和发展的最终目的，也是衡量个体品德水平的重要标志。

从学理上讲，道德行为，是指在一定的道德意识支配下，由行为主体自觉选择而发生的有利于或有害于他人或社会的行为。这种行为具有以下几个特征。

①道德行为必须是基于行为者自觉认识做出的行为，表现为一定的动机、目的和愿望。自觉认识是道德行为的前提。

②道德行为必须是行为者根据自己的意志自愿做出的行为选择，即道德行为具有意志自主的特点。

③道德行为必须是涉及利益关系，有利于或有害于他人和社会的行为。

此外，道德行为还包括善行和恶行，前者如助人行为、诚实行为等，后者如说谎、作弊、偷窃等。同时，也有一些行为虽然不涉及道德意识，如婴幼儿的胡乱作为、精神病患者的痴语等，这些行为被称为"非道德行为"。

（二）道德品质的心理深层系统

1. 道德需要

道德需要是品德结构中最活泼的因素，具有明显的倾向性和巨大的驱动性。道德需要是道德活动的源泉。每个人的"自我"必须适应一定社会关系的要求，必须在一定的社会关系中掌握一定的社会规范和价值标准，才能生存和发展，实现自己的个性，成为社会的主体。道德需要正是表现了个人对社会道德规范的一种趋近和遵守的心理状态，是道德行为产生的源泉。

2. 自我道德意识

自我道德意识在人的品德形成和发展中，对其他诸要素起内化作用。一般来说，自我道德意识是一个人对自己与周围现象关系的道德认知，并由此对自身的思想、行为与潜力采取的自觉的道德态度，是个体道德活动的察觉者、发动者、调节者和控制者。

自我道德意识的结构包含三个方面，即自我道德认知、自我道德体验和自我道德控制。在品德发展的过程中，它们都起着十分重要的作用。

（1）自我道德认知

自我道德认知是自我道德意识在道德认知上的深化，是人对自己的所作所为依据道德标准进行观察分析、判断和估价。

（2）自我道德体验

自我道德体验是自我道德意识在道德情感上的体验，是个体对自我进行认识和评价时产生的情感体验，可以促使个体将道德认知内化为个人的道德需要和道德信念，能调整人的整个身心状态从事某种行动，也能制止个体的不道德行为。

（3）自我道德控制

自我道德控制是自我道德意识在道德意志上的表现，是人在履行道德义务过程中克服困难的能力。它表现在：第一，目的性，在进行道德活动时考虑到为什么这样做，并且想到行为的后果；第二，果断性，在错综复杂的道德现象中果断地做出选择和判断；第三，坚持性，在执行意识行动中，往往具有恒心和毅力，能够把道德行为贯彻始终，能坚持自己的道德行为目标。

3.道德信念

道德信念是品德心理结构深层系统的最高核心。道德信念是激起人们长久地、坚定不移地按照自己已经内化的道德意识进行道德活动的需要，是内心真正接受并自愿为之奋斗的信仰。道德信念不是对道德的一般认识，也不是意志力的一般表现，而是深刻的道德认知、炽烈的道德情感和顽强的道德意志有机统一的升华。人一旦确定了正确的道德信念，就具有了独立的价值判断体系和人生观，无论做什么事都受自己道德信念的指导。道德信念是自我道德意识的升华，是人的最高精神支点。

道德需要、自我道德意识与道德信念之间是互相联系的。道德需要是道德活动的源泉，只有个体的自我意识发展到一定水平，不仅能认识外界事物，而且能认识自己的心理活动时，才能产生道德信念。反过来，人具有的道德信念越坚定，其自我道德意识水平就越高。

二、道德品质结构的特点

（一）稳定性

道德品质的稳定性，是指个体的道德品质在形成后，具有一定的持久性和不易改变性。这种稳定性表现为个体在面对各种情境和诱惑时，能够坚守自己的道德信念和行为准则，不易受到外界因素的干扰和影响。道德品质的稳定性是个体道德行为一致性和连续性的基础，也是社会道德秩序得以维持的重要保障。

道德品质的稳定性主要源于以下几个方面。

首先，个体的道德认知是道德品质稳定性的基础。个体在长期的道德学习和实践中，逐渐形成了对道德原则和规范的认识与理解。这些道德认知一旦形成，就会对个体的道德行为产生指导和约束作用，使其在面对各种情境时能够坚持正确的道德立场。

其次，个体的道德情感是道德品质稳定性的重要支撑。个体在长期的道德实践中，会形成对善恶、是非、正义等道德价值的情感体验和认同。这些道德情感会成为个体坚守道德信念的强大动力，使其在面临挑战和诱惑时能够保持坚定的道德立场。

最后，个体的道德意志是道德品质稳定性的关键因素。个体在长期的道德实践中，通过不断地自我约束和自我调节，逐渐形成了坚定的道德意志和自律能力。这种道德意志和自律能力能够使个体在面对各种困难与挑战时，坚持自己的道德信念和行为准则，避免受到外界因素的干扰和影响。

道德品质的稳定性是个体道德行为一致性和连续性的基础，源于个体的道德认知、道德情感和道德意志等多个方面的支撑与保障。因此，在道德教育和品德培养中，应注重培养个体的道德认知、道德情感和道德意志，以提高其道德品质的稳定性。

（二）整体性

道德品质的整体性体现为，个体道德品质的各个方面相互依存、相互促进，构成一个有机的整体。在这个整体中，道德认知、道德情感、道德意志和道德行为等要素各自发挥着独特的作用，同时相互关联、相互影响，共同构成了一个完整的道德体系。

首先，道德认知为道德情感、道德意志和道德行为提供了指导与依据。个体通过道德认知，理解道德规范和要求，形成善恶、是非、正义等道德观念，从而为道德情感的产生和道德行为的实施提供了基础。

其次，道德情感对道德认知、道德意志和道德行为具有驱动与调节作用。道德情感能激发个体的道德动机，推动其产生符合道德规范的行为，也能对道德认知和道德行为进行调节和修正，使其更加符合实际情况和道德要求。

再次，道德意志在道德品质整体性中发挥着关键作用。道德意志能使个体在面对道德冲突和困难时，自觉地调节自己的行为，坚持正确的道德立场，克服不良诱惑和困难，从而确保道德行为的实施。

最后，道德行为是道德品质整体性的最终体现。个体在道德认知、道德情感和道德意志的指导下，通过实施符合道德规范的行为，展现了自己的道德品质。同时，道德行为是对个体道德品质的一种检验和反馈，能够促使个体不断反思与调整自己的道德认知和道德行为。

（三）层次性

道德品质的层次性，是指个体的道德品质在发展水平上存在差异，可以划分为不同的层次或阶段。道德品质的层次性反映了个体在道德认知、道德情感、道德意志和道德行为等方面的发展程度和水平。

一般来说，道德品质的层次性可以从以下几个方面进行划分。

（1）道德认知的层次性

个体在道德认知方面的发展水平可以划分为不同的层次。例如，有些人对基本的道德规范和要求有清晰的认识，而有些人则对更高层次的道德原则和价值观有深入的理解。这种层次性反映了个体在道德认知方面的广度和深度。

（2）道德情感的层次性

个体在道德情感方面的发展水平可以划分为不同层次。例如，有些人只能体验到基本的善恶感、是非感；而有些人则具有更高层次的道德情感，如爱国主义情感、集体主义情感等。这种层次性反映了个体在道德情感方面的丰富程度和深刻性。

（3）道德意志的层次性

个体在道德意志方面的发展水平同样可以划分为不同的层次。例如，有些人只能在一定程度上坚持自己的道德立场；而有些人则具有更坚定的道德意志和自律能力，能够在面临挑战和诱惑时坚守自己的道德信念。这种层次性反映了个体在道德意志方面的坚定程度和自律能力。

（4）道德行为的层次性

个体在道德行为方面的发展水平可以划分为不同的层次。例如，有些人只能做出基本的符合道德规范的行为；而有些人则表现出更高层次的道德行为，如无私奉献、舍己救人等。这种层次性反映了个体在道德行为方面的实际表现和社会价值。

（四）个体性

道德品质的个体性，是指每个个体在道德方面表现出的独特性和差异性。这种个体性是由个体的性格、特质、生活经历、文化背景等多种因素共同作用形成的。每个人的道德观念、道德情感、道德意志和道德行为都具有独特的个性特点，这是道德品质个体性的具体表现。

首先，道德品质的个体性体现在个体对道德准则和道德义务的独特理解上。不同的个体对同一道德问题可能会有不同的看法和判断，这是由个体的认知结构、价值观念和生活经验等因素决定的。

其次，道德品质的个体性体现在个体的道德情感上。不同的个体在面对同样的道德情境时，可能会产生不同的情感体验和反应。

此外，道德品质的个体性还体现在个体的道德意志和道德行为上。每个个体在面对道德冲突和困难时，都会根据自己的道德信念和价值观做出独特的决策与行动。

（五）社会性

道德品质是社会性的体现。个体的品德结构是在社会生活中形成的，受到社会文化、价值观念、道德规范等因素的影响。同时，个体的品德结构反作用于社会，对社会的发展和进步产生影响。

道德是社会共有的行为规范，是维护社会秩序和稳定的重要手段。个体的道德行为需要符合社会的期望和要求，否则就会受到社会的谴责和惩罚。因此，个体的道德品质是在社会环境中形成和发展的，具有强烈的社会性。

另外，道德品质的社会性还体现在个体的道德认知、道德情感、道德意志等方面。个体的道德认知是在社会生活中，通过学习和模仿社会道德规范、价值观等逐渐形成的。个体的道德情感也是在社会生活中逐渐培养起来的，是对社会现象和社会关系的情感体验与反应。个体的道德意志也是在社会生活中得到锻炼和提高的，是在面对道德冲突和困难时，自觉调节自己的行为，坚持正确的道德立场和原则。

三、道德品质形成的过程

凯尔曼态度转变理论，又称为"态度改变三程序论"或"态度分阶段变化理论"。这个理论是由凯尔曼通过分析典型的态度变化例证提出的，认为态度变化是分三个阶段（程序）实现的，包括依从、认同和内化。凯尔曼态度转变理论与道德品质形成紧密相连。

（一）依从阶段

依从，是指人们由于外在压力，为了达到一个更重要的目标而改变自己的态度反应或表面行为。这是一种权宜的态度改变，目的是在表面上显示出与他人的一致。因此，依从意义上的态度变化，实质为一种印象控制策略。这是态度变化的第一阶段，也是最表面的态度改变。

道德品质形成的依从阶段包括从众和服从两种。从众，是指人们对于某种行为要求的依据或必要性缺乏认识与体验，不知不觉受到群体的压力而产生的跟随他人行动的现象。服从，是指个体在社会要求、群体规范或他人意志的压力下，放弃自己的意见而采取与大多数人一致的行为。

在依从阶段，个体的行为具有盲目性、被动性、不稳定性，随情境的变化而变化。行为受外界的压力影响，而不是出于内在的需要。例如，小学生可能因为害怕被教师批评或希望得到教师表扬而表现出好好学习的行为。然而，这种行为并不是出于小学生对学习的真正热爱或内在动机，而是受到外在因素的影响。虽然这一阶段的行为水平较低，但它是态度与道德品质建立的开端环节，为后续的认同和内化阶段奠定了基础。

道德品质形成的依从阶段，是指个体在社会化过程中，初步接受和遵循社会规范、道德准则和价值观念，但尚未形成稳定的态度和道德品质的阶段。在这一阶段，个体的行为主要受到外界的影响和制约，缺乏自主性和内在动力。

通过在这一阶段接受和遵循社会规范、道德准则和价值观念，个体可以逐渐培养出对道德行为的敏感性和责任感，为后续的道德品质发展奠定基础。因此，在教育和培养过程中，应重视引导个体从依从阶段开始，逐步培养与发展他们的道德观念和素质。

（二）认同阶段

认同，是指个人的自我同一性与他人或群体存在依赖关系，或者说个人情感上存在与别人或群体的密切联系，从而接受某些观念、态度或行为方式。这是个体自愿接受他人的观点、信念、态度与行为，并使自己的态度与他人的态度相接近的过程。长期的认同会导致整个态度的根本转变。

在认同阶段，小学生会寻找并模仿自己认同的对象，这些对象通常是他们身边的成年人，如父母、教师等。他们会观察这些人的行为和言谈举止，并试图模仿他们的行为方式。这种模仿行为并不是简单地复制，而是个体在理解、接受并内化这些行为背后的价值观、道德准则和态度后，再根据自己的实际情况进行的行为调整。

因此，在认同阶段，个体的行为已经不再是简单的对外界规范的遵从，而是开始表现出一定的自主性和内在动力。他们开始根据自己的道德信念和价值观指导自己的行为，虽然这些信念和价值观可能还不够成熟、稳定，但它们已经是个体品德发展的重要组成部分。

总的来说，道德品质形成的认同阶段是个体道德品质发展的关键阶段之一，标志着个体开始从被动的、表面的遵从行为向主动的、内在的道德行为转变。在这一阶段，教育和引导的作用尤为重要，应该通过榜样示范、情境教育等方式，帮助个体建立正确的道德信念和价值观，促进他们道德品质的健康发展。

（三）内化阶段

内化，是指个人获得新的、自觉的认知信念，并以这种信念评判自己价值时发生的完全的态度改变。这一阶段表现为个人真正从内心深处相信并接受他人的观点，从而彻底转变自己的态度。

在内化阶段，个体的道德行为已经不再是简单的模仿或对外界规范的遵从，而是真正基于自己的内在信念和价值观行动。他们已经形成了自己的道德观念和行为准则，并能够在各种情境下始终坚持这些准则，不受外界干扰或诱惑。

另外，内化阶段也是个体道德品质发展的最高阶段。在这一阶段，个体的道德行为已经不再是表面的或被迫的，而是真正出于自己的内心动机和责任感。他们的行为已经不再是简单的反应或模仿，而是真正的道德行为，具有高度的自觉性和主动性。

因此，道德品质形成的内化阶段是个体道德品质发展的最终目标。在教育和培养过程中，应该注重引导个体从外部规范的逐渐发展到内在信念和价值观的形成，帮助他们建立起稳定、健康的道德品质体系。同时，应该尊重个体的自主性和选择性，让他们在道德品质发展的过程中充分发挥主动性和创造性。

第三节　小学生优良道德品质的培养

一、优良道德品质培养的途径

（一）道德认知的形成

道德认知的形成是一个复杂的过程，涉及个体对道德现象、道德原则、道德规范和道德价值的认知与理解。道德认知的形成是一个渐进的过程，需要个体在实践中不断积累经验和知识，通过反思和调整逐渐完善自己的道德认知。同时，道德认知的形成也受到社会、文化、家庭、学校等多种因素的影响，这些因素相互作用，共同促进个体道德认知的发展。

道德认知的形成有以下几种途径。

1. 家庭教育

家庭是个体最早接触道德观念和价值观的场所。父母通过日常生活中的行为示范、言传身教，向孩子传递基本的道德知识和行为规范，初步塑造孩子的道德认知。

2. 学校教育

学校系统地向小学生传授道德知识，通过学科教育、德育课程、课外活动等形式，引导小学生掌握道德规范、道德原则和价值观，培养他们的道德判断能力。

3. 社会实践

个体通过参与社会实践活动，接触社会现实，观察和分析社会现象，逐渐形成对社会道德现象的认知和理解。

4. 文化影响

文化是个体道德认知形成的重要影响因素。通过文化传承、交流等途径，个体受到各种道德观念和价值观的影响，进而形成自己的道德认知。

5. 个体自我反思和认知

个体通过自我反思、自我观察、自我评价等方式，不断审视和调整自己的道德认知，形成更加成熟和稳定的道德观念。

6. 他人评价和反馈

他人的评价和反馈对个体道德认知的形成有重要影响。他人的评价可以帮助个体认识到自己的道德行为是否符合社会规范，进而调整自己的道德认知。

拓展阅读 6-5

朱熹的道德认知论

朱熹的道德认知论主要基于他的"格物致知"思想。他发展了《大学》中关于"格物致知"的观念，对"格物"和"致知"进行了深入的阐释。

在朱熹看来，"格物"有三层含义：一是"即物"，即接触事物；二是"穷理"，即研究物理；三是"至极"，即穷理至其极。而"致知"则是"推极吾之知识，欲其所知无不尽也"，即扩展知识，使所知无不尽。他认为，格物的目的是致知，即通过接触和研究事物，获得深刻的知识和理解。

朱熹的道德认知论强调"穷理"离不得"格物"，"即物"才能穷其理。他认为，知先行后，行重知轻。从道德知识来源上说，道德知识在先；从社会效果上看，知轻行重，道德力行最重要。而且，道德之知和道德之行相互促进，知之愈明，则行之愈笃；行之愈笃，则知之益明。所以，他作《观书有感》诗曰："半亩方塘一鉴开，天光云影共徘徊。问渠那得清如许？为有源头活水来。"朱熹倡导通过道德实践获得道德认知，通过道德认知加强道德修养，以道德认知为基础实施道德教育。

（资料来源：黄富峰.朱熹的道德认知论［J］.齐鲁学刊，2009（6）：11-14）

（二）道德情感的培养

道德情感的培养是道德教育中的重要环节，涉及个体的情感体验、情感表达和情感调控等方面。道德情感的培养需要多方面的努力和措施，包括丰富道德情感体验、培养良好的情感表达习惯、增强情感调控能力、树立道德榜样和加强情感教育等。这些途径可以相互补充、相互促进，共同推动个体道德情感的健康发展。

1.丰富道德情感体验

通过参与各种社会实践活动、志愿服务、慈善公益等活动，让个体亲身感受道德行为的意义和价值，增强道德情感体验的深刻性和丰富性。

2.培养良好的情感表达习惯

鼓励个体积极表达自己的情感，包括喜怒哀乐等。同时，教育个体如何在适当的场合、用适当的方式表达情感，培养良好的情感表达习惯。

3.增强情感调控能力

要教育个体如何调控自己的情绪，避免情绪失控对道德行为产生负面影响。同时，要教育个体如何在面对挫折与困难时，保持积极与乐观的情感态度。

4.树立道德榜样

通过身边的道德榜样，让个体感受到道德行为的力量和美感，激发他们的道德情感。同时，要注重宣传道德榜样的事迹和精神，营造良好的道德氛围。

5.加强情感教育

在家庭、学校等教育场所中，注重情感教育的渗透和融合，让个体在学习知识的同时，也能得到情感的培养和熏陶。

（三）道德意志的锻炼

道德意志的锻炼，是指个体在面对道德冲突和困境时，能够坚定自己的道德信念，做出正确的道德选择，并坚持执行道德行为的过程。道德意志的锻炼需要个体在实践中不断尝试、反思和调整。通过设定明确目标、面对挑战和困难、增强自律性、接受反馈和调整、树立榜样以及加强道德修养等途径，个体可以逐步提高自己的道德意志力，形成坚定的道德信念和行为习惯。

1. 设定明确的目标

为自己设定明确的道德目标，并为之努力，有助于个体在面对诱惑或压力时，坚守道德原则。

2. 面对挑战和困难

积极面对生活中的挑战和困难，尤其是那些涉及道德抉择的情境。通过独立思考和权衡利弊，锻炼自己在困境中做出正确决策的能力。

3. 增强自律性

自律是锻炼道德意志的关键。个体应自觉遵守道德规范，对自己的行为负责，并在日常生活中培养良好的行为习惯。

4. 接受反馈和调整

在道德实践中，接受他人的反馈和建议，及时调整自己的道德行为，有助于个体不断完善道德认知，提高道德意志力。

5. 树立榜样

寻找身边的道德榜样，学习他们的道德品质和行为方式，可以激发个体的道德情感，增强道德意志力。

6. 加强道德修养

通过学习道德理论、阅读道德经典等方式，加强道德修养，有助于个体深入理解道德原则和价值观，提高道德判断力和意志力。

（四）道德行为的养成

道德行为的养成，是指个体在日常生活中逐渐形成并坚持践行符合道德规范的行为习惯。

1. 模仿与实践

小学生处于道德行为养成的初期，往往通过模仿他人的行为学习道德行为。家庭成员、教师、朋友等身边的榜样对于小学生道德行为的养成具有重要影响。观察并模仿他们的道德行为，是养成良好道德行为的重要步骤。

2. 自我强化

个体需要对自己的道德行为进行评估和强化。当自己的行为符合道德规范时，应给予积极的反馈和奖励，有助于巩固和强化良好的道德行为。

3. 持续练习

道德行为的养成需要时间和持续的练习。通过在不同情境中反复践行道德行为，个体可以逐渐将这些行为内化为自己的行为习惯。

4. 反思与调整

个体应定期反思自己的道德行为，检查是否存在偏离道德规范的情况，并及时进行调整，有助于个体不断完善道德行为，并逐渐形成稳定的道德行为习惯。

二、优良道德品质培养的策略

（一）榜样示范法

在道德教育中，榜样示范法是一种非常重要的教育方法。这种方法的基本原理是，通过表彰和推崇一些道德行为高尚的人物或事迹，激发人们的学习和模仿欲望，引导人们形成正确的道德观念和行为习惯。

榜样示范法的核心在于树立具有感染力和代表性的榜样。这些榜样可以是历史上的伟人、民族英雄、革命领袖，也可以是现实生活中的优秀人物和先进事迹。通过宣传和学习这些榜样的行为与品质，可以激发人们的道德情感，增强道德认知，引导人们在日常生活中践行道德规范。

在学校教育中，榜样示范法是一种常用的德育方法。学校可以通过举办各种形式的活动，如表彰大会、优秀学生事迹报告会等，展示和推崇身边的优秀人物和事迹，激发小学生的学习和模仿欲望。同时，教师可以通过自身的言行举止树立榜样，成为小学生学习和模仿的对象。

在实施榜样示范法时，需要注意以下几点。

首先，选择的榜样要具有真实性和可信度，避免虚假和夸大。只有真实的榜样才能让小学生产生真正的认同和尊重，进而激发他们的学习和模仿欲望。

其次，榜样要具有代表性和感染力。榜样应该能够代表某种道德价值观或行为规范，他们的行为和品质也应该具有感染力，能够引起小学生的共鸣和敬佩。

最后，榜样示范法需要与其他教育方法相结合。单纯的榜样示范可能无法完全达到教育目的，因此，需要与说服教育、情感熏陶、实践锻炼等方法相结合，共同发挥作用。

拓展阅读 6-6

道德与法治课堂中榜样示范法的应用

在道德与法治课堂中运用榜样示范法，从小学生的生理、心理特点出发，利用小学生喜欢模仿，好奇心强的心理特点，借助榜样的力量，能够对他们进行导向、激励，塑造小学生良好的品德与行为习惯，对提高课堂教学质量具有非常重要的现实意义。

"让我自己来整理"主题活动是统编版《道德与法治》教材一年级下册第三单元"我爱我家"中的一个主题活动，是有关学生在成为小学生后需要掌握的生活技能的教学内容。小学一年级学生平时离不开各类生活用品以及各种玩具，帮助小学生学会动手动脑，尝试自主整理与自己生活密切相关的物品，逐渐养成物归原位和定时整理的习惯，有助于小学生美好德行的形成。

"让我自己来整理"主题活动教学设计内容如表 6-2 所示。

表 6-2 "让我自己来整理"主题活动教学设计

活动目标	1.懂得自己的事情要自己做，不会做的要学着做； 2.学习整理的两种方法，即物品归类及定时整理； 3.养成整理自己物品的好习惯，提高生活的自理能力。
活动特色	以学生为主体，以示范为主线，根据学生的年龄及认知特点，巧妙设计，循序渐进，以"榜样示范—分析改进—再示范—完成整理"为主轴，训练学生的操作技能，实现学生会整理的目的。面向各层次的学生，为学生搭建展示能力和形成习惯的平台。
活动重点	学会整理与自己生活密切相关的物品。
活动难点	坚持整理，养成习惯。
活动过程	一、录像导入 1.请学生看一段录像——两个小朋友在家中的衣柜里寻找校服，一个小朋友很快找到，另一个小朋友翻了半天也没找到。 2.学生交流——为什么同样是找一件东西，一个小朋友很快就能找到，而另一个小朋友却要找半天呢？（引导学生观察他们的衣柜——一个整齐，一个很乱） 3.板书课题"让我自己来整理"。 二、整理书包柜 1.学生小组内讨论，交流整理方法。 2.在全班范围发表想法。 外衣叠整齐，书本摆放好，物归原位，定时整理好。 3.请一位学生到前面示范怎样整理自己的书包柜，边整理边说要注意的事情。（学生示范） 4.学生交流他有哪些地方需要改进。 5.再请一名学生示范，在原有的基础上有所改进。（学生示范） 6.全班学生尝试整理自己的书包柜。

续表

活动过程	7. 询问仍没有头绪的学生，第三次请会整理的学生进行示范。 （学生示范） 8. 请刚刚不会整理书包柜的学生在学习后进行展示。 （学生示范） 三、让我自己来整理 1. 比一比，看看谁的书桌整理得又快又好。 学生展示，对整理得又快又好的学生给予奖励。 2. 说说在整理时的窍门。

利用榜样示范的方法进行本主题活动，将从学生整理书包柜出发，倡导学生亲身实践、主动参与，有效达到独立整理的目的，并在此基础上举一反三，培养学生掌握更多诸如穿衣、整理房间等技能。第一次榜样示范，起到提示启发作用；第二次榜样示范使学生在原有基础上有所改进；第三次榜样示范，为仍然没有掌握方法的学生展示方法；第四次示范，帮助有差距的学生。

在此基础上，教师还要进一步着眼于学生的日常生活，让学生关注更多的整理问题：自己的物品每天都是谁整理的，是怎样整理的？在此过程中，让学生了解分类的方法，知道分类是一种解决问题的方式，生活中很多问题都可以用分类的方法解决，从而指导学生在日常生活中养成良好的行为习惯，如文具盒的整理、书包的整理、衣柜的整理、房间的整理等，提高生活效率，使生活有序，成为生活的小主人。这样能够促进学生良好生活习惯的养成，有利于学生的终身发展。

（资料来源：梁佳革．道德与法治课堂教学中榜样示范方法的应用：一年级下册"让我自己来整理"主题活动设计与分析［J］．吉林省教育学院学报，2022，38（1）：80-84）

（二）情感熏陶法

在道德教育中，情感熏陶是一种重要的教育方法，旨在通过创设一定的情境，让学生在耳濡目染、潜移默化中受到道德情感熏陶。

在道德教育中，可以通过以下途径实施情感熏陶法。

1. 利用教师的感染力

教师应该通过自身的言行举止、情感表达等方式，传递积极向上的道德情感，感染和影响学生。教师应该成为学生道德情感的引领者和示范者，以自身的道德人格魅力熏陶学生。

2. 创设良好的教育环境

学校应该注重校园文化的建设，营造积极向上、富有感染力的教育环境。通过美化校园环境、优化教育设施、举办各种文化活动等方式，让学生在优美的环境中受到熏陶和感染，培养良好的道德情感。

3. 利用文学艺术作品的感染力

文学艺术作品是情感熏陶的重要载体。学校可以通过组织学生欣赏优秀的文学、音乐、电影等艺术作品，让学生在欣赏的过程中受到道德情感的熏陶和感染，提高道德认知，引起情感共鸣。

拓展阅读 6-7

情感熏陶法在德育教育中的应用

《中小学德育工作指南》明确了我国中小学德育教育总体目标，并结合中小学学生的年龄特点、认知能力和教育规律，力求构建方向正确、内容完善、学段衔接、载体丰富、常态开展的德育工作体系，以促进中小学德育工作的专业化、规范化和实效化。这一文件也使我们认识到以往工作中存在的不足，对德育工作产生了全新的认识。

《中小学生德育工作指南》明确"强化道德实践、情感培育和行为习惯养成，努力增强德育工作的吸引力、感染力和针对性、实效性"的基本原则，为小学班主任开展德育工作指明了方向。

《中小学生德育工作指南》的落实要求班主任必须与学生建立良好的师生关系，而情感熏陶法也是基于师生情感的交流。班主任应根据学生的个性，加强沟通与交流，了解学生的困惑，与学生成为朋友，从学生的角度出发，利用不同的道德视角观察和引导学生的行为，构建和谐的班级德育环境，从而对学生的思想和行为进行引导和完善，通过在班级中营造良好的氛围，形成健康积极的班风，通过各种班集体活动增强班级的凝聚力，配合融洽的校园环境、充满正能量的校风，让学生无论是在班级的小环境中，还是在校园的大环境中都始终沐浴在良好健康的氛围里。班主任根据小学阶段学生的特点，有针对性地创设符合学生健康心理的教育情境，将启发、引导融汇在整个教育环境中，充分调动学生的自主性与积极性，使学生直接或间接受到熏陶与感染。

（资料来源：陈燕.情感陶冶法在德育教育工作中的应用[J].教学管理与教育研究，2018（2）：34-36）

（三）行为塑造法

行为塑造法是一种行为治疗技术，目的是帮助患者培育和养成新的行为范式，是根据心理学家斯金纳的操作性条件反射原理设计的。行为塑造法是一种在道德教育中常用的方法，主要目的是通过一系列的行为引导和训练，帮助学生形成良好的行为习惯和道德品质。行为塑造法基于行为主义心理学的理论，认为人的行为是可以通过外界刺激和强化塑造、改变的。

1. 行为塑造法的步骤

①明确目标行为。首先需要明确希望学生形成的具体行为或习惯，例如尊重他人、守时、诚实等。

②制订行为计划。根据目标行为，制订一个详细的行为计划，包括具体的操作步骤和时间安排。

③正向强化。当学生表现出目标行为时，教师应及时给予正面的反馈和奖励，以提高这种行为的出现频率。这种奖励可以是物质的，也可以是精神的，如表扬、鼓励等。

④负向惩罚。如果学生没有表现出目标行为，或者表现出不良行为，则教师可以适当地给予一些负面的后果，如批评、扣分等。但需要注意的是，惩罚并不是目的，而是手段，目的是引导学生形成正确的行为。

⑤持续监督与反馈。教师需要持续地对学生的行为进行监督，并及时给予反馈，有助于学生了解自己的行为是否符合期望，从而进行调整。

⑥逐步引导。对于一些较为复杂的行为或习惯，教师需要逐步引导学生，从简单的行为开始，逐步过渡到复杂的行为。

2. 行为塑造法在道德教育中的优势

首先，行为塑造法具有很强的针对性和操作性，能够帮助学生明确知道应该如何行动。其次，通过正向强化和负向惩罚，行为塑造法可以有效地引导学生形成正确的行为习惯。最后，行为塑造法注重持续监督与反馈，能够帮助学生及时调整自己的行为，形成良好的道德品质。

3. 行为塑造法需要注意的问题

首先，奖励和惩罚需要适度，不能过于依赖物质奖励或严厉的惩罚。其次，教师需要保持一致性，不能在不同的场合或时间对学生的行为有不同的要求或标准。

总的来说，行为塑造法在道德教育中具有重要的作用。通过明确目标行为、制订行为计划、正向强化、负向惩罚、持续监督与反馈以及逐步引导等步骤，可以有效地帮助学生形成良好的行为习惯和道德品质；同时，需要注意奖励和惩罚的适度性、教师的一致性以及与其他教育方法的结合使用。

📖 **拓展阅读 6-8**

行为塑造法在实践中的应用

小明是一个三年级的学生，他聪明活泼，但有一些不良的行为习惯，如上课不专心听讲、经常与同学打架等。为了帮助小明养成良好的行为习惯，教师决定采用行为塑造法进行干预。

首先，教师与小明进行了深入的交流，了解了他行为习惯背后的原因。小明表示，他上课不专心是因为觉得课程内容无聊，而打架则是因为不知道如何与同学友好相处。针对这些问题，教师为小明制订了以下行为塑造计划。

①针对上课不专心的问题，教师与小明一起制定了课堂参与规则。教师鼓励小明在课堂上积极发言、提问，并给予他适当的奖励和鼓励。同时，教师与小明的家长沟通，让家长在家中也为小明创造一些与学习内容相关的有趣活动，提高他对学习的兴趣。

②针对打架的问题，教师首先让小明认识到打架行为的不良后果，并引导他学习如何与同学友好相处。教师组织了一些团队合作的活动，让小明在参与中学会倾听、尊重和合作。同时，教师鼓励小明在遇到冲突时主动寻求帮助或进行调解，以避免打架事件的发生。

在实施行为塑造计划的过程中，教师始终保持对小明的关注和监督，并及时给予反馈和指导。当小明表现出良好的行为时，教师会及时给予奖励和表扬；当小明出现不良行为时，教师会进行适当的惩罚和引导。

经过一段时间的努力，小明的行为习惯有了明显改善。他上课更加专心听讲，积极参与课堂活动；与同学之间的关系也得到了改善，打架事件明显减少。小明的进步不仅得到了教师和家长的认可，也让他更加自信和快乐。

这个案例展示了行为塑造法在学校教育中的实际应用。通过明确目标行为、制订行为计划、正向强化、负向惩罚以及持续监督与反馈等步骤，行为塑造法成功地帮助小明改善了不良的行为习惯，形成了更加积极和健康的行为模式。

（四）代币奖励法

代币奖励法是一种在道德教育中常用的方法，通过给予学生代币作为奖励，强化学生的良好行为，并促使他们形成积极的道德观念和习惯。代币是一种象征性的强化物，可以是筹码、小红星、盖章卡片、自制小红旗等，学生可以用这些代币兑换实际价值的奖励或活动。

1.代币奖励法的实施步骤

①明确目标行为。首先需要明确希望学生表现出的良好行为或习惯，例如按时完成作业、课堂上积极回答问题、尊重他人等。

②设定代币和奖励系统。制定代币和奖励的规则，如学生在表现出目标行为时可以获得一定数量的代币，累积一定数量的代币后可以兑换相应的奖励。

③实施代币奖励。当学生表现出目标行为时，及时给予其相应的代币奖励，并记录下学生的代币数量。

④兑换奖励。当学生的代币数量达到一定的数额时，允许他们兑换事先设定好的奖励或活动。

2.代币奖励法的优点

代币奖励法的优点在于，它提供了一种可见的、可量化的奖励机制，能够激发学生的积极性和参与度。同时，代币奖励法具有一定的灵活性，可以根据学生的实际情况和需要进行调整。此外，代币奖励法还可以培养学生的自我管理和自我约束能力，使他们在追求奖励的过程中逐渐形成良好的行为习惯。

3.代币奖励法需要注意的问题

首先，奖励的设定需要合理，不能过于丰厚或过于吝啬，以免影响学生的积极性和参与度。其次，奖励的兑换规则需要明确、公正，避免出现不公平或歧视的情况。最后，教师需要避免过度依赖代币奖励法，以免学生产生对奖励的过度依赖或消极的行为动机。

拓展阅读6-9

代币奖励法在实践中的应用

某研究人员在某学校选取两名学生进行了代币奖励法在行为习惯上的辅导运用。

学生一：小杨，男，9岁，三年级学生。该生不适应学校规章制度的约束，纪律性差，在学校里是出了名的"小霸王"。他上课经常开小差，时而还会发出怪叫声，破坏纪律以引起他人的注意。由于学习成绩和行为习惯较差，经常受到批评，他逐渐产生了逆反心理，性格变得孤僻，自暴自弃而甘于落后。

学生二：小董，女，9岁，三年级学生。父母离异，她平时跟爷爷奶奶住，生活、学习基本都是由奶奶负责，爷爷对她十分溺爱。而父亲跟她的交流很少，学习上对她的关心和督促更少。这样的家庭环境使她慢慢养成了自由散漫的个性。在校也经常出现一意孤行的行为。

第一个阶段，通过几次耐心的倾听和沟通，研究人员分别与这两个来访者达成了共识，制定了属于他们各自的咨询目标。第二个阶段，虽然两个来访者有着不同的行为习惯问题，但在干预行为习惯上以代币奖励法为主要行为形式，结合倾听、同感、认知技术，以及针对小董家庭问题上与其家长配合进行积极的代币法训练。改变来访者一些不合理的认知，让其学会多角度自我评价，提高自我意识，用理性的行为获得他人的关注与肯定，使他们从中获得成功体验。第三个阶段，在巩固前一阶段咨询效果的基础上，鼓励来访者参加学校活动，建立成功档案，采用自我激励，提高自信。

从整个咨询过程来看，男生与女生的表现并无明显的差异，均对此咨询感兴趣，并能坚持投入完成。这在很大程度上是由于制定咨询目标贴合了学生自身情况，结合他们的喜好、需求选择强化物，再加上班主任及各位相关教师、家长的积极配合评定监督。同时，研究人员发现，在制定代币奖励法强化物方面，男生与女生在强化物的选择上略有差异。小杨（男生）会更倾向于零食或者特权卡片（如免抄卡、值日班长等），而小董（女生）则更喜欢学习用品或书籍等。小杨的在校行为训练表见表6-3。

表6-3　小杨的在校行为训练表

项目	第1节	第2节	第3节	第4节	第5节	第6节	第7节	第8节
1.学习用品准备好（1颗）								
2.不做与上课无关的事（如扔纸头、睡觉、做小动作、离开座位等）（2颗）								
3.课堂练习认真完成（1颗）								
4.上课不影响他人（说话、拿同学的东西、打同学、朝同学做鬼脸）（2颗）								
5.课后参加集体活动，完成自己的任务。教师提醒后能及时改正（2颗）								
6.回家能完成全部作业（不会做的请教教师）（5颗）								
7.得到教师的口头表扬（10颗）								

注：以关注行为习惯，如上学迟到、课前学习用品的准备、上课不插嘴，不影响老师上课等为主，每日进行兑换，同时每周进行反馈，进行积极的心理暗示和引导。

（资料来源：张莺.代币法在小学生学习行为习惯辅导中的运用[J].中小学心理健康教育，2021（18）：53-56）

（五）强化法

道德教育中的强化法是一种通过外部奖励或惩罚影响个体行为的方法。强化法主要包括直接强化、间接强化和自我强化三种类型。

1. 直接强化

直接强化是指个体的行为直接受到环境的奖励或惩罚。例如，当学生表现出良好的道德行为时，教师给予表扬或奖励，这会增强学生继续表现出良好行为的动机；相反，当学生表现出不良行为时，教师给予批评或惩罚，这会使学生意识到自己的行为是不被接受的，从而抑制不良行为的再次发生。

2. 间接强化

间接强化，是指个体通过观察他人的行为及其后果，对他人进行学习和模仿，从而强化自己的行为。在道德教育中，教师可以通过树立榜样、讲述道德故事等方式进行间接强化。当学生看到他人的良好行为受到奖励时，会受到启发，模仿这些行为；同样地，当看到他人的不良行为受到惩罚时，他们会引以为戒，避免重蹈覆辙。

3. 自我强化

自我强化，是指个体根据自己的行为标准和价值观对自己的行为进行评价和奖励或惩罚。在道德教育中，教师可以引导学生建立正确的道德观念和价值观，使他们能够自我监督、自我评价和自我调整。当学生意识到自己的行为符合道德标准时，会感到自豪和满足，这会增强他们继续表现出良好行为的动力；相反，当他们意识到自己的行为违背道德标准时，会感到内疚和自责，这会促使他们反思并改正自己的行为。

然而，需要注意的是，强化法在应用过程中存在一些潜在的问题。首先，过度依赖外部奖励或惩罚可能导致学生缺乏内在的道德动机和自律性。其次，不恰当的奖励或惩罚可能会引发学生的逆反心理或对立情绪，导致教育效果不佳。因此，在使用强化法时，教师需要根据学生的实际情况和需要灵活运用不同的强化方式，同时注重培养学生的内在道德观念和自律性。

拓展阅读 6-10

强化法在实践中的应用

在某小学中，英语教师李老师采用了强化法提高学生的课堂参与度和英语口语能力。

首先，李老师明确了目标行为，即鼓励学生积极参与课堂活动，大胆发言，提高英语口语表达能力。为了实现这一目标，她制定了一套奖励机制。每当学生在课堂上主动发言、回答问题或参与讨论时，李老师都会给予他们一些小奖品，如贴纸、小玩具等。同时，她还在班级的公告栏上公布每个学生的发言次数和奖励情况，以激发学生的积极性。

在实施过程中，李老师注重及时反馈和强化。每当学生表现出积极的课堂行为时，她都会及时给予奖励，并表扬他们的努力和进步。这种正向的反馈让学生感到自己的努力得到了认可和鼓励，从而更加愿意参与课堂活动。

此外，李老师还采用了自我强化的方法。她引导学生自我评价和反思自己的课堂表现，让他们意识到自己的进步和不足之处。通过这种方式，学生逐渐形成了自我监督和自我调整的能力，即使在没有外部奖励的情况下也能积极参与课堂活动。

经过一段时间的实施，李老师的强化法取得了显著的效果。学生的课堂参与度明显提高，英语口语能力也得到了显著提升。更重要的是，他们在参与课堂活动的过程中逐渐形成了积极的学习态度和自信心。

这个案例展示了强化法在学校教育中的实际应用效果。通过明确的奖励机制、及时的反馈和强化以及自我强化的引导，强化法成功地激发了学生的积极性和参与度，提高了他们的英语口语能力。

三、小学生不良道德行为及矫正

（一）不良道德行为定义

小学生不良道德行为，是指小学生在成长过程中出现的各种妨碍身心健康、影响智能发展以及给家庭、学校、社会带来麻烦的行为。这些行为违反了《小学生守则》或《小学生日常行为规范》，往往是小学生产生违法行为的"前奏"。

根据《中华人民共和国预防未成年人犯罪法》第十四条的规定，未成年人的父母或者其他监护人和学校应当教育未成年人不得有下列不良行为：

①旷课、夜不归宿；

②携带管制刀具；

③打架斗殴、辱骂他人；

④强行向他人索要财物；

⑤偷窃、故意毁坏财物；

⑥参与赌博或者变相赌博；

⑦观看、收听色情、淫秽的音像制品、读物等；

⑧进入法律、法规规定未成年人不适宜进入的营业性歌舞厅等场所；

⑨其他严重违背社会公德的不良行为。

因此，小学生不良道德行为是违背未成年人身心健康和良好品行的行为，需要及时进行教育和纠正，以预防其进一步发展为违法行为。同时，学校、家庭和社会应当结合起来，采取多种形式，矫正学生的不良行为，形成教育合力，促进小学生的健康成长。

（二）不良道德行为的表现

在小学中，常见的不良道德行为表现有以下几种。

1. 说谎

小学生说谎行为，是指小学生在言语或行为上故意提供错误信息或不真实的情况，以达到某种目的或避免某种后果的行为。这种行为在小学生中是比较常见的，而且其背后的原因是多种多样的。有些小学生可能会因为害怕受到惩罚或希望获得某种奖励而说谎。小学生的社交圈子中也可能存在一些说谎的行为，他们可能会受到同龄人或其他社会成员的影响，从而模仿并学会说谎。除此之外，小学生的想象力丰富，有时可能会将自己的想象与现实混淆，从而导致说谎行为。

拓展阅读 6-11

夏山学校对说谎的定义

在夏山学校中，"说谎≠不诚实"，夏山学校的学生中没有一个真正爱说谎或养成了说谎的习惯。他们刚来的时候，因为不敢说实话，所以撒谎。当发现学校里没有人管他们的时候，他们就发现用不着说谎了。孩子多半因恐惧而说谎，没有恐惧，谎言也就大大减少，一个孩子会承认他打破了一扇窗子，但他可能不会告诉你他偷工具或偷东西吃，要孩子完全诚实未免有点奢求。

在家庭中，如果孩子撒谎，那么他可能是在模仿父母，撒谎的父母必定有撒谎的子女。如果想要孩子说实话，父母就不能对孩子说谎。

一个自由发展的孩子不会故意说谎，因为他不需要这样做。他不会因为害怕受惩罚或保护自己而说谎。但是他仍会说幻想式的谎言——那种从未发生的牛皮话。

（资料来源：尼尔.夏山学校［M］.王克难，译.北京：新星出版社，2019：136-141）

2. 攻击性行为

小学生攻击性行为，是指小学生在情绪失控或特定情境下，对他人或物体进行有意伤害的行为。这种行为可能表现为身体攻击，如打人、推搡、抢夺等，也可能表现为言语攻击，如辱骂、嘲笑、威胁等。攻击性行为通常是有意为之，并且会对受害者造成身体或心理上的伤害。

攻击性行为在小学生中是比较常见的，其原因可能包括生理、心理、家庭环境、社会环境等多种因素。例如，一些小学生存在自控能力不足、情绪管理困难等问题，导致他们容易在特定情境下产生攻击性行为。此外，一些小学生受到家庭、社会等不良因素的影响，从而模仿或学习攻击性行为。

3. 逃学行为

小学生逃学行为，是指小学生在未经家长或教师同意的情况下，擅自离开学校或课堂，不履行学习义务的行为。这种行为可能导致小学生的学习成绩下降，影响他们的未来发展，并给家庭和社会带来负面影响。小学生逃学行为的原因是多种多样的。一些小学生由于学习压力过大，感到无法承受选择逃学。这可能是家庭期望过高、学校作业过多或考试要求过严等导致的。一些小学生对某些学科或学习活动失去兴趣，觉得无聊或枯燥，从而选择逃学。这可能是教学方法不合适、学习内容过于单一或学生自身学习动力不足等原因引起的。一些小学生由于家庭问题，如家庭矛盾、父母离异、家庭贫困等，情绪不稳定或无法安心学习，从而选择逃学。一些小学生在学校中遭受欺凌、排挤或无法融入集体，导致对学校产生抵触情绪，选择逃学。

4. 说脏话

小学生说脏话、辱骂他人等行为是在所有品德不良行为中出现频率最高的。说脏话现象在高年级男生中普遍存在，有的话语甚至不堪入耳，说脏话已经成为部分同学司空见惯的事情。小学生说脏话、辱骂他人的原因，由浅到深分为三个阶段，从模仿到说脏话，再到习惯形成，最后形成固定的行为模式。小学生的好奇心和模仿能力很强，很多父母在争吵或训斥孩子的时候，不经意说出了脏话，或是一些脾气暴躁的教师发起火来，说出口的脏话，都可能被小学生模仿。因此，第一阶段的模仿，是小学生说脏话和辱骂他人的最主要原因，一旦形成习惯，想要改正，就会非常困难，言语不文明往往是向品德不良发展的一个初始阶段。

（三）不良道德行为产生的原因

1.外部原因

在小学生的成长中，遗传因素为其发展提供了可能，学校、家庭和社会对小学生的成长起着重要作用。小学生不良行为习惯的出现，对其一生的发展都有着消极的影响，因此，我们要早发现、早矫正，从家庭、学校和社会三个方面分析导致小学生不良行为习惯的原因有一定的必要性。

（1）家庭因素

家庭是小学生接触最多的生活环境，家庭生活质量的好与坏直接影响小学生的思想品质和行为。受到家庭教育指导思想错位和内容偏离、家庭教育方法不当、家庭氛围不良与家长自身不良道德行为的影响，小学生出现不良道德行为。

①家庭教育指导思想错位和内容偏离。一些家长的教育观念不正确，过于注重知识学习，忽视了对孩子的道德教育。他们可能更看重孩子的学业成绩，忽略了对孩子的品德教育和价值观引导。这种指导思想的错位和内容偏离，可能导致孩子对道德规范缺乏认知和理解，从而产生不良的道德行为。

②家庭教育方法不当。一些家长可能没有掌握科学的家庭教育方法，对孩子的教育方式可能是溺爱、期望过高、要求不一致、指责多于鼓励等。这些不当的教育方式可能导致孩子缺乏自律性，不懂得尊重他人、承担责任，从而产生不良的道德行为。

③家庭氛围不良。家庭氛围对孩子的成长和发展具有重要影响。如果家庭氛围不良，如父母经常吵架、缺乏沟通、缺乏关爱等，就可能导致孩子产生消极的情绪和心理问题，从而引发不良的道德行为。

④家长自身不良道德行为。家长是孩子的第一任老师和榜样。如果家长自身的道德行为不良，如说谎、欺骗、不遵守社会规范等，就会对孩子的道德观念产生负面影响，导致孩子模仿不良行为。

拓展阅读 6-12

家庭对小学生不良道德行为的影响

小明是一个活泼的孩子，但在学校中经常表现出不遵守纪律、打闹、捣乱的行为。这种行为背后的原因与他的家庭环境有着密切的关系。

　　小明是家里的独生子，平时大部分时间由爸爸妈妈照顾。然而，由于爸爸妈妈工作忙碌，他们没有太多时间与小明进行深入的交流和互动。这种缺乏沟通和陪伴的环境使小明逐渐产生了一种"想要获得注意就要引起关注"的心理。为了吸引父母的注意，他开始故意做一些调皮捣蛋的事情，如在家里乱扔东西、不按时完成作业等。

　　此外，小明的父母对他的教育方式也存在一定的问题。他们溺爱小明，对他的不良道德行为缺乏及时的纠正和引导。同时，他们没有为小明树立良好的榜样，有时甚至表现出不良的道德行为，如说谎、不守承诺等。这些行为无疑对小明产生了负面影响，导致他对道德规范缺乏正确的认识和理解。

　　在学校中，小明的不良道德行为逐渐引起了教师和同学的关注。他常常在课堂上打断教师的讲课，与同学发生争执和冲突。这些行为不仅影响了他的学习，也破坏了班级的和谐氛围。

（2）学校因素

　　从古至今，德育一直受到社会的关注，但是其在教育里的地位一直很尴尬。我国的德育教育没有引起一些学校的重视，学校对教师没有提出明确的德育要求，对学生也没有建立良好行为习惯的培养机制。学校的教育理念不当、教育方法不当、教育环境不良以及教师榜样作用不足的影响，导致小学生出现不良道德行为。

　　①教育理念不当。一些学校过于注重学术成绩和竞争，忽视了品德教育的重要性，导致小学生缺乏正确的道德引导和价值观培养。这种教育理念可能会让小学生产生功利心态，只关注个人利益，忽视对他人和社会的责任。

　　②教育方法不当。一些学校在教育方法上存在问题，例如过度惩罚、体罚或言语侮辱等，这些行为可能会让小学生产生反感和逆反心理，从而导致其出现不良道德行为。此外，一些教师缺乏教育技巧和方法，不能有效地引导小学生形成良好的品德和行为习惯。

　　③教育环境不良。一些学校的校园环境、师生关系、同学关系等存在不良现象，例如，校园暴力、欺凌、歧视等。这些现象可能让小学生产生心理压力和负面情绪，从而导致其出现不良道德行为。

　　④教师榜样作用不足。教师的言行举止对小学生具有重要的榜样作用。一些教师自身存在品德问题，例如言行不一、不尊重学生、缺乏责任感等，这些问题会对小学生产生不良影响，导致其出现不良道德行为。

（3）社会因素

环境对于人的成长有着一定的影响，而社会是一个大熔炉，里面生活着的人群性格各异，但是人群与人群之间会彼此影响。因此，社会上的不良道德现象，不良行为的出现会影响生活在其中的人群，小学生作为社会的一分子，在这个大熔炉里，也会受到一些具有不良行为的人群的影响，导致其养成不良行为习惯。

首先，社会环境的复杂性对小学生的道德观念和行为产生直接影响。小学生正处于道德观念形成的关键时期，他们往往通过观察和模仿学习行为。然而，社会环境中存在的不良现象，如欺诈、暴力、不诚信等，都可能成为他们模仿的对象，从而出现不良道德行为。

其次，媒体的负面影响是导致小学生不良道德行为的重要社会因素。随着科技的发展，媒体已经成为小学生获取信息的主要渠道。然而，一些媒体内容追求刺激和娱乐，忽视了道德教育的责任，甚至传播一些不良的价值观念和行为模式。这些媒体内容对小学生的道德观念和行为产生了潜移默化的影响，可能导致他们出现不良道德行为。

再次，社会风气和道德氛围的恶化也对小学生的道德行为产生了负面影响。当社会普遍缺乏诚信、尊重和责任感时，小学生可能难以形成正确的道德观念和行为习惯，更容易受到诱惑，参与欺诈、偷窃等不良行为，甚至对他人进行欺凌和伤害。

最后，社会经济因素也对小学生的道德行为产生了重要影响。例如，贫富悬殊和社会不公可能导致一些小学生对社会产生不满和反叛情绪，进而表现出不良道德行为。同时，一些家庭因经济压力忽视对孩子的道德教育，也可能导致孩子出现道德问题。

📝 拓展阅读 6-13

社会对小学生不良道德行为的影响

小明是一个活泼的小学生，但他在学校里经常表现出一些不良的道德行为。他经常在课堂上大声讲话，打断教师的讲课，甚至有时会在课堂上恶作剧，让教师和同学感到困扰。此外，他还经常欺负同学，对同学进行恶意的嘲笑和推搡。

小明的这些行为并非偶然，而是与社会环境中的一些不良因素密切相关。首先，小明生活在一个充斥着暴力和冲突的家庭环境中。他的父母经常吵架，甚至动手打架，这种家庭氛围让小明对暴力和冲突产生了错误认知，认为这是一种解决问题的方式。

其次，小明在社交媒体上接触到了大量的不良信息。他沉迷于一些充斥着暴力、恶俗内容的网络游戏和短视频，这些不良信息对小明的价值观和行为习惯产生了负面影响。他开始模仿这些不良行为，甚至在现实生活中对同学进行欺凌和攻击。

此外，社会对小学生的道德教育和监管也存在一定的缺失。一些学校过于注重知识教育，忽视了对小学生道德品质的培养和引导。同时，社会对小学生的监管不到位，一些不良商家和网络平台为了追求利益，向小学生传播不良信息，进一步加剧了小学生的不良道德行为。

这个案例揭示了社会原因导致小学生出现不良道德行为的复杂性。为了预防和纠正这类问题，我们需要从多个方面入手，包括改善家庭环境、加强媒体监管、提升学校道德教育水平等。同时，社会各界也应共同努力，为小学生创造一个更加健康、和谐的成长环境。

2. 内部原因

小学生一般是指六七岁到十二三岁的儿童，正处于长身体、长知识，逐渐形成世界观和人生观的重要阶段。他们有许多心理特点：好说、好动、喜爱新鲜事物，以形象思维为主，出现了抽象思维的萌芽；好学上进，喜欢模仿，但自我意识发展不够完善，分辨是非的能力不强；富于想象，兴趣广泛，但思考问题简单、片面，注意力难以长久维持；容易接受教育，但难以巩固、持久等。小学生的心理特点也影响了其行为的发展。小学生产生不良道德行为的内部心理归因主要分为以下几点。

（1）道德认知错误

道德认知错误属于小学生在认知方面存在的问题，典型代表就是小学生的无知心理。在当前社会中，孩子是家庭中的"掌中宝"，父母、长辈的爱都集于一身，父母将孩子置于温室中，免于外界风雨的打扰，导致孩子形成了唯我独尊的性格，认为自己做什么都是对的，即使有错也不会主动承认和改正。处于小学阶段的学生，对社会上的善与恶、美与丑、好行为与坏行为、道德行为和不道德行为等界定的认识还缺乏一定的了解，辨别能力差，所以，他们的行为只受自己的意愿支配，即使这个行为是违背道德的。

（2）道德自控能力差

小学生的道德自控能力差表现在明明知道那么做是不对的，是不良的行为表现，可还是会经常那样做。如在公共场所，他们看到别人随地吐痰、乱扔垃圾会摆出"厌恶"的表情，心想"这人素质真差"，然而他们在日常生活中也会做出那些行为，而且他们会为自己不良的行为找出种种借口，如找不到痰盂、垃圾桶等，还不时在心中默念"就这一次""不是有意为之"安慰自己。由于不良行为习惯的养成，小学生在不知不觉中做出了不好的行为，或者说他们的行为根本不受自己意志的控制，缺乏自律。

（3）道德意志低下

小学生的道德意志低下主要体现在知错犯错上，属于思想方面存在的问题，典型表现就是侥幸心理和从众心理。"就做这么一次，老师不会发现的"，"老师那么忙，哪有时间管我是否做了不道德的事啊"，等等，这些都是侥幸心理在作祟，明知道这么做不对，可还会做，认为自己的运气没有那么不好。"别人都那么做的，我为什么不能那么做啊"是从众心理的突出表现，认为其他人可以那样做，我也可以那样做，他们那样做都没有错，我那样做当然也不会错。久而久之，习惯成自然。

（四）小学生不良道德行为的矫正

1. 厘清不良道德行为出现的原因

小学生出现不良道德行为的原因是一个多层次、多因素的问题，涉及家庭、学校、社会以及个人等多个方面。

（1）家庭因素调查

我们要关注小学生的家庭背景和家庭环境。家庭是孩子成长的第一课堂，父母的言传身教、家庭氛围、教育方式等都会直接影响孩子的道德观念和行为习惯。我们可以通过问卷调查、家访等方式，了解孩子的家庭状况，分析家庭教育方式是否恰当，父母是否给予足够的关爱和关注，家庭氛围是否和谐等。

（2）学校环境评估

我们需要评估学校的教育环境和氛围。学校是学生接受道德教育的重要场所，学校的道德教育理念、教育方式、师资力量等都会影响学生的道德发展。我们可以观察学校的日常教学和管理，了解学校是否重视道德教育，是否开展了有效的道德教育活动，教师是否具备良好的道德品质等。

（3）社会因素分析

我们需要分析社会因素对小学生道德行为的影响。社会风气、媒体内容、社区环境等都会对小学生的道德观念产生影响。我们可以通过收集和分析相关数据，了解社会上的道德风尚、媒体传播的道德观念以及社区的道德氛围等，从而判断这些因素是否可能对小学生的道德行为产生不良影响。

（4）个人特质研究

我们需要关注小学生的个人特质和心理状态。每个小学生都有独特的性格、兴趣和需求，这些因素可能影响他们的道德行为。我们可以通过观察和测试，了解学生的性格特点、心理需求以及情绪状态等，分析这些因素是否可能导致小学生出现不良道德行为。

在厘清了这些原因后，我们就可以有针对性地制定预防和纠正措施。例如，对于家庭因素导致的问题，我们可以通过加强家校合作，增强家长的教育意识和能力；对于学校因素导致的问题，我们可以优化学校的教育环境，增强道德教育师资力量；对于社会因素导致的问题，我们可以通过加强社会监管，净化媒体内容，营造良好的社会氛围；对于个人因素导致的问题，我们可以通过心理咨询、个别辅导等方式，帮助小学生解决心理问题，提高他们的道德素质。

2. 形成正确的道德认知

帮助小学生形成正确的道德认知是一个多方面的任务，需要家庭、学校、社会和个人共同努力。

在家庭中，父母应成为孩子的道德楷模，通过日常行为展示正确的道德观念和行为准则。定期与孩子进行深入的道德话题讨论，了解他们的想法和困惑，引导他们分析道德问题。在家中设定明确的道德规则和奖惩机制，让孩子明白哪些行为是正确的，哪些行为是错误的。

在学校中，将道德教育融入各科教学，让小学生在学习知识的同时，也能理解并接受正确的道德观念。组织各种道德实践活动，如社区服务、志愿者活动等，让小学生在实践中体验和学习道德行为。鼓励小学生反思自己的行为，认识并改正自己的错误，培养他们的道德责任感和自律能力。

在社会中，利用媒体资源，传播正面的道德故事和价值观，让小学生接触到正确的道德信息。鼓励小学生参与社区的道德教育活动，如道德讲座、道德展览等，增强他们的道德意识。

对于小学生个人，鼓励小学生经常反思自己的行为，检查自己是否遵循了正确的道德准则；寻找并学习身边的道德榜样，从他们的行为中汲取道德力量；通过日常行为的积累，逐渐养成良好的道德习惯，如诚实守信、尊重他人等。

3. 利用集体培养良好行为习惯

利用集体矫正小学生的不良道德行为是一种非常有效的策略，可以通过集体的力量引导、监督和支持个体改正错误行为，形成良好的道德风尚。

（1）创建正向的集体氛围

集体内部应确立清晰、具体的道德规范和行为准则，使每个成员都明白哪些行为是被接受的，哪些行为是不被允许的。在集体中挑选出具有良好道德行为的同学作为榜样，通过他们的行为影响和带动其他同学。

（2）组织集体讨论和反思

定期组织集体讨论会，针对近期出现的不良道德行为进行深入的讨论和反思，让每个学生都有机会表达自己的看法和感受。鼓励小学生进行自我反思，认识到自己的不良行为对集体和他人的影响，从而激发他们改正错误的内在动力。

（3）实施集体监督和互助

在集体中设立专门的监督小组，负责对成员的行为进行监督和提醒，确保每个人都遵守道德规范。组织互助小组，让表现良好的同学与有不良行为的同学结对子，通过互相帮助和支持纠正错误行为。

（4）利用集体力量进行正向激励

对在道德行为上有显著进步的同学给予奖励和表彰，激励他们继续保持良好的道德风尚。在集体中对改正不良行为的同学给予充分的认可和鼓励，让他们感受到集体的温暖和支持。

4. 针对小学生的个性差异进行教育

针对小学生的个性差异矫正不良道德行为，需要采取因人而异、因材施教的方法。

（1）认可接纳品德不良学生

认可不是将遥不可及的幻想或期望强加给小学生，而是找到小学生现有的最好的可能性，教师要力争在每一个小学生身上发现不能被轻易发现的可取之处或是可赞美的优点。当小学生出现品德不良行为时，教师首先想到的不是惩罚，而是尽可能地理解与认可。

（2）制定个性化矫正方案

根据每个小学生的具体情况，制定个性化的矫正方案。例如，对于自尊心强、叛逆心理重的小学生，教师可以采用温和的引导方式，避免直接批评，而是通过正面激励和肯定帮助他们认识到自己的错误；对于性格内向、缺乏自信的小学生，教师可以多给予他们关注和鼓励，帮助他们建立自信心，从而逐步纠正不良行为。

（3）创设多样化的教育情境

针对不同小学生的个性特点，教师可以创设多样化的教育情境，如组织角色扮演、情境模拟等活动，让小学生在模拟的情境中体验道德行为的重要性；或者利用故事、绘本等教学资源，以生动有趣的方式引导小学生理解道德规范和价值观。

（4）持续关注与评估

矫正不良道德行为是一个长期的过程，需要持续关注与评估。教师要定期观察学生的行为变化，及时发现问题并调整矫正方案；同时，要对小学生的进步给予及时的肯定和鼓励，激发他们的积极性和主动性。

📑 拓展阅读 6-14

针对性地矫正小学生不良道德行为

T同学是个性格十分开朗的女生，但不爱学习，成绩排在班级中下游，老师们对她的评价是"活跃得过头了，调皮捣蛋的事总能找到她"。T同学自然没少给班主任惹麻烦，给班主任起绰号，最先就是从T同学开始的，久而久之，同学都这样称呼班主任。对此，班主任都心知肚明，但知道学生们没有恶意，也就随他们去了。一次美术课上，美术老师要求学生画一幅名为"我的老师"的画像，T同学三下两下就画好了，她的作品名为《我的班主任》，夸张的描线，五颜六色的涂色，可以说把班主任画得"惨不忍睹"，旁边的空白处还用笔大大地写上了班主任的绰号，她还拿给周围的同学看，惹得同学哈哈大笑。这件事后来传到班主任的耳朵里，大家都在等着班主任大发雷霆，然而出乎大家意料的是，班主任宣布以后的黑板报由T同学负责。这件事后，虽然T同学仍然时不时给班主任添点麻烦，但看得出来，因为有了班主任的接纳与认可，她变得听话、懂事，不再那么调皮了。

在这个案例中，当学生出现与教师期望不相符的行为时，教师给予的不是批评与惩罚，而是理解和接纳，激发并引导学生积极主动地寻求自我发展，实现自我价值。当学生出现不良品德行为时，教师要安抚、控制学生的情绪，与学生进行真诚、平等的对话，让学生充分表达自己的理由、说出自己的想法，这样学生可能会将不良情绪转向得到教师尊重的喜悦中，感受到教师的重视和关爱，从而自觉自主地改变不良行为。

（资料来源：姜囡.关怀理论视野下小学生品德不良行为成因及转化研究 [D].烟台：鲁东大学，2016）

5.家校合力矫正小学生不良道德行为

家校合力矫正小学生不良道德行为是一个综合而系统的过程，需要家庭和学校双方密切合作，共同承担责任。

（1）建立有效的沟通机制

学校应定期组织家长会，与家长面对面交流学生的道德行为表现，分享矫正策略，共同商讨解决方案。建立家长与教师的日常沟通渠道，如微信群、QQ 群或电子邮件等，方便双方随时交流学生的情况。

（2）明确共同的道德教育目标

家校双方应共同制定明确的道德标准，确保对小学生的道德要求一致。家长和学校都应向小学生强调道德教育的重要性，引导他们认识到良好道德行为对个人和社会的重要性。

（3）协同开展教育活动

学校和家庭可以协同开展道德主题教育活动，如道德讲座、道德故事分享等，引导小学生树立正确的道德观念。鼓励小学生参与社会实践活动，如志愿服务、社区活动等，通过实践体验培养道德情感和道德行为。

（4）相互支持与监督

家长应积极配合学校的道德教育工作，支持教师的矫正措施，共同营造良好的教育环境。学校可以通过家访、开展家长讲座等方式，了解家庭教育的实施情况，提供必要的指导和帮助。

通过家校合力矫正小学生不良道德行为，可以更有效地引导小学生树立正确的道德观念和行为习惯，促进他们健康成长。这需要家庭和学校双方的共同努力和配合，形成教育合力，共同为小学生的道德发展贡献力量。

案例讨论

龙龙曾经是一名成绩优异、品德良好的小学生。在升入五年级后，龙龙在学校中表现出了一些不良道德行为。他经常在课堂上与同学讲话，扰乱课堂秩序，或者直接趴在桌子上睡觉；课后，他会故意损坏教室里的公共设施，如桌椅、黑板等；在与同学相处时，他经常欺负弱小，取笑他人的缺点。

经过教师的调查了解，发现龙龙的父母去年离开家乡打工去了，将龙龙留在爷爷奶奶家。爷爷奶奶对龙龙十分溺爱，无条件满足龙龙的要求，龙龙做错事情也不会责怪他。龙龙在上学期期末考试时发挥失常，成了班级里"吊车尾"的一员，学校为了激励排名较后的同学，设立了"屈辱除名榜"，将成绩较差的学生公布在榜上，只有下一次考试进步时才能将自己的名字从"屈辱榜"上除名。

讨论：从家庭和学校两个方面分析龙龙出现不良道德行为的原因。家校应从哪些方面努力合力矫正龙龙不良道德行为？

第七章
小学生的心理健康

本章重点

1. 小学生心理健康标准。

2. 当代小学生常见的心理问题。

3. 小学生的心理健康教育。

思维导图

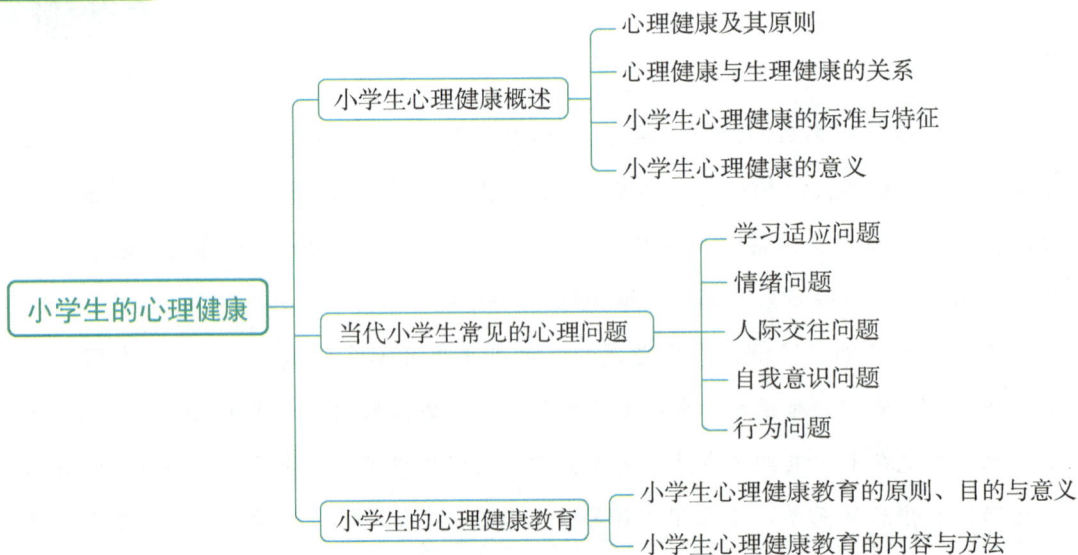

第一节　小学生心理健康概述

一、心理健康及其原则

（一）心理健康的含义

心理健康是相对于生理健康来说的。心理健康，也称"心理卫生"，其含义主要包括两个方面。一是指心理健康的状态，即没有心理疾病，心理功能良好。就是说，能以正常稳定的心理状态和积极有效的心理活动，面对现实的、发展变化着的自然环境、社会环境和自身内在的心理环境，具有良好的调控能力，适应能力，保持切实有效的功能状态。二是指维护心理的健康状态，亦即有目的、有意识、积极自觉地按照个体不同年龄阶段身心发展的规律和特点，遵循相应的原则，有针对性地采取各种有效的方法和措施，营造良好的家庭、学校和社会环境，通过各种形式的宣传、教育和训练，以求预防心理疾病，提高心理素质，维护和促进心理活动的良好功能状态。

（二）心理健康的原则

1. 心理活动的主观感觉良好（快乐原则）

任何行为都必然伴随着主观感受。主观感受，是指行为者自身的内心体验。这种体验中最基本的是本体感觉。无论是工作学习还是待人接物，都不是依靠耳目的情报和抽象的道理评定行为是否过分，而是靠内心体验调整行为，大道理只能起"宏观"调控作用，时刻起作用的"微观"调控几乎完全取决于内心体验。例如，当一个儿童为博得成年人的好感，违心地表达自己的真实感受时，成年人需要留意这个儿童的心理状况。因为，过分的早熟与懂事会压抑儿童的本体感觉，并不会给儿童带来真正的道德愉快。只有行为中的愉快真正来自本体而不依赖于他人的评价，也就是社会性评价真正达到个人化与体验化之后，这种行为才成为健康行为。

经常遭受严重的忧郁、焦虑、敌意等不良情绪困扰，并影响其生活质量；或经常失眠、头痛、注意力不易集中、记忆力减退、情绪大起大落，注意到这些变化并且为此而感到不安；或不敢在班级讨论中发言，不敢与陌生人打交道，一想到要在公众场合抛头露面就脸红、心跳、出汗、发抖，为此感到自己无能，深陷于沮丧与挫败感中；或时常感到一些毫无意义的念头、怀疑与行为不断出现，想控制又控制不了：诸如此类情况，会让人感到不安、烦恼甚至痛苦。而此种不快乐大都源于对自己心理状态的不满意。这种根据个人的主观感受做出自己是否处于健康状态的判断，一般是比较准确的。

1911 年，弗洛伊德在《详论心理功能的两个原则》中提出心理活动的第一原则为"快乐原则"。该原则表明，本能需要的即时满足给人带来快乐，不满足则会带来紧张、不安甚至痛苦，而每个人都具有追求快乐、避免痛苦的本性。快乐原则是指导人最初心理活动的唯一原则，也是衡量心理健康的首要法则。

2. 社会适应性良好（现实原则）

每个人都生活在社会中，一个心理健康的人必须适应社会，与社会处于和谐状态，而不是对立状态。个人与社会的适应情况表现在对自己、对他人、对集体、对社会的态度上，表现在与他人和社会建立的联系上，也表现在对各种事情的处理上，并不能完全建立在自我感觉上。例如，精神病是心理疾病中最严重的一类疾病，但精神病患者人从来不会意识到自己有病，而且越严重的越不承认自己有病；自我防御意识很强的人，整天生活在自欺欺人之中，但自己并不觉察；自私自利的人，以自我为中心，内心充满了"我是上帝"的感觉，只管自己的感受，从不顾及对他人的伤害。虽然这些人很快乐，但他们的心理并不健康，因为，衡量一个人的心理是否健康，除了自我感受外，还必须考虑其社会适应性，一个人的心理活动与外部环境是否具有同一性，即一个人的所思所想、所作所为是否正确地反映外部世界、有无明显的差异。如果个人只顾追求快乐而忽视社会规范，那么迟早会受到社会的惩罚。同时，个人在追求快乐时，必须学会延迟满足，将眼前需要的满足与长远而持久的利益结合起来。这就是弗洛伊德提出的心理活动现实原则。

一般认为，快乐原则与现实原则是衡量心理是否健康的两个基本原则，不论牺牲哪个原则，心理都是不健康的，甚至是病态的。

二、心理健康与生理健康的关系

世界卫生组织认为，人的健康不仅是身体没有疾病，而且是生理、心理、社会适应三个方面达到的一种健康和完善状态。这说明，人的心理健康与生理健康是有密切关系的。

（一）生理的健康会对心理的健康产生影响

心理学研究表明，心理是大脑的机能，大脑是心理产生的器官，人的心理现象是看不见、摸不着的主观精神现象，但心理活动必须通过大脑的生理活动才能完成，当人的大脑发生病变或受到损伤时，人的感觉、记忆、思维等心理活动根本无法正常产生，所以，心理健康与生理健康的关系首先表现为生理的健康会对心理的健康产生影响。

研究表明，人的疾病、外伤、身体疼痛等生理变化会对心理健康产生不利影响。比如，研究者发现，慢性疾病，如糖尿病和癌症，以及长期的身体疼痛可能导致抑郁和焦虑等心理健康问题。另外，生理健康问题可能限制个体的活动能力，导致社交隔离和自尊心受损，影响心理健康。而身体健康状况的改善，如通过运动和健康饮食，可以提升个体的情绪状态和生活质量。

（二）心理的健康会对生理的健康产生影响

我国古代医学家、思想家很早以前就对身心健康的关系有了比较全面的认识。中医典籍《黄帝内经》指出："怒伤肝、喜伤心、思伤脾、忧伤肺、恐伤肾。""外不劳形于事，内无思想之患，以恬愉为务，以自得为功，形体不疲，精神不败，亦可以百数。"这说明，古人认识到人的心理状态、生活方式与人的身体健康有直接关系。现代医学更加重视有意识的心理因素对身体健康的作用，认为健康的心理不仅可以使身体更加健康，而且可以使本来有病的身体不同程度地恢复健康。

古人说："养生有五难，名利不去为一难，喜怒不除为二难，声色不去为三难，滋味不绝为四难，精神虚散为五难。"声色利欲，喜怒无常，斤斤计较，患得患失等心理状态，对身体健康都有很大的损害。研究表明，长期的心理压力和负面情绪，如焦虑和抑郁，与心脏病、高血压、中风等心血管疾病的风险增加有关，心理压力还与免疫系统功能下降有关，可能导致感染和疾病恢复速度减慢。心理健康教育和干预，如学校提供的心理健康课程和心理咨询服务，可以改善小学生的心理状态，从而对他们的生理健康产生积极影响。

因此，在教育过程中，教师必须充分注意小学生的心理卫生，真正确保小学生的身心都得到健康的发展。

三、小学生心理健康的标准与特征

（一）心理健康者的 10 条标准

美国心理学家马斯洛和米特尔曼在 20 世纪 50 年代提出的心理健康者 10 条标准，受到心理卫生界的普遍重视，并被广泛应用：

①充分的安全感；

②充分了解自己，对自己的能力做出恰如其分的判断；

③与外界环境保持接触；

④生活目标切合实际；

⑤保持个性的完整与和谐；

⑥具有一定的学习能力；

⑦保持良好的人际关系；

⑧能适度地表达、控制自己的情绪；

⑨有限度地发挥自己的才能与兴趣爱好；

⑩在不违背社会道德和规范的条件下，个人的基本需要应得到一定程度的满足。

（二）心理健康的主要特征或标准

我国部分学者认为心理健康的主要特征或标准，应包括以下相互联系的八个方面。

1. 智力水平正常

智力水平正常，能正确、客观地认识自然和社会；头脑清醒，能以积极正确的态度面对现实的问题、困难和矛盾，既不回避也不空想。智力包括观察力、记忆力、注意力、思维与想象力及语言和操作能力等，智力偏低的人很难适应正常的社会生活，对外界刺激的反应过于敏感或迟钝，易出现空想、妄想。

2. 情绪反应适度

情绪情感表现乐观而稳定，心胸开阔，对一切充满了希望，既不为琐事耿耿于怀，也不冲动莽撞，能保持平常心，以愉悦的情绪感染人。

3. 意志品质健全

自己的言行举止表现出一定的自觉性、独立性和自制力，既不刚愎自用，也不盲从寡断。在实践中，注意培养自己的果断与毅力，经得起挫折与磨难的考验。

4. 自我意识正确

有自知之明，在集体中自信、自尊、自重，少有自卑之心，也不傲视他人；对自己的优缺点有正确的评价与要求；在实践中不断挖掘自己的潜力，以实现自己的理想与人生价值。

5. 个性结构日趋完善

个性是一个人经常的、本质的和别人相区别的心理特点的总和，它包括个性心理倾向性（如需要、动机、兴趣、意志、人生观等）和个性心理特征（如能力、气质、性格等）。人的个性品质受文化教育的影响，个人从事的生产与社会实践越丰富，其个性结构就越完善。

6. 人际关系协调

乐于和善于与人交往，能和大多数人建立良好的人际关系，重视友谊，不拒绝别人的关心与帮助；与人相处时积极态度（如热情、坦诚、尊重、信任、宽容）多于消极态度（如嫉妒、冷漠、怀疑、任性、计较）；在新环境中能很快地适应，与他人打成一片。

7. 生活态度积极乐观

行为得体，言行举止、仪表装束与年龄、身份相符合，与具体情境相符合，行为上表现出独立自主，不以他人的好恶作为个人行为的依据。热爱生活，珍惜一切学习与工作的机会，无论顺境还是逆境都能乐观面对，善于体会人生的乐趣、体验生命的意义。

8. 社会适应能力良好

反应适度，对外界事物的反应积极主动，行动富有成效，既不冲动毛躁，也不敷衍塞责。能在不同的环境中保持心理状态的平衡，并充分发挥个人的心理潜能与优势，使自己的思想、目标、行为和社会协调一致。

（三）小学生心理健康的标准

①智力发展。小学生应具有与其年龄相符的智力水平，能够进行适当的认知活动和学习。

②情绪稳定。小学生能够合理地表达和管理自己的情绪，具备一定的情绪调节能力，能够适应日常生活中的压力和挑战。

③学习适应性。小学生对学习有积极的态度，能够适应学校的学习环境和要求，有良好的学习习惯和方法。

④自我认识。小学生能客观地认识自己，了解自己的优点和不足，有自信心，同时也

能接受他人的评价和建议。

⑤社会适应。小学生能够与他人建立和谐的人际关系，具备一定的社会交往能力，能够适应社会生活的各种场合。

⑥行为习惯。小学生具有良好的日常行为习惯，如规律的作息时间、整洁的个人卫生等。

⑦意志健全。小学生有一定的自制力和坚持性，能够完成自己的计划和任务，面对困难时不轻易放弃。

⑧反应适度。在面对外界刺激时，小学生能够做出适当和适度的反应，既不过度也不冷漠。

⑨心理发展特点符合年龄。心理发展特点应与小学生的年龄阶段相符合，表现出该年龄段普遍的心理特征。

总的来说，心理健康的小学生通常表现出好奇心、求知欲、学习能力、社交技能和自我调节能力等。

四、小学生心理健康的意义

心理健康无论是对个人的成长发展还是国家的和谐稳定都至关重要。

一方面，对个体来说，心理健康是个人成长和实现自我价值的基础。良好的心理状态有助于个体保持积极的情绪、清晰的思维和良好的社交能力，这些都是实现个人目标和梦想的重要条件。心理健康也与身体健康密切相关，长期的心理压力和负面情绪可能导致免疫力下降、慢性疾病发生等身体问题，维护心理健康有助于预防身体疾病，提高生活质量。同时，心理健康的个体更能有效地与他人沟通和建立良好的人际关系，对于家庭和谐、职场成功和社会交往都是至关重要的。

另一方面，心理健康不仅关系到个人的幸福感和生活质量，也直接影响到社会的和谐与稳定。在"健康中国"这一国家战略中，心理健康被视为至关重要的组成部分。《"健康中国2030"规划纲要》明确提出了促进心理健康的目标，强调了心理健康在提高全民健康水平、促进社会和谐稳定以及提升国民整体素质中的关键作用。心理健康对国家和社会的影响主要体现在以下几个方面。第一，心理健康问题可能影响社会稳定，通过加强心理健康服务，可以减少心理问题导致的社会问题，如犯罪、家庭暴力等，从而促进社会和谐。第二，心理健康与经济发展密切相关，心理健康的劳动力能够更好地适应工作压力，提高工作效率，促进经济的持续健康发展。第三，心理健康的教育和促进有助于提升国民的心理素质，培养国民积极向上的社会心态，对于提高国民整体素质和国家的软实力具有重要意义。

综上所述，心理健康是"健康中国"建设不可或缺的一部分，关系到个人的福祉、社会的稳定和国家的发展。小学生正处于成长和发展的关键时期，心理健康状态直接影响他们未来的身心健康和社会适应能力，通过全面提升小学生心理健康水平，可以为实现"健康中国"的目标奠定坚实的基础。

拓展阅读 7-1

A 型人格与健康：成功的代价

在现代社会，我们常常听到"A 型人格"这个词，它通常与雄心勃勃、争强好胜的形象联系在一起。A 型人格的人在职场上往往表现出强烈的竞争意识和对成功的渴望，他们努力工作，追求效率，不愿意在琐事上浪费时间。然而，这种性格特质虽然可能在事业上带来成功，但对健康构成潜在威胁。

A 型人格的起源可以追溯到 20 世纪 50 年代。当时，心脏病学家弗里德曼和罗森曼注意到，某些冠心病患者表现出特定的行为模式，如急躁、不耐烦和强烈的时间紧迫感。这些患者被标记为 A 型人格，而那些更加放松、耐心的患者则被标记为 B 型人格。后续研究发现，A 型人格的人确实更容易患上心血管疾病，这一发现促使美国心脏医学会在 1981 年将 A 型人格列为心脏病的危险因素之一。

A 型人格的健康风险不仅限于心血管疾病。研究还表明，这种性格类型的人可能更容易患上高血压、脑动脉硬化、肠易激综合征和糖尿病等心身疾病。这些疾病通常与个体的心理压力和紧张情绪反应有关，A 型人格的人可能会因为过度的紧张和压力而导致身体内的儿茶酚胺物质分泌失调，从而影响心脏和血管的健康。

尽管 A 型人格可能带来健康风险，但这并不意味着所有 A 型人格的人都会生病。性格的多面性意味着每个人都有不同的应对策略和生活方式。为了降低健康风险，A 型人格的人可以采取以下措施。

①学习放松技巧，如冥想、正念和深呼吸等方法，帮助减轻压力和紧张情绪。

②合理宣泄情绪，找到健康的方式表达和处理情绪，如与朋友交谈、写日记或进行艺术创作。

③培养兴趣爱好，参与体育活动、音乐、绘画等，将注意力从工作转移到生活中，增加生活的乐趣。

④注意健康监护，随着年龄的增长，定期检查血压、血脂和心率等指标，注意身体的任何不适信号。

总之，A型人格的人在追求事业成功的同时，不应忽视对身心健康的关注。通过采取积极的生活方式和应对策略，他们可以在保持事业动力的同时，享受健康的生活。记住，健康是成功的基石，如果没有健康，成功就失去了意义。

（资料来源：A型性格：成功人士的标配 or 心身疾病的伙伴［EB/OL］.（2023-02-01）［2024-04-30］. https://mp.weixin.qq.com/s/IZ1ST9JAaJuYHs73XMcmjA）

第二节　当代小学生常见的心理问题

小学阶段是小学生身心发展的关键时期。许多中学生或大学生表现出来的心理问题，从小学时期就开始滋生。所以，教师有必要了解小学生的常见心理问题及成因，对于解决他们的心理问题非常重要。小学生常见的心理问题包括学习适应问题、情绪问题、人际交往问题、自我意识问题和行为问题等。

一、学习适应问题

小学生在学习适应方面可能会遇到各种问题，这些问题可能源于心理、行为、环境等多个方面，小学生的学习适应问题主要包括入学不适应、学习困难等。

（一）入学不适应问题

对于刚入学的儿童来说，离开父母独自在学校可能会引发焦虑和恐慌，他们可能会哭闹、抗拒甚至拒绝上学；或是情绪不稳定，如容易发脾气、忧郁或者显得特别紧张；与同伴建立关系可能是一个挑战，儿童可能因为害羞、不自信或缺乏社交技巧而难以融入集体；适应新的学习环境和教学方式需要时间，一些儿童可能在最初阶段出现跟不上课程进度的情况。

1. 小学生入学不适应的原因

小学生入学不适应的原因可能有以下几个方面。

（1）家庭因素

家长的教育方式对小学生的心理适应能力有重要影响。过于严厉的家长可能会使小学生的情绪表达受到压抑，导致他们在面对学校生活中的挑战时感到焦虑和无助。此外，如果家长经常传递焦虑信息，小学生就会在校园生活中感到紧张和不安全。

（2）环境变化

从幼儿园到小学的过渡是一个重要的生活转变。小学生需要适应全新的学习环境、教学方式和纪律要求，这可能会导致他们在学习、生活、人际交往和情感方面出现不适应。

2. 小学生入学不适应的教学策略

针对小学生入学不适应的问题，教师可以采取以下教学策略。

（1）逐步适应

教师可以采用逐步适应的方式，让小学生逐渐适应学校的生活和学习环境。例如，可以先带小学生参观学校的各个场所，让他们熟悉学校的环境，然后逐渐引导他们参加一些集体活动，增强他们的社交能力和自信心。

（2）建立安全感

教师应该创造一个安全、舒适的学习环境，让小学生感到放心和安心。在课堂上，教师可以采用亲切、温和的语言和态度与小学生进行交流，避免使用过于严厉或威胁性的言辞。

（3）个别辅导

针对有严重入学不适应的小学生，教师可以进行个别辅导，了解他们的具体情况和原因，并给予相应的支持和帮助。同时，教师可以与家长合作，共同关注小学生的心理健康问题。

（4）培养自信

教师可以通过赞扬、鼓励、肯定等方式，帮助小学生建立自信心和自尊心。同时，教师应该关注小学生的个性特点和兴趣爱好，鼓励他们在擅长的领域发挥自己的优势。

（5）加强家校合作

家长是小学生成长过程中最重要的支持者之一，教师应该与家长建立良好的合作关系，共同关注小学生的心理健康问题，并提供必要的支持和帮助。同时，教师也应该向家长传递正确的教育理念和方法，让家长能够更好地支持小学生的成长和发展。

总之，针对小学生入学不适应的问题，教师需要采取多种教学策略帮助小学生适应学校环境和生活。通过逐步适应、建立安全感、个别辅导、培养自信以及加强家校合作等措施，可以帮助小学生克服入学不适应的问题，顺利地进入小学阶段。

（二）学习困难问题

小学生学习困难包括多个方面，通常反映在学业成绩、学习态度、行为和情绪上。如学业成绩不佳，尽管学习努力，但学习成绩不好；在阅读和写作方面表现出困难，例如阅读时跳字漏行、阅读理解能力差，书写时笔迹潦草、错别字多等；在数学概念理解和运算技能方面遇到挑战，难以掌握基本数学知识和解题技巧；或是在学习过程中容易分心，难以长时间集中精力，经常做"白日梦"或做与学习无关的事情；或表现为对学习缺乏兴趣，不愿意参与学校活动，对作业和考试感到焦虑或抵触；或对自己的学习能力缺乏信心，经常自我贬低，认为自己"笨"或"学不会"。

1. 小学生学习困难的原因

小学生学习困难的原因涉及多个方面，包括个体因素、家庭环境、学校教育等。

（1）个体因素

小学生学习困难的个体因素包括智力发展、注意力缺陷、情绪和行为、身体健康状况等方面问题。一些小学生可能存在智力发展上的延迟或障碍，导致学习受到影响，或是因为注意力缺陷，或是多动障碍，无法集中注意力或控制冲动行为，导致学习时难以专注和坐定。另外，小学生情绪不稳定、焦虑、抑郁或其他行为问题会对学习过程造成干扰；慢性疾病、营养不良或睡眠不足，也可能影响小学生的精力和注意力。

（2）家庭因素

家庭环境、父母的教育方式、家庭的社会经济状况都会对小学生的学习产生影响。家庭环境的温馨与否、文化氛围的浓厚程度以及家庭成员之间的相互关系都会对小学生的学习产生影响，一个和谐、支持性的家庭环境有助于小学生的学习和成长，而冲突、忽视或过度严厉的家庭环境可能会导致小学生出现学习困难。父母的教养方式对小学生的学习态度和行为有直接影响。例如父母的文化程度、父母对小学生学习的重视程度等，都是影响小学生学习成绩的重要因素。家庭的经济条件、父母的工作压力和时间分配等也会影响小学生的学习。经济条件较好的家庭能给小学生提供更多的学习资源和辅导机会，而经济压力大的家庭可能无法给予小学生足够的学习支持。

（3）学校因素

教师的教学方式、学校的课程设置、同伴关系等是影响小学生学习的重要因素。教师的教学方式对小学生的学习效果有直接影响，教师采用启发式、互动式的教学方式，能够激发小学生的学习兴趣和主动性，有助于小学生克服学习困难；相反，教师采用单一的灌输式教学方式，可能会让小学生感到枯燥乏味，难以理解知识，从而增加学习困难。学校的课程设置是否合理、科学，也会影响小学生的学习效果，如果课程设置过于繁重或者过于简单，就可能对小学生的学习造成困扰。此外，课程的实用性、趣味性等因素也会影响小学生的学习兴趣和动力。同伴关系是小学生社交能力发展的重要方面，也是影响小学生学习的重要因素。良好的同伴关系能够提供情感支持和互助学习的机会，有助于小学生克服学习困难。相反，不良的同伴关系可能会导致小学生出现焦虑、抑郁等情绪问题，进而影响学习效果。

2. 小学生学习困难的教学策略

针对小学生学习困难的问题，教师可以采取以下教学策略。

（1）评估学习困难的原因

首先，需要对小学生的学习困难进行评估，了解他们遇到的具体问题和原因，可以通过观察、与学生交流、与教师沟通等方式进行。

（2）提供适当的支持和资源

根据小学生的学习困难和需求，提供适当的支持和资源，包括提供额外的学习材料、辅导或专业的学习支持等。

（3）创造积极的学习环境

为小学生创造一个积极、和谐的学习环境，鼓励他们参与学习活动，并提供必要的支持和鼓励。

（4）采用多样化的教学方法

教师可以采用多样化的教学方法，以满足不同学生的学习需求。例如，采用游戏化、互动式的教学方式，能够激发小学生的学习兴趣和动力。

（5）培养良好的学习习惯

帮助小学生建立良好的学习习惯，如定时复习、做好笔记等，这些习惯有助于提高小学生的学习效率和记忆力。

（6）鼓励同伴互助

鼓励小学生与同伴互助学习，共同解决学习中遇到的问题，不仅能提高学习效果，还能培养小学生的合作能力和社交技巧。

📝 拓展阅读 7-2

疫情期间学生"四无"心理现象：挑战与应对

新冠疫情的全球大流行不仅改变了我们的生活方式，也对青少年的心理健康带来了前所未有的挑战。疫情时代的心理挑战是显而易见的，逆境、挫折、打击以及不确定性，使人们长期承受巨大的心理压力，儿童也不例外。据清华大学社会科学学院院长彭凯平教授报告，清华大学心理学系和新华社在 2021 年 11 月对 30 万名中国中小学生进行了调查，发现一个被称为"四无"心理现象的问题日益凸显，它包括学习无动力、对真实世界无兴趣、社交无能力和生命无价值感。这些心理状态不仅影响了青少年的日常生活，也对他们的未来发展构成了威胁。

1. 学习无动力

疫情期间，长时间的线上学习和居家隔离可能导致学生感到学习缺乏动力。他们可能感到，无论多么努力，都无法达到家长和社会的期望，从而产生厌学情绪。这种情绪不仅影响成绩，还可能导致心理问题爆发。

2. 对真实世界无兴趣

随着网络和游戏的普及，一些青少年越来越沉迷于虚拟世界，对现实生活中的活动失去了兴趣。这种逃避现实的行为可能导致他们与现实世界的联系减少，影响社交技能的发展。

3. 社交无能力

疫情期间的社交隔离使青少年缺乏与同龄人面对面交流的机会，可能导致他们的社交技能退化。一些学生可能感到在现实生活中与人交往困难，更愿意与机器人或虚拟角色建立联系。

4. 生命无价值感

面对疫情带来的不确定性和压力，一些青少年可能会感到生活没有意义，产生生命无价值感。这种感受可能导致自残、自杀等极端行为，严重威胁他们的健康和生命安全。

应对这些心理挑战，需要家庭、学校和社会的共同努力。家长应该提供一个支持和理解的环境，鼓励儿童表达自己的感受，而不是单纯地追求学业成绩。学校可以提供心理健康教育和咨询服务，帮助学生建立积极的自我形象和应对策略。社会应该提供更多的心理健康资源，如心理咨询热线和社区支持服务，以减轻青少年的心理负担。此外，鼓励青少年参与有意义的活动，如志愿服务、体育活动和艺术创作，可以帮助他们找到生活的目标和价值。通过这些活动，他们可以学习到团队合作、责任感和自我实现的重要性。

　　总之，疫情期间的"四无"心理现象是一个需要我们共同关注和解决的问题。通过提供支持和资源，我们可以帮助青少年克服这些挑战，培养他们的心理韧性，让他们在困难中成长，更好地迎接未来的挑战。

　　（资料来源：学习无动力、真实世界无兴趣、社交无能力、生命无价值感：青少年遭遇"四无"心理风暴［EB/OL］.（2021-04-13）［2024-04-30］. https://mp.weixin.qq.com/s/c7S16pfFrhEObzTPJFNPNA）

二、情绪问题

　　情绪问题是小学生常见的心理问题之一。国家卫生健康委员会 2018 年新闻发布会公布的数据显示，17 岁以下儿童，约 3000 万人受到各种情绪障碍和行为问题困扰。儿童情绪问题，是指发生于儿童少年时期以焦虑、抑郁、恐惧等不良情绪体验为特征的一组疾病或症状，如果这些情绪不加以干预，就会影响儿童的日常生活及学习，更有甚者演化为严重的情绪障碍。小学生的情绪问题主要包括焦虑、抑郁、恐惧等。

（一）焦虑

　　焦虑是个体感受到威胁产生的令人不安、担忧、紧张的情绪反应。小学生刚进入以学习为主的校园生活，由于不适应易产生学习焦虑，惧怕家长或教师的否定评价，对考试的担心、焦虑与恐惧，课堂上害怕提问，趋向回避、退缩，以及由植物性神经系统唤起的症状，如失眠、做噩梦等。

1. 小学生焦虑情绪的原因

　　小学生焦虑的原因可能涉及多个方面，以下是一些可能导致小学生焦虑的常见原因。

　　①生理因素。一些研究表明，焦虑可能与遗传有关，具有家族史的儿童更容易出现焦虑情绪。此外，大脑中的神经递质失衡、激素变化等生理因素也可能产生焦虑情绪。小学高年级的学生可能会开始经历青春期的身体变化，这些生理上的变化可能引发情绪波动和焦虑。

　　②心理因素。小学生正处于认知和情感发展的关键时期，可能对自我期望过高、对失

败或批评过于敏感，或者对未知事物感到恐惧，这些心理因素都可能产生焦虑情绪。

③家庭因素。家庭环境和教育方式对小学生的心理健康有重要影响。过度保护、过度溺爱、家庭冲突等都可能导致小学生产生焦虑情绪，另外，家庭环境的变化（如搬家、父母离异）、家庭成员的健康状况或其他家庭压力也可能影响小学生的情绪稳定性。

④学校因素。学校中的学习压力、考试竞争和同伴关系等可能成为导致小学生焦虑的因素。随着学习内容难度的增加，小学生可能会感到学习压力大，担心成绩不佳或考试失败。另外，在学校中建立友谊和处理人际关系可能会令一些小学生，尤其是性格内向或有社交障碍的小学生感到焦虑。

2. 小学生焦虑情绪的应对策略

针对小学生焦虑的问题，教师可以采取以下教学策略。

①建立信任关系。教师应该倾听小学生的担忧和感受，给予理解和安慰，帮助他们认识到焦虑是一种正常的情绪反应；确保小学生知道他们可以信任你，愿意与你分享他们的担忧和恐惧。

②提供安全感。教师应确保小学生知道他们在家庭和学校都有安全感，包括稳定的日常生活规律、健康的饮食和充足的睡眠。

③鼓励小学生适度宣泄情绪。在出现焦虑情绪时，可以通过合适的渠道宣泄出来，如绘画、游戏、写日记、向家人倾诉等，大哭一场也是很好的渠道。传统教育一直有"男儿有泪不轻弹"的说法，这使很多男孩从小就被迫压抑自己的情绪。然而，不让男孩哭，就会将压力和坏情绪困在心底，形成"心理毒素"，不利于他们的心灵成长。

④教授应对技巧。教小学生一些简单的应对技巧，如深呼吸、渐进性肌肉松弛和正念冥想等。深呼吸：慢慢地吸气，然后慢慢地呼气，重复几次，直到感到更加放松。渐进性肌肉松弛：从头到脚逐个部位收紧并放松肌肉，可以帮助小学生专注于身体的感觉，而不是焦虑的情绪。正念冥想：将注意力集中在当下的感觉和体验上，而不是过去或未来的担忧上。通过这些技巧，小学生能在焦虑时感到冷静和放松。

（二）抑郁

抑郁是个体持久的以心境低落为特征的情绪反应。2021年3月，中国科学院心理研究所发布的《中国国民心理健康发展报告（2019—2020）》显示，青少年期的心理健康问题较为多发，我国青少年抑郁检出率为24.6%，其中，重度抑郁的检出率为7.4%，检出率随着年级的升高而升高；小学阶段的抑郁检出率为一成左右，其中，重度抑郁的检出率为

1.9% ～ 3.3%。

儿童抑郁症的前兆未必表现为情绪低落、悲伤萎靡，而是焦虑、易怒，或非器质性的躯体症状。不同于成年人抑郁，儿童抑郁的主要情绪体验就是"心烦"，常因为一点小事发脾气，在家里比在学校更容易发脾气；同时，会经常表现出对学习兴趣下降或厌学、逃学，与同伴交往减少，对以前喜欢的活动失去兴趣，整日沉迷于手机或网络，自尊心和自我价值感受损，行为偏激、冲动或冒险。因此，对于儿童出现的无端发脾气、暴躁等情绪以及莫名的身体不适，家长和教师应引起重视。

1. 小学生抑郁情绪的原因

小学生抑郁的原因，通常可以归纳为以下几个方面。

①生理因素。一些小学生由于遗传、神经生化等因素容易出现抑郁症状。大脑中的神经递质，如血清素、去甲肾上腺素、多巴胺等，对情绪调节至关重要，这些化学物质的不平衡与抑郁情绪有关。

②心理因素。自我评价低、性格偏内向，较孤僻、适应能力差、对挫折耐受性差、情绪不稳定的小学生，容易产生抑郁。

③家庭环境。小学生抑郁的产生与家庭不良生活事件有关，如亲子分离或早期母婴关系丧失，被父母虐待或忽视、亲子关系恶劣、长期家庭缺乏温暖等。

④学校环境。校园欺凌、学业压力、同伴关系问题等都可能对小学生的心理健康产生负面影响。

另外，其他突发事件如亲人去世、家庭搬迁等重大生活变化也可能导致小学生出现抑郁情绪。

2. 小学生抑郁情绪的应对措施

针对小学生抑郁的问题，教师可以采取以下教学策略。

①提高小学生的自我意识和情绪管理能力。教师可以通过讲解情绪的分类、情绪表达的方式、情绪调节的方法等知识，帮助小学生了解自己的情绪状态，并掌握有效的情绪调节技巧。

②建立积极的情感支持系统。教师可以鼓励小学生与同学、家人或教师建立良好的情感关系，提供情感上的支持和帮助。同时，教师应该关注小学生的情感需求，及时给予其关注和回应。

③培养小学生的自信心和自尊心。教师可以通过赞扬、鼓励、肯定等方式，帮助小学生建立自信心和自尊心，增强其应对挫折和困难的能力。

④提供适当的学习压力和挑战。适当的学习压力和挑战可以激发小学生的学习兴趣和动力，促进其成长和发展。但是，教师应该注意避免过度的学习压力和挑战，以免对小学生的心理健康造成负面影响。

通过以上措施，可以帮助小学生学会管理和减轻抑郁，促进他们的身心健康发展。

（三）恐惧

恐惧是一种基本的情绪，是人们在遇到威胁或危险的情境时，试图逃避又感到无力改变结果时产生的一种强烈的情绪体验。这种情绪可以是针对现实中的具体威胁，也可以是对可能发生事件的担忧。小学生的恐惧对象多种多样，可能包括对特定事物或情境的强烈害怕，如动物、血液、黑暗、封闭空间等，除此之外，还有学习失败，教师、家长的批评，未知的事物等。当面对恐惧的事物或情境时，小学生可能会表现出焦虑、紧张或恐慌的情绪，如哭泣、尖叫或试图逃避这些情境。也可能会导致小学生的行为出现变化，如拒绝上学（学校恐惧症）、避免特定的活动或地方，或者在面对恐惧源时表现出冻结、逃跑或战斗的反应。在小学生的恐惧情绪中，学校恐惧症尤其值得关注。

1. 小学生学校恐惧症的原因

小学生出现学校恐惧症的原因包括以下几个方面。

①心理因素。小学生可能会因为学习压力大、对学校生活的恐惧和焦虑情绪产生学校恐惧症。这种恐惧不仅是对学校环境本身的恐惧，更是对学校代表的意义，如学业压力、社交挑战等的恐惧。如果小学生的学习压力得到缓解，那么他们对学校的恐惧心理也会随之减轻。此外，小学生的性格弱点，如孤僻被动或过度依赖，也可能导致学校恐惧症出现。

②社会因素。家庭环境对小学生的成长有着重要影响。例如，独生子女可能会承受来自父母对于学习和未来的高期望，父母的教育方法可能过于严格，这可能导致小学生对学校产生抵触情绪。同时，小学生在学校的社交困难，如没有朋友、受同伴排斥或受到欺凌，也是导致学校恐惧症的重要原因。

③成长因素。在儿童的不同成长阶段，可能会出现不同的焦虑情绪，这也可能导致学校恐惧症的产生。例如，在4～7岁时，可能与分离性焦虑有关；在11岁、12岁进入中学时，新环境和人际交往的困难可能是焦虑的来源；而在青春期，对自我形象的焦虑和早期心理发展的冲突可能再次被激活。

2. 小学生学校恐惧的应对策略

针对小学生学校恐惧的问题，教师可以采取以下教学策略。

①倾听和沟通。教师应该耐心倾听小学生的担忧和感受，避免批评或贬低。了解小学生恐惧的具体原因是解决问题的第一步。

②鼓励表达。教师鼓励小学生表达自己的感受，无论是通过言语、绘画，还是其他形式的创作，都有助于缓解紧张和焦虑。

③逐步适应。如果小学生对某些特定的学校环境或活动感到恐惧，那么可以逐渐引导他们参与，从旁边观察开始，逐步增加参与度。

④社交技能训练。学校恐惧有时与社交技能有关，通过参加社交技能训练班或活动，可以学习如何更好地与同龄人互动。

⑤专业支持。如果小学生的恐惧情绪非常严重，家长和学校应该共同努力，通过坦诚交流理解小学生的感受，并寻求专业的心理咨询师或心理医生的帮助。

拓展阅读 7-3

空心病：当代青少年的心理挑战

在现代社会，一种被称为"空心病"的心理现象正在悄然侵蚀着青少年的心灵。这一概念最早由北京大学心理学教授徐凯文在《时代空心病：焦虑的父母和迷茫的儿童》中提出，用以描述那些在学业上表现优异，却在精神层面感到空虚、失去生活方向的年轻人。空心病并非传统意义上的抑郁症，它更像是一种价值观缺陷导致的心理障碍，其核心问题是缺乏存在感和生活的意义。空心病的具体表现如下。

①情绪低落。患者可能会感到持续的沮丧和情绪低落，但这种情绪低落与抑郁症的情绪低落不同，因为它通常不伴随明显的悲伤或哭泣。

②兴趣减退。患者对日常活动和曾经感兴趣的事物失去兴趣，不再感到快乐或满足。

③快感缺乏。即使在进行通常能带来快乐或满足的活动时，患者也难以体验到快乐。

④孤独感和无意义感。患者可能会感到强烈的孤独，即使周围有其他人，也感觉与世界隔绝。他们可能会对生活感到无意义，不知道自己存在的目的。

⑤自杀意念。由于感到生活没有价值和意义，患者可能会有自杀的念头，他们不是想要去死，而是不知道为什么要活着。

⑥社会功能受损。在严重的情况下，患者的社会功能可能会严重受损，包括在学业、工作和人际关系方面。

⑦对评价的恐惧。患者可能对他人的评价和期望感到恐惧，这种恐惧可能源于对自我价值的怀疑。

⑧自我厌恶和自我否定。患者可能会对自己的能力和价值产生负面看法，甚至在成功时也感到不安。

那么，如何应对空心病？

徐凯文教授提出了两个简单的解决方案：确保青少年每天有足够的睡眠和户外活动时间。他认为，如果这两点得到保障，那么大部分心理问题将不复存在。然而，这在当今社会却显得异常困难，因为学业压力和社会竞争使青少年难以获得充足的休息和运动。

因此，为了帮助青少年重建对生活的兴趣和活力，家长和教育者需要：

①追求单纯的乐趣，鼓励青少年体验生活中的简单快乐，如自然、艺术和运动；

②寻找有意义的活动，引导青少年参与利他和创造性的活动，让他们感受到自己的价值和对社会的贡献；

③建立有尊严的关系，在家庭和学校中营造一个尊重和接纳的环境，让青少年感受到自己的存在被认可。

空心病是一个复杂的社会现象，反映了当代青少年在价值观、生活意义和自我认同方面的困惑。解决这一问题需要家庭、学校和社会的共同努力，为青少年提供一个更加健康和支持性的成长环境。

（资料来源：徐凯文．心理科普：当下"空心病"的七个特点［EB/OL］．（2022-02-19）［2024-04-30］．https://mp.weixin.qq.com/s/EFJswb2A8Ka3mJ-Oh1Pr6A）

三、人际交往问题

人际关系的发展是小学生社会化的重要内容。我国心理学家丁瓒教授指出：人类的心理适应最主要的就是对人际关系的适应，所以，人类社会的心理病态，主要是由人际关系失调带来的。小学生的人际关系问题主要表现在以下几个方面。

（一）胆怯退缩

胆怯退缩，是指在日常生活中不主动与同伴交流交往，沉默寡言，在陌生的环境中表现出害怕、胆怯、常常独来独往等问题行为。胆怯退缩心理会阻碍小学生对外界环境的探索，影响其社会化和认知的发展。

1. 小学生胆怯退缩的原因

在与他人的交往中，小学生会在意他人对自己的看法和评价，自己在他人心目中的地位，是否得到他人的接纳、认同和喜爱。如果小学生在与他人的交往中受到冷嘲热讽、对他人的冷漠相对，就容易产生胆怯退缩心理，陷入惆怅和苦恼中，产生对他人的距离感，不愿意与他人主动交往沟通，形成孤独感。有的小学生由于生理缺陷或能力不足产生自卑心理，不敢与他人正常交往，害怕暴露自己的弱点，担心他人耻笑，也会给他们的人际关系带来消极影响。

2. 小学生胆怯退缩的应对措施

针对小学生胆怯退缩的问题，教师可以采取以下教学策略。

①建立信任和安全感。教师为小学生创造一个温暖、支持和安全的环境，让他们感到被理解和接受，有助于增强他们的自信心和勇气。

②鼓励积极的社交互动。教师引导小学生参与小组活动和游戏，让他们有机会与同龄人建立友谊和合作。通过积极的社交经验，小学生可以学会与他人互动，并逐渐克服胆怯和退缩的问题。

③培养独立性与应对焦虑和压力的技巧。教师鼓励小学生独立思考和解决问题，让他们有机会自主地面对挑战和困难，有助于提高他们的自信心和适应能力；并向小学生传授一些应对焦虑和压力的技巧，如深呼吸、放松训练或积极思考。这些技巧可以帮助他们在面对困难时保持冷静和自信。

④提供适当的挑战和机会。教师根据小学生的能力和兴趣，为他们提供适当的挑战和机会。让他们在克服困难的过程中感受到成就感和满足感；并对小学生的努力和进步给予肯定与鼓励，让他们感受到自己的价值和能力。避免过度批评或指责，以免打击他们的积极性和自信心。

总之，教师需要关注小学生的胆怯退缩问题，并采取适当的措施帮助他们克服这些问题。通过建立信任、鼓励积极的社交互动、培养独立性、提供适当的挑战和机会、教授应对技巧、给予支持和鼓励以及寻求专业帮助等措施，可以帮助小学生逐渐克服胆怯和退缩的问题，促进他们的健康成长。

（二）自我中心

我国许多小学生是独生子女，从小到大一直是家庭瞩目的中心。家长的过分呵护、溺爱导致一些小学生在人际交往中以自我为中心，考虑自己的利益太多，在与他人交往中只顾自己的感受，不会将心比心，不会从他人的角度考虑问题，缺乏共情能力，常常把自己的观点、情绪强加给他人，久而久之，不被同伴接纳，受到同伴拒绝和排斥等，导致人际关系不良。

1. 小学生自我中心心理的原因

小学生出现自我中心心理的原因涉及多个方面，包括认知发展、社会环境、家庭教育以及心理需求等。

①认知发展。根据皮亚杰的认知发展理论，小学生处于具体运算阶段，他们的思维逐渐从直观转向逻辑，但仍然以自我为中心思考问题，这种认知发展的局限性使他们在理解他人观点和感受时可能存在困难。

②社会环境。小学生的社会交往范围逐渐扩大，他们开始更多地与同龄人互动，在这个过程中，他们可能会更关注自己的需求和感受，忽视他人的观点和感受。

③家庭教育。家庭环境和教育方式也可能影响小学生的自我中心心理。例如，溺爱或过分强调竞争的教育方式可能导致小学生过度关注自己，缺乏对他人的关心和合作意识。

2. 小学生自我中心心理的教学策略

针对小学生自我中心的问题，教师可以采取以下教学策略。

①引导小学生换位思考。教师通过故事、角色扮演等方式，帮助小学生理解他人的感受和需求，培养他们的同理心。

②鼓励合作与分享。在游戏和学习中，教师鼓励小学生与他人合作，分享资源和成果，让他们体验到合作的乐趣和价值。

③提供反馈与指导。当小学生表现出自我中心的行为时，教师及时给予反馈和指导，帮助他们认识到这种行为的影响，并鼓励他们考虑更合适的方式。

④树立榜样。家长和教师应成为小学生的榜样，通过自己的行为展示关心他人、合作共享的品质。

⑤培养责任感。让小学生承担一些适当的责任，如家务、班级工作等，让他们意识到自己的行为对他人的影响。

⑥创造多元化的社交环境。让小学生有机会与不同背景、有兴趣的人交往，让他们学会尊重和欣赏他人的多样性。

⑦适度监督与引导。在小学生与他人交往的过程中，教师适度监督与引导他们的言行，帮助他们养成良好的社交习惯。

总的来说，针对小学生自我中心心理的问题，需要家长和教师的共同努力和引导。通过以上措施，可以帮助小学生逐渐走出自我中心，培养他们的同理心和合作精神，促进他们的全面发展。

四、自我意识问题

自我意识是个体对自己身心活动的认识和觉察，包括自我知觉、自我评价、自我体验、自我监督等。小学生的自我意识正处于不断发展的过程中，容易对自我认知和评价产生偏差，主要体现在自负和自卑两个方面。

（一）自负

自负是个体过高地估计自己。自负心理是小学生一种常见的心理问题，尤其在来自独生子女家庭的学生身上更多一些。有自负心理的学生往往会因为自己在生活或学习上的优势而变得自大，觉得自己高人一等，看不起其他同学，嫉妒心理强，看不得他人比自己好。在人际交往中，他们很少关心别人，却要求别人为他们服务。

1. 小学生自负心理的原因

小学生自负心理的原因涉及多个方面，以下是一些可能的因素。

①家庭因素。家庭环境和教育方式对小学生的心理发展有重要影响。家长溺爱小学生，过分强调他们的优点和成就，而忽视他们的不足和失败，可能导致小学生形成自负心理。

②社会环境。在竞争激烈的社会环境中，小学生可能被过分关注成绩、荣誉和地位等因素影响，从而产生自负心理。

③个人经历。小学生在过去的经历中，可能曾经获得过过多的赞扬和认可，这可能导致他们对自己的能力和价值产生过高的估计，从而形成自负心理。

④认知偏差。思维发展的局限性，使小学生可能无法全面客观地评价自己的能力和表现，从而导致自负心理。

⑤心理需求。根据马斯洛的需求层次理论，每个人都有不同层次的心理需求，包括生理需求、安全需求、社交需求、尊重需求和自我实现需求等。对于小学生来说，他们可能更关注满足自己的需求和获得他人的认可，从而产生自负心理。

2. 小学生自负心理的教学策略

针对小学生自负心理的问题，教师可以采取以下教学策略。

①引导小学生树立正确的自我认知。教师帮助小学生全面客观地评价自己的能力和表现，认识到自己的优点和不足，鼓励他们珍惜自己的优点，同时努力改进不足之处。

②培养小学生的谦逊态度。教师教导小学生学会尊重他人，认识到每个人都有自己的优点和价值，鼓励他们在与他人交往中保持谦逊和开放的态度。

③提供适当的挑战和反馈。教师给小学生提供适当的挑战，让他们在面对困难和挫折时能够保持积极的态度；同时，给予他们客观的反馈，帮助他们了解自己的表现和进步。

④培养小学生的同理心。教师通过故事、角色扮演等方式，帮助小学生理解他人的感受和需求，培养他们的同理心，让他们学会从他人的角度思考问题，关心他人的感受。

⑤鼓励合作与分享。教师及家长在游戏和学习中鼓励小学生与他人合作，分享资源和成果，让他们体验到合作的乐趣和价值。

通过以上措施，可以帮助小学生逐渐克服自负心理，培养他们的谦逊和合作精神，促进他们的全面发展。

（二）自卑

自卑是个体对自己的能力、心理品质做出偏低的评价。自卑是危害小学生健康成长的因素之一，有自卑心理的小学生大多比较孤僻、内向、不合群，常把自己孤立起来，很少与周围人群交流，学习上表现得不积极，胆怯怕羞。自卑的小学生缺少与他人的沟通，容易导致看问题片面性和极端。

1. 小学生自卑心理的原因

小学生自卑心理的原因涉及多个方面，主要包括以下几个。

①家庭因素。家庭环境和教育方式对小学生的心理发展有重要影响。例如，过于严厉或批评的家庭环境可能导致小学生产生自卑感。同时，家长对小学生的期望过高或过低，也可能使小学生感到自己无法达到预期，从而产生自卑感。

②社会环境。在竞争激烈的社会环境中，小学生可能被过分关注成绩、荣誉和地位等因素影响，从而产生自卑感。此外，同龄人之间的比较和评价可能导致小学生产生自卑感。

③个人经历。小学生在过去的经历中，可能遭受过失败、挫折或被拒绝，这些负面经历可能导致他们对自己的能力和价值产生怀疑，从而形成自卑感。

④身体特征。一些小学生可能因为自己的身体特征（如身高、体重、外貌等）与周围人不同而感到自卑。这种自卑感可能源于对自己身体特征的不满意，或者受到他人的负面评价。

⑤认知偏差。思维发展的局限性，使小学生无法全面客观地评价自己的能力和表现，从而导致自卑感。他们可能过分关注自己的不足，而忽视自己的优点和长处。

2. 小学生自卑心理的教学策略

针对小学生自卑心理的问题，教师可以采取以下教学策略。

①建立积极的课堂环境。教师创造一个温馨、关爱和支持的课堂氛围，让小学生感到安全和被接纳。避免过度批评或指责小学生，而是给予他们鼓励和肯定。

②树立适当的期望。为小学生设定合理且可实现的目标，让他们在实现目标的过程中获得成就感。同时，要认识到每个小学生都有自己的特点和发展节奏，避免盲目比较。

③提供支持与引导。当小学生遇到困难或挫折时，教师给予他们支持和鼓励，帮助他们找到解决问题的方法。让他们知道失败是成长的一部分，学会从失败中吸取经验。

④培养自信心。通过参与各种活动和兴趣班，让小学生发现自己的兴趣和特长，从而增强自信心。同时，鼓励他们在这些活动中取得进步和成功。

总的来说，针对小学生自卑心理的问题，需要家长和教师的共同努力和引导。通过以上措施，可以帮助小学生逐渐克服自卑心理，培养他们的自信和应对能力，促进他们的全面发展。

五、行为问题

小学生的行为问题是教师和家长最关心的问题，也是小学教育和家庭教育最棘手的问题之一。小学生的不良行为不仅影响小学生个体的学习和人格发展，而且给周围环境带来不好的影响，严重的甚至会给社会造成危害。小学生的行为问题主要包括说谎、偷窃、沉迷电子游戏和网络、攻击性行为等。

（一）说谎

说谎，即言语性欺骗，一般被认为是个体通过言语表述对自己或别人的信念系统进行欺骗的行为。通俗地说，说谎就是说不真实的话。当前，发展心理学认为，说谎的概念需要具备三个因素：①确实是假话；②说的人明确知道不是真的；③说的人希望听的人能够认为是真的。只有在这三个因素都成立的情况下，我们才能认为某人说谎。从说谎的种类来看，一类是为了逃避惩罚而说的谎话，称为"黑谎"（Black Lie）；另一类是为了不伤害他人情感而说的谎话，即"白谎"（White Lie），具有亲社会性，通常我们把说谎作为一种行为问题讨论时，主要是指"黑谎"。

1. 小学生说谎的原因

小学生说谎的原因主要有以下几个方面。

①压力过大。家长或教师对小学生寄予太高的期望。在小学生无法解决所遇困难时，为了继续得到信任，只好用说谎掩饰事实，久而久之养成说谎的习惯。

②模仿他人。成年人在小学生面前说谎，使他们受到暗示，或者是在游戏时，小学生发现大龄儿童用欺骗的手段赢过自己，觉得很棒，时间久了也学会了说谎。

③逃避责任。小学生在游戏或玩耍时犯错，用说谎回答教师或家长的责问从而逃避教师的批评、家长的打骂或自己应负的责任，渐渐形成说谎习惯。

④恐惧心理。教师或家长对小学生过于严厉，责怪太多，小学生因为畏惧而说谎。

⑤取悦心理。一些小学生为了获得父母和教师的欢心，得到某种利益上的满足而说谎。

⑥虚荣心理。有些小学生为了不被同伴轻视或忽视，自吹自擂，以引起别人的注意和羡慕。

⑦逆反心理。小学生故意编造事实或讲假话，与权威作对。

⑧逢场作戏。小学生说谎没有明确的目的，只是为了愚弄他人或搞恶作剧，借此显示自己的"小聪明"。

⑨恶意报复。一些小学生对敌对的伙伴有意说谎造谣，或挑起事端，破坏对方的名声，满足自己的敌对和报复心理。

2. 小学生说谎的教学策略

教师可以从以下几个方面着手纠正小学生的说谎行为。

①采用角色扮演、认知辨析等方法。通过符合小学生年龄特点的认知辨析，让其认识到说谎给自己带来的"好处"是损人不利己的，可以通过角色扮演等方法让小学生体会别人对自己说谎后的感受，也可以让其体验由于一时说谎而必须自圆其说要付出的努力和承受的压力。

②确定诚实的灵活标准。教师可以通过小学生喜欢的童话、故事、游戏等使其认识诚实是人的一种良好的道德品质，诚实能使人赢得更多的朋友；和小学生探讨什么场合下是允许用说谎保护自己不受伤害的，什么是善意的谎言、开玩笑和游戏中的说谎。

③理智对待小学生的说谎行为。首先了解说谎的原因，其次采取相应措施，比如，如果是由于不能满足家长期许而说谎就要适当降低任务目标。

不要强迫小学生承认错误，相反，要给小学生一个替自己辩解的机会，而且要认真倾听，不要应付似的敷衍他们。

④强化小学生的诚实行为，及时纠正小学生的说谎行为。当教师发现小学生的诚实行为时，要给予鼓励和表扬，尤其是当小学生主动承认错误时，一定要先表扬他诚实的做法，

然后再批评他错误的行为。当发现小学生说谎时，一定要严厉批评，使其认识到说谎是不能被原谅的，尤其不能让小学生通过说谎得到好处。

⑤提供良好的环境，做优秀的榜样。教师要给小学生树立良好的榜样，要信守诺言，答应的事情要予以兑现，要言行一致，做小学生的表率。

⑥教师要给小学生必要的关爱。教师应该公平地对待每个学生，每个学生都能得到教师的关爱。小学生的心理需要得到满足，才不会出现这样或那样的行为，更不会因为得到教师的关爱而说一大堆谎言欺骗教师、同伴。

（二）偷窃

1.小学生偷窃行为的原因

在小学阶段，偷窃原因比较复杂，其表现形式也各不相同。小学低年级学生通常是出于对物品的需要，他们往往并不清楚这是一种偷窃行为，而是单纯地想得到自己想要的东西，此外，还有出于报复或其他原因的偷窃行为。

小学高年级学生的偷窃行为主要有以下原因：零花钱不够或者家庭不支持自己取得某类物品；为了改善人际关系，偷窃财物与朋友共享；既没有零花钱又爱虚荣；受坏人唆使等。

2.小学生偷窃行为的教学策略

教师可从以下几个方面着手矫正小学生偷窃行为。

①深入了解情况，找出偷窃在认知方面的原因，分析错误，找到根治的办法。一般来说，小学生的偷窃行为可以采用行为疗法加以矫正，首先进行行为分析，其次根据行为分析制订行为治疗的具体计划，最后根据预定计划实施干预以及对效果的观察、记录和评估。

②教师与家长配合，满足小学生正当的物质需求，改进教养方式，引导小学生正确使用零花钱。

③关心小学生的社交活动，观察其同伴的品行，避免其与坏人来往，并帮助其与同伴建立健康的人际关系。

（三）沉迷电子游戏和网络

部分自制力薄弱的小学生一旦迷恋上玩电子游戏和上网，就难以自拔。沉迷于电子游戏不仅使小学生无心学习，成绩下降，还危害身体健康。整天沉迷在虚拟世界里的儿童大大减少了与现实世界的人和物接触的机会，容易变得孤僻、冷漠，不会沟通。

1. 小学生沉迷网络的原因

首先，学习压力过重，家长期望过高，让小学生心理不堪重负。小学生通过玩电子游戏来宣泄压抑情绪，获得成功体验，找回自信。

其次，电子游戏中的虚拟世界可以逃避现实中许多人际交往上的不愉快。

最后，许多富有挑战性、赌博性，甚至有些不健康的黄色内容的电子游戏，对刚进入"心理断乳"期的高年级小学生是极富诱惑力的。

2. 小学生沉迷网络的教学策略

消除或降低小学生对电子游戏和网络的痴迷，关键在于提高小学生的"免疫力"，教师可以从以下方面加以引导。

①指导家长多与小学生接触、交流，与小学生交朋友、营造和谐民主的家庭气氛。

②学校、家庭和社会为小学生提供丰富有趣的娱乐活动。

③鼓励小学生参与集体活动。

④对于已经沉迷于电子游戏和网络的小学生，教师可以建议家长寻求专门机构的帮助，及早进行行为矫正。

📑 **拓展阅读 7-4**

农村青少年手机成瘾：一个不容忽视的社会现象

随着科技的飞速发展，智能手机已经成为我们生活中不可或缺的一部分。然而，这一现代科技的产物在给人们带来便利的同时，也带来了一系列问题，尤其是对于农村青少年来说，手机成瘾已经成为一个严重的社会问题。在经历长期网课后，农村留守儿童沉迷手机问题更加严重，呈"塌陷式"手机成瘾。

根据最新的研究报告，中国农村留守儿童中有相当一部分对手机的依赖程度令人担忧。他们中的许多人拥有自己的手机，或者经常使用长辈的手机。在一些调查中，超过一半的家长认为孩子出现了手机沉迷的趋势，甚至有家长认为孩子已经严重沉迷于手机。

手机成瘾对农村青少年的影响是多方面的。首先，它影响了他们的学习。许多青少年沉迷于手机游戏和短视频忽视了学业，导致学习成绩下滑。其次，过度使用手机可能导致视力下降、身体健康问题以及社交能力减弱。此外，手机成瘾还可能引发心理健康问题，如焦虑、抑郁等。

农村青少年手机成瘾的原因复杂多样。其中，家庭教育的缺失是一个重要因素。

许多儿童的父母外出打工，无法给予儿童足够的关注和指导，而祖辈的监管往往过于宽松。此外，农村地区的教育资源相对匮乏，缺乏吸引青少年参与的课外活动，使得手机成了他们的主要娱乐方式。同时，互联网的普及和网络内容的多样性也让青少年更容易沉迷其中。

为了应对农村青少年手机成瘾的问题，需要家庭、学校和社会三个方面的共同努力。家长应该提高自己的互联网素养，合理监管儿童的手机使用。学校可以探索有效的手机管理措施，如设立手机存放处，限制学生在校园内使用手机。社会层面上，国家应加强网络环境的治理，为青少年创造一个绿色、健康的网络空间。

农村青少年手机成瘾是一个需要全社会关注的问题。通过家庭、学校和社会的共同努力，我们可以为这些青少年创造一个更加健康的成长环境，帮助他们远离手机成瘾，拥抱更加丰富多彩的生活。

（资料来源：张仟煜．网课后，农村留守儿童正在塌陷式沉迷手机［EB/OL］．（2023-03-12）［2024-04-30］．https://mp.weixin.qq.com/s/jSH0WTGrABZg4jRA9g21YA）

（四）攻击性行为

小学生的攻击性行为通常表现为两种情况，一种是因为不能控制自我的怒气和沮丧而产生的攻击性行为，他们通常以尖叫、踢人、打人、重击头部或摔东西来表示自己的愤怒；另一种是恶意的、带有挑衅性的攻击性行为，他们是故意地侵犯和伤害同学，其行为具有恶作剧或专制特点。

1. 小学生攻击性行为的原因

小学生攻击性行为的原因涉及多个方面，包括以下几个。

①家庭因素。家庭环境和教育方式对小学生的行为有重要影响。例如，过于严厉或暴力的家庭环境可能导致小学生模仿这些行为。同时，缺乏关爱和关注也可能使小学生产生攻击性行为吸引注意力。

②社会环境。社会环境中的暴力、欺凌或歧视等负面因素可能使小学生产生攻击性行为。此外，媒体中的暴力内容也可能对小学生产生影响。

③心理因素。一些心理问题，如焦虑、抑郁或自卑等，可能导致小学生产生攻击性行为。

④认知发展。根据皮亚杰的认知发展理论，小学生处于具体运算阶段，他们的思维逐渐从直观转向逻辑。在这个过程中，他们可能无法完全理解他人的感受和需求，从而导致攻击性行为。

⑤社交技能。缺乏有效的社交技能可能导致小学生在与他人互动时出现困难，从而产生攻击性行为。例如，他们可能不知道如何表达自己的感受或解决冲突。

⑥模仿行为。小学生容易模仿他人的行为，特别是那些他们认为有权威或受欢迎的人。如果周围的人表现出攻击性行为，小学生就可能模仿这些行为。

2. 小学生攻击性行为的教学策略

针对小学生攻击性行为的问题，教师可以采取以下教学策略。

①建立规则和界限。教师明确告诉小学生什么行为是可以接受的，什么行为是不可以接受的，确保他们了解攻击性行为的后果，并严格执行这些规则。

②提供替代行为。教师教导小学生如何以更积极的方式表达自己的情感和需求。例如，当他们感到愤怒或沮丧时，可以鼓励他们进行体育活动、绘画或写日记等。

③培养情绪管理能力。教师帮助小学生学会识别和管理自己的情绪，教他们使用深呼吸、计数等方法冷静下来，并提醒他们在情绪激动时避免做出冲动的行为。

④改善沟通技巧。教师教导小学生如何有效地与他人沟通，包括倾听他人的观点、表达自己的感受和需求以及解决冲突等。

⑤增强社交技能。教师通过团体活动、游戏等方式，帮助小学生学会与他人合作、分享和交流等社交技能。

📋 拓展阅读 7-5

社交网络与青少年身体意象：数字时代的自我认知挑战

在数字时代，社交网络已经成为青少年日常生活的一部分，它不仅改变了我们的沟通方式，也深刻影响了青少年的身体意象。身体意象，是指个体对自己身体的认知、情感、态度和行为，与个人的自尊、幸福感和心理健康密切相关。然而，社交网络上对"理想"身体的不断展示，可能对青少年的身体意象产生负面影响。

社交网络上充斥着经过精心策划和编辑的图片，这些图片往往展示了一种理想化的身体形象。青少年在浏览这些内容时，可能会不自觉地将自己与这些理想化的形象进行比较。研究表明，频繁地在社交网络上进行这种比较，会导致青少年对自己身体的不满和焦虑，尤其是对女性青少年的影响更显著。

同时，负面的身体意象可能导致一系列心理健康问题，包括低自尊、抑郁、焦虑以及进食障碍。例如，一些研究指出，社交网络上的 fitness inspiration（健身激励）和 thinspiration（励瘦）内容可能激发青少年的减肥欲望，甚至导致不健康的饮食习惯和过度锻炼。另外，社交网络的算法往往会根据用户的兴趣和行为推荐内容，这可能会加剧青少年对身体意象的负面感受。如果青少年对某些关于身体形象的内容表现出兴趣，社交网络的算法就可能推荐更多类似的内容，从而形成一个恶性循环。

为了减轻社交网络对青少年身体意象的负面影响，家长、教育者和政策制定者可以采取以下措施。

①教育和意识提升。教育青少年理解社交网络上的身体形象往往是不真实的，鼓励他们批判性地看待这些内容。

②提供支持。为青少年提供心理健康支持，帮助他们建立积极的身体意象和自尊。

③监管和指导。家长应监管青少年的社交网络使用，引导他们关注更多元化和积极的社交网络内容。

④政策干预。政策制定者可以考虑制定相关政策，要求社交网络平台加强可能对青少年产生负面影响的内容的监管。

⑤培养多元价值观。鼓励青少年欣赏多样性，认识到美的定义是多元的，不仅仅局限于外表。

社交网络是一个强大的工具，但它可能成为青少年心理健康的潜在威胁。通过教育、监管和政策干预，我们可以帮助青少年建立更健康的身体意象，让他们在数字时代中健康成长。

（资料来源：CHOUKAS-BRADLEY S，ROBERTS S R，MAHEUX A J，et al. The perfect storm: A developmental-sociocultural framework for the role of social media in adolescent girls body image concerns and mental health [J]. Clinical Child and Family Psychology Review，2022，25（4）：681-701）

第三节　小学生的心理健康教育

一、小学生心理健康教育的原则、目的与意义

（一）小学生心理健康教育的原则

小学生心理健康教育的原则是在学校开展心理辅导整个过程中应该遵循的一些基本指

导思想。

1. 面向全体学生原则

学校心理辅导的功能在于通过对学生的引导、指导、协助和服务，促进学生的成长和发展。从本质上看，心理辅导是日常教育教学活动的有力配合与合理补充，因此，应面向包括正常学生在内的全体学生。面向全体学生原则要求辅导教师在制订心理辅导计划时着眼于全体学生；确定心理辅导活动的内容时考虑大多数学生共同需要与普遍存在的问题；组织团体辅导活动时，创造条件，让尽可能多的学生参与其中，特别要给那些内向、沉静、腼腆、害羞、表达能力差、不大引人注目的学生提供参与表现的机会。

2. 预防与发展相结合原则

有人将心理辅导的功能与目标分为三个层次：矫治、预防和发展。矫治功能，是指矫治学生不适应行为，消除或减轻少数学生身上存在的轻中度神经症症状，帮助学生排除或化解持续的社会技能，学会用有效的、合理的方式满足自己的需要，提高人际交往水平；学习自主地应对由挫折、冲突、压力、紧张、丧失等带来的种种心理困扰，减轻痛苦、不适的体验，防止心理疾患产生，保持正常的生活秩序与工作效率。发展功能，是指协助学生树立有价值的生活目标，认清自身的潜力和可以利用的社会资源，承担生活的责任，充分发挥个人潜能，过健康、充实、有意义的生活。

学校心理辅导兼有矫治、预防与发展三种功能。但是，就整体来说，应该是预防、发展重于矫治。贯彻这一原则于心理辅导实践要把握以下几点。

①心理辅导应在学校教育的早期阶段就开始，最好是在小学生入校时就进行。小学初期的儿童，心理发展尚未定型，可塑性极强，通过学校心理辅导活动，可以帮助他们塑造良好的行为习惯，即使个别儿童有某些心理或行为问题，只要及时给予关怀和辅导，就会有显著的改善。

②心理辅导工作应及时主动，宜未雨绸缪，注意防微杜渐。保持开展适合学生各年龄段的认知、情感、行为等方面的训练辅导活动常态化，为学生提供对其成长有益的经验，增强其适应能力。

③辅导教师要有高度的专业敏感性。对于那些社会处境不利、生活发生了重大变故、自我期望偏高又屡遭挫折的学生，应及早发现征候，重点实行早期干预。

3. 尊重与理解学生原则

尊重与理解，是心理辅导过程中对待学生态度以及师生关系方面应该遵循的基本原则。尊重，就是尊重学生的人格与尊严，尊重每个学生存在的权利，承认他是不同于其他人的独立个体，承认他与教师、与其他人在人格上具有平等的地位。理解，则要求教师以平等的态度，按学生的所作所为、思考、感受的本来面目了解学生。被他人理解，意味着受到他人的关注、与他人之间达到心灵沟通，从而产生一种"遇到自己人"的感觉。心理辅导之所以要遵循尊重与理解学生原则，首先，是因为只有当心理辅导教师尊重学生时，学生才会尊重自己，珍惜自己的成绩和进步，关心自己的荣辱，体验到做人的尊严感。而自尊、自重、自信正是健全人格的重要特征，是心理辅导要追求的重要目标之一。其次，在心理辅导中，学生如果被教师尊重和理解，他就会信任教师，愿意向教师倾吐内心的思虑、惶恐、苦闷。这种良好的师生关系，是心理辅导获得成效的基本条件。贯彻这一原则应注意以下要点。

①尊重学生个人的尊严，以平等的、民主的态度对待学生。在辅导过程中，教师不能居高临下地训斥学生，不能羞辱、挖苦、讽刺学生，不能用粗暴的、强制性的手段解决学生身上的问题而是要对学生无条件关怀和接纳，不论学生在谈话中反映出来的观点和情绪感受是如何消极、不正常、与教师的观点相悖，教师都要尊重他、接纳他，认真倾听他的诉说，体会他的内心感受。

②尊重学生的选择。明确每个学生都有选择的能力和做决定的权利，具有选择目标以及达到目标手段的自由。辅导教师只是向学生提供资料和建议，为学生做出选择提供认知前提，并引导学生理解对自己的选择承担责任，辅导教师不能强迫学生做选择。

③运用同感技术加深对接受辅导学生的理解。辅导教师要"透过受辅学生的眼睛看世界"，与学生"感同身受"。在与学生谈话过程中，教师不但要理解学生明确表达出来的思想和感受，而且要觉察出学生故意回避或以隐喻形式透露出来的深层含义，并把这种理解反馈给学生，使学生感受到教师对他的尊重、理解和接纳，从而敞开心扉，对自己的内心世界做更自由、深入的探索。

4. 学生主体性原则

在心理辅导中尊重学生的主体地位，充分发挥学生作为辅导活动主体的作用。首先，心理辅导的基本功能是促进学生成长与发展，而成长与发展从根本上说是一种自觉的、主动的过程。如果学生缺乏主动精神，缺少受辅动机，强行"被辅导"，则这种辅导必定会因学生的抗拒、冷漠和敌意而毫无效果。正如西方谚语所说："你可以牵马到河边，但不能强迫它饮水。"其次，心理辅导是一种助人自助的过程。"助人"只是手段，让学生"自助"才是目的。它所要追求的目标是发展学生自我理解与自我指导的能力、自主地把握个人命运与独立地应对生活挑战的主体精神。只有当学生以参与者的身份积极投身心理辅助活动时，这一目标才有可能达到。最后，儿童期是学生自我意识、独立倾向快速发展时期。处于这一时期的学生渴望通过独立思考与主动探索解决面临的问题，检验个人影响环境和控制自己的能力。他们对外界的压力和成年人的过度说教往往表现反感。在辅导过程中，教师既要给学生提供一定的帮助，又要注意充分发挥学生的主体作用，使学生独立个性的需要得到满足。因此，学生主体性原则对于小学生的辅导具有特殊意义。贯彻学生主体性原则应考虑以下几个方面。

①心理辅导要以学生需要为出发点。心理辅导内容的选取与安排应充分考虑学生的需要，围绕学生关心的实际问题进行。这样的心理辅导才能唤起学生的兴趣，成为学生自觉的需求。

②鼓励学生"唱主角"。心理辅导是师生合作完成的活动，教师的作用是从旁协助，提供建议，因此，应注意突出学生的主体地位。在活动设计中，要给学生发挥想象力的空间；在辅导过程中，要鼓励学生发表看法、宣泄情感、探索解决问题的办法。在与学生沟通的过程中，作为协助者，教师应避免使用"你听我说""我告诉你"之类的命令式、灌输式口吻，宜用诸如"我能体会""原来如此""请继续讲""你的意思是不是这样""请听听我的意见""我想做一点补充""如果这样看是不是更全面"等鼓励性、商量式话语。

③以开展活动为学校心理辅导的基本形式。在专门设计的心理辅导活动中，学生的主体地位容易得到充分体现。这样的心理辅导活动会吸引较多学生参加；可以满足学生自我表现的欲望，为展现学生创造才能提供舞台；可以使学生进入特定情境，有更充分的情感投入。

5. 个别化对待原则

重视学生个别差异，强调对学生的个别化对待，是学校心理辅导的精髓。前面提到的"面向全体学生原则"是就心理的对象而言，这里所说的"个别化对待原则"是就辅导的具体方法而言，两者并不矛盾。实际上，我们只有对具体问题做具体分析，个别化地对待每一个学生，才能给全体学生提供有效的服务。

世界上没有两片完全相同的树叶，更没有两个完全相同的人。学校教育和心理辅导的目的不是要消除学生个人身上这种独特性以及学生之间的差异性，而是要使每个学生的独特性、独创性在积极的方向上得到最充分、最完美的体现。学生个体的成长发展是一个主动的过程，而不是纯粹依靠外力实现的"塑造""捏造"的过程。心理辅导教师必须承认、重视、认清工作对象的个别差异，对学生实行个别化对待原则，针对每个学生身心特点，采用灵活多变的辅导策略，因势利导，扬长避短，才能收到好的效果。贯彻个别化对待原则，应注意以下要点。

①注意对学生个别差异的了解。学生的个别差异是实施个别化对待原则的基础。心理辅导教师既要了解学生的共性，更要了解学生的个别性、差异性，不完全依赖心理测评工具，要通过一对一、面对面的接触真正了解学生。在个案辅导中，如何恰当处理由学生害羞、自卑、防卫心理带来的沟通障碍，真实地了解受辅学生的需要和问题，是一项需要经过长期训练才能掌握的专门技术。

②区别对待不同学生。心理辅导是一种颇具弹性的助人行为。在团体辅导中，共同组织的活动并不会对团体中的每个成员产生相同的影响；在个别辅导中，也不存在适用于每个学生的、一成不变的辅导策略。心理辅导教师应将每个学生看作一个具有不可重复性的独特存在，充分考虑学生的年龄、性别、个性等特征，灵活运用学校心理辅导的原则和技术。

6. 整体性发展原则

心理辅导追求学生人格的整体性发展。从社会价值取向来看，心理辅导重视学生德、智、体全面发展；从满足学生自我完善的需求来看，心理辅导注重学生知、情、意、行各方面协调发展。心理辅导的对象是完整的活生生的人，而不只是人的智能侧面，或只是人的心理障碍。贯彻整体性发展原则应考虑到：①树立学生个性全面发展的观念，不论从事哪一个领域的辅导，都要关注学生人格整体的完善；②不宜把心理辅导课程变为单纯的知识传授课，心理辅导涉及学生知识、社会技能、情感、态度、价值等方面的学习，而不是仅让学生掌握知识。因此，开展多种多样的活动显得十分必要。

7. 坚守诚信保密的原则

严格保密和坚守诚信，是维护心理辅导工作信誉以及保障心理辅导工作正常进行的第一需要。这是能否有效进行辅导的根本性问题。辅导教师必须做到为来访学生保守秘密，尊重个人隐私，这也是从事心理辅导工作者必备的基本职业道德和义不容辞的职责。

8. 采取灵活互动的原则

心理辅导是一个需要双方互动互促的过程，外因是变化的条件，内因是变化的根据。坚持辅导原则的同时，要灵活地应用各种辅导理论、相关知识、疏导方法、沟通艺术，利用电话、网络、书信、面对面等多种方式，以达到心理辅导的最佳效果。

（二）小学生心理健康教育的目的与意义

1. 小学生心理健康教育的目的

开展心理健康教育的目的是维护学生心理健康、培养学生健全人格、开发学生心理潜能。通过心理健康教育，使学生生活上自理、行动上自律、评价上自省、心态上自控、情感上自悦。

2. 小学生心理健康教育的意义

各国健康教育发展的历程表明，包括身体健康和心理健康在内的健康教育活动均从学校开始，而后扩展到其他领域。现在各国都在力求通过多种方法加强从幼儿园到大学的健康教育工作，因此，在小学阶段开展心理健康教育工作具有非常重大的意义。

（1）心理健康教育为小学生的终身幸福奠定基础

1995年初，世界卫生组织在《健康新地平线》中指出，在一定的环境下，人们具有对他们的健康产生长期影响的潜力。处在生命准备期的儿童，在生命初期形成的卫生习惯和生活方式，很可能会对他们一生中其他发展阶段的心理及行为方式产生深远的影响。这是因为，小学生的可塑性较大，容易养成良好的行为习惯，是健康教育的最佳时期。所以，要想培养良好的行为习惯，具有健康的身体和心理，就要从小学阶段开始实施健康教育；否则，不良的行为习惯积习成癖，积重难返，从而影响小学生的终身幸福。

（2）心理健康教育是影响整个人群、家庭和社会的根本措施

学校是各阶层、各种环境中成长起来的儿童会聚的场所。从消极的角度来看，任何一个小学生如果出现了身体健康和心理健康问题，都可能通过学生个人波及家庭和周围的社会环境，造成更大范围的不利影响。因此，学校必须切实做好健康教育工作，避免学校成为一个不健康的传播源。从积极的角度来看，儿童是健康教育的最佳目标人群，因为他们与家庭、社会有着天然而广泛的联系。如果小学生获得卫生健康知识和心理健康知识，形成正确的健康观念，那么不仅儿童自身可以愉快地生活，而且会对其父母、邻居、亲友以及社会产生良好的影响，甚至可以发挥一定的移风易俗的作用。

（3）心理健康教育是促进全民健康水平，提高群体素质的有效途径

目前，我国正在普及九年义务教育，小学已成为人人必经的教育阶段。同时，学校具有群体生活的特点，有助于健康教育的组织和实施。因此，做好小学的卫生健康和心理健康教育工作，对促进全民健康水平，提高群体素质将起到积极的作用。这一点已被许多发达国家和地区的经验证实，我国逐渐开展的中小学健康教育课程和活动效果也证明了这一点。

（4）心理健康教育是全面发展教育的重要组成部分

兴学校、办教育的根本目的在于规划人生和增进人类幸福，而人类幸福是以健康的身体和健康的心理为基本前提的。因此，世界各国制定的教育目标或教育方针都强调要维护

学生的健康。我国的教育方针是培养全面发展的一代新人，学生必须在身体、心理等方面协调而健康地发展。事实上，我国颁布的教育法、教师法等一系列法律法规和规章都明确规定要维护学生的健康。也就是说，维护和增进学生的健康，既是学校道义上的责任，也是学校法律上的责任。因此，健康教育应成为学校全面发展教育的重要组成部分。

二、小学生心理健康教育的内容与方法

（一）小学生心理健康教育的内容

小学生心理健康教育的内容涵盖多个方面，旨在帮助小学生建立良好的心理状态，促进其全面发展。

①自我认识能力的培养。帮助小学生认识和了解自我，包括自我意识、自我评价和自我期望，以及如何与他人建立良好的关系。

②情绪管理。教育小学生识别和表达自己的情绪，学会在遇到挑战和困难时保持积极的情绪态度，以及如何有效地调节和控制情绪。

③人际交往能力。培养小学生与同学、教师和家庭成员之间的良好沟通和交往能力，包括同理心、合作和解决冲突的能力。

④学习心理。帮助小学生建立积极的学习态度，提高学习动机，培养良好的学习习惯和策略，以及应对学习压力的方法。

⑤挫折应对。教育小学生如何面对和克服生活中的挫折和失败，培养坚韧不拔的精神和适应能力。

⑥社会适应能力。培养小学生适应社会环境的能力，包括遵守社会规则、理解社会角色和责任，以及积极参与社会活动。

⑦价值观和道德教育。引导小学生形成正确的价值观和道德观，培养责任感、公平正义感和尊重他人的态度。

⑧性教育和青春期准备。为小学生提供适当的性教育，帮助他们理解身体变化，准备迎接青春期的到来。

⑨安全意识。教育小学生认识到生活中的潜在危险，学会保护自己，增强安全防范意识。

⑩心理健康知识普及。向小学生普及心理健康的基本知识，让他们了解心理健康的重要性，以及如何维护自己的心理健康。

这些内容通常通过课堂教学、班会、团体活动、角色扮演、故事讲述、游戏、心理咨

询和辅导等形式进行。教师、家长和学校应共同努力，为小学生提供一个支持性的学习环境，帮助他们健康成长。

（二）小学生心理健康教育的方法

1. 小学生个案心理辅导

（1）当事人中心疗法

当事人中心疗法（client-centered therapy），也称为"以人为中心疗法"，是由卡尔·罗杰斯（Carl Rogers）发展的一种心理治疗方法，强调在治疗过程中提供一个无条件积极关注、共情理解和真诚接纳的环境。与传统的心理治疗不同，罗杰斯不把求诊者称为"病人"或"患者"，而称他们为"当事人"或"来访者"。在辅导过程中，心理咨询师也不是以权威或专家的身份出现，而是以一个有专业知识的伙伴或朋友与当事人建立融洽的关系，使当事人产生信任感，整个治疗过程集中在当事人的思维和情感上。当事人中心疗法在小学生中的应用，主要是通过提供一个支持性、理解和接纳的环境，帮助他们发展自我意识、自尊和自我价值感。以下是当事人中心疗法在小学生中的应用方法。

①无条件积极关注。教师和家长应给予小学生无条件的接纳和关心，无论他们的行为或成绩如何，都应让他们感受到被爱和被尊重。

②倾听和理解。认真倾听小学生的想法和感受，不打断他们的表达，通过肢体语言和口头反馈表明你正在关注他们。

③共情理解。尝试从小学生的角度理解他们的情感和经历，用言语和非言语行为表达对他们情感的共鸣。

④鼓励自我表达。鼓励小学生通过言语、绘画、写作或其他创造性方式表达自己的感受和想法，有助于他们更好地理解自己。

⑤自我探索。引导小学生探索自己的内在世界，包括他们的需求、愿望和价值观，帮助他们认识到自己的独特性和潜能。

⑥正面反馈。对小学生的努力和进步给予积极的反馈，强化他们的自信心和自我效能感。

⑦情绪支持。在小学生遇到困难或挫折时提供情绪支持，帮助他们学会识别和处理各种情绪。

⑧问题解决技能。教授小学生基本的问题解决技能，如识别问题、探索解决方案和评估结果，培养他们的自主性和责任感。

通过这些方法，当事人中心疗法可以帮助小学生建立积极的自我形象，发展健康的人际关系，以及提高他们的心理适应能力。

（2）行为疗法

行为疗法是在行为主义学习理论的基础上发展起来的。代表人物有拉札鲁斯（A.Lazarus）、沃尔普（J.Wolpe）、米勒（N.E.Miller）、摩尔（O.H.Mowrer）等。行为疗法以行为为导向，帮助人们采取明确的步骤改变行为与思想，20世纪后半叶发展出的许多治疗技术，特别强调认知过程。因此，有人将认知治疗和行为治疗合称为"认知－行为治疗"。

和行为主义一样，行为疗法以人类行为的习得理论为出发点看待人性，认为人是社会文化制约下的产物，人的特性是后天学习的结果。人虽然是个生产者，但仍然是环境的产物。行为治疗者极为趋同科学实验的思维方式，非常自信地认为人的行为是可以准确地观测、预测和控制的。这样，人在环境面前就显得非常被动，内在的自我把握变得很不重要，而主要受制于环境。所以，行为治疗者在辅导中非常主动，因为他们坚信通过改变环境对人的影响就可以改变人的行为。

行为疗法在小学生中的应用主要帮助儿童改善或矫正特定的行为问题，如注意力不集中、攻击性行为、焦虑、社交障碍等。这些方法通常基于学习理论，特别是操作性条件反射原理，即通过奖励和惩罚增强或减弱某种行为。

以下是一些行为疗法在小学生中的应用实例。

①代币系统。这是一种正向强化的方法，小学生在展示出期望的行为时会获得代币，这些代币可以兑换奖励，如玩具、额外的休息时间或特殊活动。这种方法可以激励小学生改善行为。

②行为塑造。通过逐步强化接近目标行为的小步骤，逐渐引导小学生形成期望的行为。例如，目标是提高小学生的课堂参与度，教师可能会首先奖励小学生举手，其次是发言，最后是积极参与讨论。

③社交技能训练。通过角色扮演和社交故事，教授小学生如何以适当的方式与他人互动，这可以帮助他们改善社交能力和减少社交焦虑。

④自我监控。教导小学生如何识别和记录自己的行为，以使他们意识到何时以及为什么某些行为发生，并学会自我调整。

⑤认知－行为治疗，虽然认知－行为治疗通常用于治疗焦虑和抑郁等情绪障碍，但它可以适用于小学生，帮助他们识别和改变不合理的思维模式，从而改善行为。

⑥系统脱敏。这是一种用于治疗恐惧和焦虑的技术，通过逐渐增加学生面对恐惧源的

暴露程度，教授他们放松技巧，以减少恐惧反应。

⑦家庭作业。在家庭环境中，家长可以使用行为疗法的原则支持学校中的行为改变计划，例如，通过家庭作业和家庭规则强化学校中学习的行为。

在应用行为疗法时，重要的是要确保方法适合儿童的年龄和发展水平，并且在实施过程中保持一致性和耐心。此外，家长和教师之间的合作对于确保行为疗法的成功至关重要。

（3）理性情绪行为疗法

理性情绪行为疗法（rational emotive behavior therapy）是由著名心理学家、心理治疗家阿尔伯特·艾利斯于20世纪50年代创立的一个有重要影响力的心理治疗流派。艾利斯最早把自己的理论称为"理性疗法"，因为他强调认知的作用，后来因为觉得应重视情绪的影响，所以改为理性情绪行为疗法。理性情绪行为疗法强调个体的情绪困扰主要源于不合理的信念，通过改变这些信念，可以改善情绪和行为。在小学生中，应用理性情绪行为疗法，可以帮助他们更好地理解和管理自己的情绪，以下是一些具体的应用方法。

①识别不合理信念。首先，帮助小学生识别那些导致负面情绪的不合理信念，如"我必须在所有事情上都做得完美"或"如果我失败了，我就是无能的"。

②挑战不合理信念。通过讨论和提问，引导小学生质疑这些信念的合理性。例如，可以问："每个人都会犯错，失败真的意味着你无能吗？"

③替换不合理信念。鼓励小学生用更合理的信念替换原有的不合理信念。例如，将"我必须完美"替换为"我会尽力而为，但接受自己不可能完美"。

④情绪和行为的改变。通过改变信念，小学生可以学会更积极地处理情绪，如焦虑、沮丧或愤怒，并采取更适应性的行为。

⑤自我对话。教授小学生使用积极的自我对话对抗消极的思维。例如，当他们感到焦虑时，可以告诉自己："我可以做到，我会尽力的。"

⑥情绪表达。鼓励小学生表达自己的情绪，而不是压抑。可以通过绘画、写作或其他艺术形式表达。

⑦问题解决技巧。教授小学生基本的问题解决技巧，帮助他们在面对困难时找到解决方案。

⑧角色扮演。通过角色扮演不同的情境，让小学生练习如何在实际情况中应用理性情绪行为疗法的原则。

在小学生中应用理性情绪行为疗法时，需要以一种支持和鼓励的方式进行。通过这些方法，小学生可以学会更有效地管理自己的情绪，提高心理健康水平。

（4）叙事疗法

叙事疗法（narrative therapy）是一种后现代心理治疗方式，由麦克·怀特和大卫·爱普斯顿等在 20 世纪 80 年代末提出。叙事疗法的核心观点是，人们通过讲述自己的故事理解生活经历，构建个人身份和意义。叙事疗法的基本观点包括：人类行为和经验具有故事性，人们通过叙述故事赋予生活事件意义。

叙事疗法强调将问题与个人分离，认为问题是独立于个体的，个体不是问题，而是问题的受害者。通过重新叙述个人经历，个体可以发现新的意义和可能性，从而改变对问题的看法和应对方式。叙事疗法认为，每个人都有能力重构自己的故事，个体是自己生活故事的专家。

在小学生群体中，叙事疗法的运用可以采取以下方式。

①故事讲述。鼓励小学生分享他们的故事，无论是成功的经历还是遇到的困难，都可以通过讲述增强他们的自我理解。

②问题外化。帮助小学生识别和命名他们遇到的问题，如学习困难、同伴关系问题等，并将这些问题视为可以克服的挑战。

③发现例外。引导小学生发现他们生活中的"例外"故事，即那些与问题不符的积极经历，可以帮助他们看到自己的能力和资源。

④重构故事。与小学生一起探索新的故事线，鼓励他们想象和创造一个更好的未来，从而激发他们解决问题的动力。

⑤ 创造性活动。利用绘画、角色扮演、写作等创造性活动，让小学生以不同的方式表达自己的故事，有助于他们更好地理解和处理情感。

⑥成长记录。鼓励小学生记录自己的成长过程，包括他们的感受、思考和行为的改变，有助于他们看到自己的进步和成长。

叙事疗法在小学生中的应用强调了个体的主动性和创造性，以及在安全、支持的环境中进行探索和表达。通过叙事疗法，小学生可以学会更好地理解自己，增强应对生活挑战的能力。

（5）焦点解决短期治疗

焦点解决短期治疗（solution-focused brief therapy）是一种心理治疗方法，专注于帮助个体找到解决问题的途径，而不是深入探讨问题的成因。焦点解决短期治疗在小学生中的应用主要包括学习困难问题、社交问题、情绪管理问题、行为问题等，具体内容和步骤如下。

①确立目标。治疗师与小学生建立平等、尊重的合作关系，共同确定治疗目标。这些目标应该是可观察、可测量的，并且是来访者自己想要达成的。

②探索例外情况。询问小学生在哪些情况下问题没有发生或者表现得不那么严重，这些"例外"时刻可以提供解决问题的线索。

③小步骤改变。鼓励小学生采取小而具体的行动步骤，逐步实现目标。这些小步骤应该是来访者能够立即实施的。

④资源和能力。强调小学生自身的资源和能力，帮助他们认识到自己已经拥有解决问题的能力和条件。

⑤语言的使用。治疗师在对话中使用积极、建设性的语言，避免使用病理化或标签化的词汇，以减少小学生的负面自我认同。

⑥反馈和强化。对小学生的进步给予积极的反馈，强化他们的成功经验，增强他们的自信心。

焦点解决短期治疗的核心理念是"如果它有效，就继续做；如果无效，就尝试其他方法"。需要注意的是，虽然焦点解决短期治疗在小学生中有很好的应用前景，但需要根据每个小学生的具体情况进行个体化的治疗。此外，家长和教师的支持与配合也是非常重要的。

（6）游戏疗法

游戏疗法（play therapy）是一种心理治疗方法，主要针对儿童，特别是4～13岁的儿童。这种方法利用游戏作为治疗媒介，帮助儿童表达自己的思想、情感和行为，从而解决心理和行为问题。游戏疗法适用于处理攻击行为、焦虑、抑郁、注意力难以集中、违纪行为、社会适应障碍、思维障碍、应激综合征等问题。游戏疗法的目标是，帮助儿童解决具体问题，提高他们的适应能力，增强他们自我价值感，以及促进他们整体的心理发展。

游戏疗法的基本观点和特点如下。

①游戏疗法认为，儿童通过游戏可以非语言地表达自己的内心世界，这对于语言表达能力尚未完全发展的儿童尤其重要。在治疗师的引导下，儿童可以在游戏环境中自由地表达自己，这有助于他们探索与理解自己的感受和经历。

②游戏疗法强调治疗师与儿童之间建立信任和安全感，有助于儿童在治疗过程中更加开放和合作。

③治疗环境通常包括各种玩具和游戏材料，以激发儿童的兴趣和参与度。

④治疗过程可能包括角色扮演、故事讲述、艺术创作等活动，这些活动旨在帮助儿童

处理情感问题、发展社交技能和自我认知。在某些情况下，游戏疗法也可能包括家长的参与，以促进家庭关系和支持儿童的治疗进展。

游戏疗法的优势在于，它能够以一种儿童自然和喜欢的方式进行，使治疗过程更加轻松和有趣。此外，它为儿童提供了一个安全的空间，让他们可以在没有压力的情况下探索和表达自己。然而，游戏疗法也存在局限性，例如，它可能不适用于所有类型的心理健康问题，并且需要专业的游戏治疗师指导。

（7）情绪调节训练

情绪调节训练是一种帮助个体学会管理和控制自己情绪的方法，涉及一系列策略和技巧，旨在增强个体对情绪的意识、理解和反应能力。以下是情绪调节训练在小学中的一些具体运用方法。

①情绪识别。教育小学生认识和命名不同的情绪，如快乐、悲伤、愤怒等。可以通过情绪卡片、角色扮演或情绪故事帮助小学生识别情绪。

②情绪表达。鼓励小学生通过安全和健康的方式表达情绪，如绘画、写作、音乐或体育活动。这有助于小学生释放情绪压力，并学会以适当的方式处理情绪。

③情绪理解。通过故事讲述、情境模拟等活动，帮助小学生理解情绪产生的原因，以及情绪如何影响行为和人际关系。

④情绪调节技巧。教授小学生一些基本的情绪调节技巧，如深呼吸、放松练习、正念冥想等，帮助他们在情绪激动时冷静下来。

⑤问题解决技巧。引导小学生学习如何面对和解决引起情绪困扰的问题，例如，通过合作游戏、团队建设活动等，培养他们的问题解决技巧。

⑥情绪管理计划。帮助小学生制订个人的情绪管理计划，包括识别情绪触发点、应对策略和应对后的评价。

小学生的情绪调节训练旨在培养学生的情绪智力，帮助他们更好地适应学校生活，建立积极的人际关系，并为未来的心理健康打下基础。教师在情绪调节训练中扮演着关键角色，他们需要通过自己的行为示范，为小学生提供积极的榜样，并在课堂上创造一个支持和理解的环境。

2. 小学生团体心理辅导

团体辅导是一种心理辅导形式，通过集体活动和互动促进个体的心理发展与心理健康。在团体辅导中，领导者运用一系列策略和技术，帮助成员在相互支持和理解的环境中探索自我、解决心理问题、改善人际关系，并学习新的应对策略和行为模式。

在小学生中，团体心理辅导的应用尤为重要，因为这个年龄段的儿童正处于身心快速发展阶段，面临着适应学校生活、建立友谊、发展社交技能等挑战。团体心理辅导能帮助小学生通过集体活动提升心理社会能力、自我认识和人际交往技能。这种辅导通常包括一系列游戏、讨论和其他互动活动，旨在在一个充满理解、关爱和信任的氛围中促进儿童的心理健康发展。

一般来说，团体心理辅导可以帮助小学生达到如下目标。

①认识自我：通过团体活动，小学生可以更好地了解自己的情感、兴趣和能力，增强自我意识。

②情绪管理：团体心理辅导可以帮助小学生识别和表达自己的情绪，学习有效的情绪调节技巧。

③社交技能：通过与其他儿童的互动，小学生可以学习合作、沟通和解决冲突的技能。

④适应能力：团体心理辅导可以帮助小学生适应学校环境，处理同伴关系和学习压力。

⑤自信心和自尊：在团体中获得成功体验和正面反馈，可以增强小学生的自信心和自尊心。

⑥预防问题行为：团体心理辅导可以预防和减少不良行为，如欺凌、攻击性行为等。

在团体心理辅导中，教师的作用十分重要，为了团体辅导顺利进行，实施小学生团体心理辅导时可以采取以下方式。

①创设积极氛围。建立一个温暖、包容和支持的环境，让小学生感到安全和被接纳。这是进行团体心理辅导的基础。

②设计适宜的活动。根据小学生的心理需要设计活动，如渴望赞扬、交往和关心等，确保活动能够满足小学生的这些需求。

③提供多样化的游戏和讨论。通过不同的游戏和讨论情境，让小学生有机会观察和模仿他人的行为，从而学习和形成新的行为方式。

④鼓励开放交流。鼓励小学生表达自己的想法和感受，通过分享和交流增进相互理解与支持。

⑤关注特定群体。对于有特殊需求的儿童群体，如离异家庭的儿童，设计特定的活动单元，帮助他们认识自己的成长背景，并培养他们积极的交流态度。

⑥明确活动目标。每个活动都应该有明确的目标，比如，提高自信心、增强团队合作能力或处理情绪的技巧等，以确保活动的有效性和针对性。

⑦持续评估与调整。在活动过程中，持续评估小学生的反应和进展，并根据需要调整

活动内容和方法。

⑧家长和教师的参与。鼓励家长和教师参与其中，以便在家庭和学校环境中也能延续和增强辅导效果。

通过以上方法，小学生团体心理辅导可以帮助小学生在安全的环境中探索和发展自己的潜能，同时能够学习到如何与他人建立健康的关系，为他们的成长和未来的社会生活打下良好的基础。

本章习题

案例讨论

小林今年 13 岁，正读初一。他从小胆子很小，不敢一个人睡觉，性格内向敏感。由于学习成绩一直不好，在学校受到了教师批评，同学也嘲笑他，甚至连他"最好的朋友"也笑话他，这让原本内向敏感的小林心理负担更重了，总担心被教师骂和被同学取笑，在家三天两头吵着不想去学校。他和爸爸说起这件事情，爸爸却让小林找找自己的问题。这让小林非常无助，他希望引起家人的注意，有一次，被爸爸批评后，小林一下子就爬到了窗户上，爸爸从窗户上把他拽下来后不仅没有安慰他，还反而责骂他。小林在学校和家庭里都感受不到温暖，渐渐地，网络成了他的避难所，他开始沉迷于玩游戏，在虚拟的世界里越陷越深、无法自拔……

讨论：请分析小林出现网络成瘾的原因，并给出心理辅导的方法。

参考文献

[1] 尼尔.夏山学校 [M].王克难,译.北京:新星出版社,2019.

[2] 冯维.小学心理学教程 [M].重庆:西南师范大学出版社,2019.

[3] 蔡笑岳.心理学 [M].3 版.北京:高等教育出版社,2014.

[4] 彭聃龄.普通心理学 [M].5 版.北京:北京师范大学出版社,2018.

[5] 叶奕乾,等.个性心理学 [M].4 版.上海:华东师范大学出版社,2016.

[6] 黄月胜.小学儿童心理学 [M].北京:北京师范大学出版社,2012.

[7] 傅小兰.情绪心理学 [M].上海:华东师范大学出版社,2015.

[8] 付建中.普通心理学 [M].2 版.北京:清华大学出版社,2017.

[9] 张积家.普通心理学 [M].北京:中国人民大学出版社,2015.

[10] 刘佳,陈克宏.普通心理学 [M].西安:西安交通大学出版社,2014.

[11] 彭香萍.小学教育心理学 [M].南昌:江西高校出版社,2009.

[12] 陈威.小学儿童心理学 [M].北京:中国人民大学出版社,2009.

[13] 林崇德.发展心理学 [M].2 版.北京:人民教育出版社,2008.

[14] 张海芹,田建伟.小学心理学 [M].南京:南京大学出版社,2022.

[15] 张大均.教育心理学 [M].3 版.北京:人民教育出版社,2015.

[16] 中华人民共和国教育部.义务教育道德与法治课程标准:2022 年版 [M].北京:北京师范大学出版社,2022.

[17] 俞国良,辛自强.社会性发展 [M].2 版.北京:中国人民大学出版社,2013.

[18] 李宁萍.小学心理学 [M].宁夏:宁夏人民教育出版社,2015.

［19］学习考试用书研发中心．小学教育心理学［M］．北京：清华大学出版社，2013．

［20］张莉．儿童发展心理学［M］．武汉：华中师范大学出版社，2006．

［21］王惠萍，孙宏伟．儿童发展心理学［M］．2 版．北京：科学出版社，2018．

［22］翟媛媛，徐红．小学儿童发展心理学［M］．济南：山东人民出版社，2014．

［23］李天燕．家庭教育学［M］．上海：复旦大学出版社，2007．

［24］郑日昌．小学生健康教育［M］．北京：高等教育出版社，2004．

［25］傅小兰，张侃．中国国民心理健康发展报告：2019—2020［M］．北京：社会科学文献出版社，2021．

［26］RIVERS I，NORET N. Bullying in schools：Research，intervention，and policy［M］．Cambridge，UK：Cambridge University Press，2010．

［27］《第 5 次全国未成年人互联网使用情况调查报告》发布［EB/OL］.（2023-12-25）［2024-03-11］.https：//www.cnnic.cn/n4/2023/1225/c116-10908.html.

［28］张文新，林崇德．儿童社会观点采择的发展及其同伴互动关系的研究［J］．心理学报，1999（4）：418-427．

［29］姜因．关怀理论视野下小学生品德不良行为成因及转化研究［D］．烟台：鲁东大学，2016．

［30］OLWEUS D. Bullying at school：Basic facts and effects of a school based intervention program［J］.Journal of Child Psychology and Psychiatry，1994，35（7）：1171-1190．

［31］LANNING K J，GERDES E P. The effectiveness of play therapy with children：A meta-analytic review［J］．International Journal of Play Therapy，2009，18（2）：97-114．

［32］BROSSCHOT J F，GERIN W，THAYER J F. Worry and the manifestation of coronary heart disease：A review of epidemiological evidence［J］．Psychosomatic Medicine，2006，68（5）：700-711．